鉄路100万キロ走行記

宇田賢吉

グランプリ出版

本書刊行の経緯

　本書は、2004年9月22日に弊社より刊行した『鉄路100万キロ走行記』の内容の再確認を実施して刊行する新装版です。
　初版刊行以来、日本国有鉄道、JRと41年間にわたり蒸気機関車、電気機関車、電車の運転士としての乗務記録を基に、実務者ならではの視点で運転に関するさまざまな技術やその魅力をわかりやすく解説した書籍として、版を重ねてきました。その後、しばらくの間品切れの状態が続いておりましたところ、再刊のご要望を頂戴するようになり、このたび新装版としての刊行を決定いたしました。
　新装版の刊行にあたっては、著者の宇田賢吉先生のご了解をいただき、内容の修正は最小限に留めつつ、編集部で内容の再確認を行いました。
　蒸気機関車から電車までの運転業務や技術について、一人の人物が自身の経験を踏まえて具体的に記した書籍は少なく、鉄道史の観点からも重要なものであると考えます。ご活用いただければ幸甚です。

グランプリ出版　編集部

はじめに

　鉄道のことを紹介した本の多くは鉄道ファン向きですが、誰でも読める興味ある解説ものも目立っていて、鉄道の理解者が増えるのは喜ばしいことだと思います。しかしながら、その多くは車両の一般的な解説や大所高所からの視点のものであって、核心を衝いてはいても、現場である第一線の実情を伝えるものはほとんど見受けられませんでした。それにもどかしさを感じていたことが、私が本稿を起こしたきっかけになりました。

　若いころ、国鉄の岡山鉄道管理局長の古川誠一さんから、われわれの仕事を理解してくださるお客様やファンを増やしてゆくのは、もうひとつの大事な仕事です、と聞いたことも大きな励みになりました。

　私は国鉄とJRに在職した41年のほとんどを、機関士・運転士として勤めてきました。各分野で、自分の仕事を深く極めることが名人として評価された時代であり、その名人集団が国鉄を支えていたのも事実でした。私自身も、自らの技量を高めようと試行錯誤を続けた40年でありました。

　本書は、月刊誌『鉄道ファン』に「870000kmの軌跡」として連載された私の乗務記録をもとにまとめ直したもので、その後、乗務記録が100万kmに達したため、タイトルは「鉄路100万キロ走行記」といたしました。鉄道好きの読者に向かって気楽な語り口で述べたので、とりとめのない内容になっているかも知れませんが、その反面、公式の場に出てこない現場で働く鉄道員の姿が浮かんでくれば、私の意図は伝わったことになります。

　留意したのは鉄道用語です。正式用語で表現するとかえってわかりにくく、また読みづらくなると考え、これらの用語は思い切って簡略化しました。そのため、言葉不足のために誤解を招くことがあるかも知れませんが、ご容赦ください。

　原則として年代順に記しましたが、内容を揃えるために前後した部分もあります。また、現場からの生きたリポートにこだわったために、時間的な表現が不統一な箇所が散在することになりました。その時々の雰囲気を伝えたいとの筆者の願いとして、ご理解をいただきたいと思います。

　本書をまとめるにあたって、鉄道の先輩である久保田博さんが、これを単行本にするようにとり計らってくださるとともにお力添えをいただいたお陰で、陽の目を見ることができました。改めて感謝する次第です。また、私の手持ちの写真だけでは不十分で、多くの方々の協力を仰ぎました。本当にありがとうございました。

　来し方を振り返りますと、40年の長きにわたって、私を育ててくれた国鉄とJR西日本に、また、教えを受けた先輩や同僚、私を盛り立ててくれた若い人たち、そのほか多くの方々にどう感謝してよいのか、いまお礼の言葉が見つかりません。本書の刊行がささやかな恩返しになればと念願しています。

宇田　賢吉

鉄路100万キロ走行記

目　次

第1章　入社から機関助士時代………………………7
1-1. 糸崎機関区に配属……………………………7
■国鉄に入社／■機関区の整備掛／■チューブ突き
1-2. 機関助士時代…………………………………12
■機関助士科に入学／■瀬野機関区の実習／■保火番の仕事／■機関助士見習／■登用審査に合格／■糸崎駅の入換／■花の甲組へ／■信号雷管を踏む／■乗継の5分間／■電化に追われて／■ミュージックサイレン
1-3. 八本松越えに挑む……………………………31
■八本松越えに挑む／■あわや追突事故／■三河島事故の教訓／■呉線へ／■C59が貨物補機に／■蒸気機関士さらば
1-4. 電気機関助士に………………………………38
■電気機関助士科への入学／■電気機関助士に
1-5. 機関士科に入学………………………………43
■機関士科に入学／■ワルシャート式弁装置／■蒸気機関車あれこれ／■東海道新幹線の開業／■EF58・EF15を学ぶ

第2章　機関士時代……………………………………53
2-1. 蒸気機関士……………………………………53
■機関士席へ／■岡山操車場の入換／■古強者の9600／■元旅客機の華8620／■交流機に添乗／■機関士の極意・圧縮引き出し／■鉱石列車とD51／■停止信号を冒進／■C58の空転に悩む／■軸配置による空転と砂撒き
2-2. 電気機関士……………………………………73
■電気機関士に／■貨物列車を牽く／■補給ブレーキ／■旧型電機の完成品EF15／■新型電機の嚆矢EF60／■自動化されたEF65
2-3. 旅客列車を牽く………………………………86
■夜行列車を牽いて／■EF58はサラブレッド／■EF58による究極のブレーキ／■性能を持てあましたEF61／■EF66と電機の速度特性／■新幹線への道を断たれる／■43-10ダイヤ改正
2-4. 特急初乗務…………………………………96
■特急初乗務／■ブレーキの電磁回路

第3章　電車運転士時代…………………………………102
3-1. 電車に魅せられて……………………………………102
■電車運転士科へ入学／■電車に魅せられて／■80系を手足のごとく／■80系の一区間スケッチ／■岡山運転区へ／■宇野線と赤穂線／■機関車1人乗務の波紋
3-2. 向日町へのロングラン………………………………114
■都へ上る／■複々線の並走／■素直で扱いやすい153系／■ブレーキ電空切換
3-3. 特急組へ………………………………………………122
■特急のボンネット運転室へ／■特急型の理想181系／■特急の主力となった485系／■寝台電車583系の登場／■475系の乗務／■呉線の電化
3-4. 新型式に次々と………………………………………130
■見習を育てる／■バージンレールを踏む／■岡山操車場の世代交代／■485系100番台の登場／■クハネ583の登場／■乗務距離が月へ到達／■485系200番台の登場／■181系さらば／■485系300番台の登場
3-5. 電車の故障あれこれ…………………………………136
■主抵抗器の溶断／■元だめ管の破損／■MGが止まる！／■ドアが閉まらない

第4章　指導担当時代……………………………………144
4-1. 指導担当………………………………………………144
■指導担当へ／■耐寒耐雪の485系1000番台／■キャリアの教育／■115系の講習で小山電車区へ／■事実上の新形式115系1000番台／■さらば80系／■鉄道労働科学研究所の見学／■夢のチョッパ制御201系／■クモニ83のブレーキ読替システム
4-2. 伯備線の電化など……………………………………155
■鉄道学園講師に／■米子から実習生を／■485系1500番台／■支線区近代化の105系／■阪和線で381系に乗務／■下り勾配恐怖症／■岡山電車区となる／■伯備電化の準備あれこれ／■381系で伯備線へ／■出雲市まで電化開業
4-3. 米子へのロングラン…………………………………165
■115系3000番台の登場／■名優153系の引退／■103系講習で明石電車区へ／■EF58の引退／■583系の撤退と115系の転機／■添加界磁制御の205系／■米子へのロングラン／■西武鉄道の見学／■埼京線の試乗

第5章　JR発足の前後……………………………………174
5-1. 国鉄民営化への準備……………………………………174
■再びブルートレインを／■山陽本線が15分ヘッドに／■国鉄民営化が決定／■勾配線装備のEF64／■添加界磁制御の211系／■デジタルブレーキの213系／■213系の営業開始
5-2. JRへの移行……………………………………………183
■JRへの移行あれこれ／■蒸機免許証を逃す／■JR発足／■指導主任に
5-3. 瀬戸大橋の開通…………………………………………188

■電車で四国へ／■児島まで先行開業／■瀬戸大橋開通

5-4. ロイヤルエンジニア……………………………………194
　　　■衝動ゼロ・20cm・8秒

5-5. 大橋を渡って多度津へ………………………………199
　　　■吹田のC59166／■117系の講習／■EF81が岡山へ／■JR西日本初の新形式221系／■指差喚呼と作業標準／■ウサギとゾウの運動会／■岡山運転区は乗務員区に／■大橋を渡って多度津へ

5-6. B交番担当へ………………………………………208
　　　■運転士の勤務操配／■EF200は戦車だ／■"夜の区長"を務める／■運転士の募集

第6章　再び第一線での乗務…………………213

6-1. 福塩線……………………………………………213
　　　■府中鉄道部へ／■ローカル線でいきいき105系

6-2. 糸崎運転区……………………………………………216
　　　■故郷の糸崎へ／■運転士として見た115系／■105系と前頭負圧／■EF66のブルートレイン／■糸崎あれこれ／■快速に117系が転入／■サンライナーの走行ぶり／■115系3500番台／■103系と速度特性／■103系・105系のブレーキ性能／■115系の高速化改造／■30年ぶりに呉線へ／■月から還った

6-3. 動力車運転あれこれ…………………………………233
　　　■走行抵抗について／■信号機の見通し／■常用促進ブレーキ／■圧力計がSI単位に／■携行品いろいろ／■C59164の主動輪軸／■線路の上のお客さま／■山中の一軒家

6-4. "はやぶさ"の2時間6分……………………………241
　　　■"はやぶさ"の2時間6分／■山越えから平坦線へ／■衝動防止の努力／■睡魔との闘い／■乗務員生活を振り返って／■深夜の乗継／■その後のこと

カバー写真・鉄道ファン編集部所蔵

第1章　入社から機関助士時代

1-1. 糸崎機関区に配属

■国鉄に入社

　世の鉄道ファンと同じように、私も子供のころから線路の傍に立てば機嫌がよかったそうである。機関士になることを夢見て育ち、高校卒業のとき国鉄を受験した。一般社員の採用は各鉄道管理局で行なわれ、岡山局の新規採用者120名に加わることができた。技術力保持のために工業高校には別枠が割り当てられ、私はそちらの採用だった。入社は1958年4月1日。配属先は第一希望の糸崎機関区であった。採用試験の面接で希望を訊かれて、機関区と即答し、その希望が叶えられたことになる。受験者の希望が最も多いのは駅などの営業関係とのことで、機関区希望は珍しかったという。当時、電化は姫路までで、山陽本線は蒸気機関車の全盛期であった。

■機関区の整備掛

　機関区に入って最初の職名は整備掛。職名制度が変わった直後で、日常では旧職名の庫内手と呼ばれることが多かった。仕事は機関車の清掃で、先輩にしごかれながら機関車の知識を吸収していくことになる。こういう制度は前時代的だと批判される向きもあるが、

D52の安全弁を磨く整備掛。1960-1、糸崎機関区

けっこう合理的でもあると私は思っている。
　もっとも印象に残っているのは朝の点呼のとき、"礼"が挙手の敬礼だったことである。真面目にやらないとすぐ目について所属グループのイメージダウンになる。まだ軍隊方式の残影があったのは予想外であった。
　当時の糸崎機関区を紹介するには、こまかい描写よりも数字の方が雰囲気が伝わると思うので列記してみよう。

配置機関車と運用区間
- C59　18両　山陽本線　姫路〜広島、呉線　糸崎〜広島
- D52　13両　山陽本線　姫路〜広島
- D51　6両　呉線　糸崎〜広島
- C50　5両　構内入換、糸崎・福山

設　備
- 構内線路：22線、延長2500m、常時収容両数：35両
- 転車台：20m下路式、一日平均使用回数：135回
- 検査修繕庫：扇形16線
- 給炭槽容量：200t（最大山積240t）
- 石炭貯蔵容量：580t、一日使用量180t
- 水貯蔵容量：125t、一日使用量1500t
- 砂貯蔵容量：20m³、一日使用量2m³

人　員
管理職	12名	誘導掛	14名
事務	22名	諸機掛	7名
機関士	194名	燃料指導掛	6名
機関助士	163名	燃料掛	43名
機関車検査掛	30名	整備掛	47名
機関車掛	57名	合　計	595名

D52の煙室扉を開け、溜まったシンダーを排出する燃料掛。1962-5

　配置両数42両については、岡山・広島のマンモス基地に挟まれた中間基地がこの規模であることから、当時の機関車基地の様子をご想像いただきたい。
　設備面では、検修庫には動輪を取り外すドロップピットや走行クレーンがあり、工場には旋盤などの工作機械が並んで、まさに機械工場であった。鍛冶場もあって専任の鍛冶屋もいた。蒸気機関車の部品構成から見ても手作業の可能なものが多かったからであろう。

第1章　入社から機関助士時代

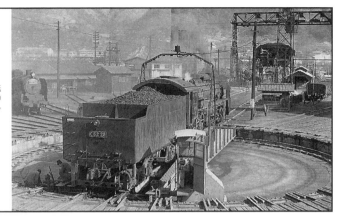

糸崎機関区の直径20m転車台。C62やC59などの大形機は前後がはみ出していた。1962-1

　転車台の直径20mは大形機の全長よりは短いため、C59などが載ると車体の前後が転車台からはみ出していた。最大軸距が20m未満のために使用可能であるが、転車台での停止位置は正確に合致させる必要があった。後に岡山機関区の24m転車台を見たとき、糸崎ではずいぶん窮屈な思いをしていることをあらためて実感した。

　石炭は貨車で到着するほか、糸崎港には石炭専用の岸壁があって揚陸していた。日本の石炭消費量の5分の1が国鉄であったし、機関区経費の60％が石炭費というのもうなずけよう。貯炭場からガントリークレーンで給炭槽に移されて機関車に搭載されるが、このとき種々の品質を組み合わせるように混炭作業が行なわれる。

　地上ボイラーもあって、隣接の客貨車区も含めて構内に蒸気パイプがめぐらされ、点火機の初期動力、砂の乾燥、客車の暖房予熱などに使用された。どの詰所も、この蒸気のお

糸崎機関区の給砂塔。左側の建物からパイプで砂を上げる。手前の2人は整備掛。1961-4

9

かげで寒さ知らずであった。

　水の使用量は機関区のみでなく駅の給水柱も含んでいる。駅に停車中の給水は時間の制約があるため、毎分6トンの能力を持つ高性能の給水柱が設置されていた。C59のテンダー水槽25トンを4分で満水にする能力である。

　砂は貨車で到着し、蒸気による乾燥釜で乾燥されたあと、圧力空気で給砂塔へ上げられる。給砂塔からは機関車のボイラー上にある砂箱へホースで供給されていた。

　灰処理は貨車で積み出されていた。灰は粉末ではなく石炭殻であり、強度と排水に優れていることから、埋め立て材料として商品価値があったという。構内の通路に敷くと、下手な舗装より有用であることが実感できる。

　機関車検査掛と機関車掛は検査修繕を担当、誘導掛は構内入換を担当、諸機掛はクレーンやボイラーなどの重機を担当する。燃料指導掛と燃料掛は石炭と給水と灰処理の担当だが、業務量は機械化が遅れた灰処理が多かった。乗務員のうち機関士が機関助士より多いのは、内勤スタッフなど乗務以外の業務に就くためである。

　整備掛47名の内訳は、庫内(機関車清掃)が34名、用品が2名、雑務が11名であった。雑務には洗濯担当の女子職員も入っている。整備掛と機関車掛の煤と油で汚れた作業衣は、夕方に出しておくと洗濯されて翌日夕方には戻ってくる。ボタンやほころびの手入れもされていて、担当には本当に母親のようにお世話になった。

　機関車清掃は単なる清掃ではなく、故障やトラブルを発見するための基礎であって、磨き上げてあれば細かい傷なども容易に発見できる。

　清掃の担当は先輩が運転室やボイラーなどの上回り、新米は従台車など汚れの激しい個所と序列が決まっていた。ただし、夏の安全弁磨きは別である。酷暑の時期にボイラーの上に登ることを考えれば想像できよう。

糸崎機関区構内を望む。D51、D52、C59が憩う。1959-3

　清掃道具は手作りのワラ束とボロ布が主で、道具を入れた竹かごを担いで歩く。力任せにふく乾いた清掃が主であるが、ロッド類は軽油を付けてぬぐった後に透明な重質油を塗っていた。ナンバープレートも専任がいて他区のカマに負けるなと磨き上げていた。"カマ"とは機関車のことで、ボイラーに由来する"カマ"

という言葉は電気機関車でも使用された。

機関車に触ることがすなわち勉強であって、機関助士科の受験をめざして名称や機能を覚えてゆく毎日であった。機関車の部品名称は英語が主体だったものが、戦時中に日本語に切り替えられた由であるが、英語の便利さも捨てきれず双方が使用されていた。戦前の"出発進行"は"スターティングオーライ"だったという。

機関区へ帰るたびに行なう運用中の清掃作業とは別に、1両を7名のチームで一日かけて行なう洗缶清掃があった。洗缶とはボイラー内を洗う作業であって、機関車掛が一日を要して行なうが、洗缶以外の作業がないので、機関車全体が清掃用に開放されることになる。

糸崎機関区のガントリークレーンと給炭槽。1962-5

部門別に担当するのは運用の清掃と同じであるが、徹底した清掃である点が異なる。ボルトやナットも六角の面ごとにスクレーパーとボロ布で磨いたあと、軽油で拭きあげる。見える個所や手の届く部分にあかやほこりが残っていてはいけない。夕方の監督の点検は峻烈で、気の抜けない仕事であった。こういう経験をすると、機関車に対する愛着は一言では表わせないものになる。

■チューブ突き

洗缶清掃のもう一つ重要な仕事に、ボイラーのチューブ突きがある。チューブは煙管（smoke tube）の意であり、この清掃は生きている機関車ではできないので、火を落とす洗缶に合わせて行なう。昼間の洗缶作業と競合しないよう早朝に行なうので、8時には仕事が終わって一日が自由時間となる。遊び盛りの18歳には魅力ある仕事だったが、内容は厳

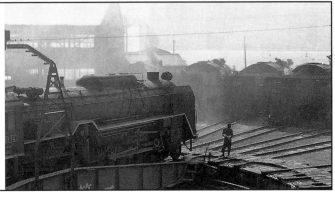
転車台に載るC62。糸崎機関区のすぐ後は瀬戸内海。1962-2

C6243の前頭部。隣のテンダーはC59。1962-5

しいものだった。

煙管掃除は火室から圧力空気を吹き込んで行なう。ノズルと照明の電灯を抱えて、余熱の残る火室に入ると夏場はサウナ地獄となる。その上に四面が煤の壁でアーチ管2本が真ん中に邪魔をしている。うっかりアーチ管可愛いやと頬ずりすると見事に真っ黒になる。墨汁の原料にできると思うほど良質の煤であった。

煙管がシンダー(粒状の煤)で詰まるのは想像以上で、小煙管が半分近く詰まった例に出合ったことがある。これだけ伝熱面積が減少しながら、よく難所の八本松を越えて帰ってきたものだと、機関助士の労苦に頭の下がる思いであった。煙管が詰まると他の煙管の通気速度が上がって、さらにシンダーを吸い込むという悪循環に陥る。

長さ6000mmの煙管を持つC59の100番未満がいちばん詰まりやすく、C5922とC5929が煙管が詰まる有名機としてチューブ突きを泣かせていた。しかし、本当に泣きたいのは蒸気を作る義務を負う機関助士だったに違いない。煙管長5500mmのC59の100番台やD51はずっと楽で、5000mmのD52の日は大喜びであった。

付属の作業としてテンダー水槽の清掃がある。給水口から潜って底部の掃除を行なうだけであるが、水槽内部は水が動揺しないように仕切壁で細かく区切られていて、潜り穴のみが通路である。自分が引きずっている照明のコードだけを頼りに、暗黒の迷路を進むのは勇気がいる。電球が切れて真っ暗になったときはコードを頼りに戻るのだが、潜り穴を抜けたときコードの前後がわからなくなると途方に暮れる。夜明け前なので、給水口から外光も漏れてこない。本当に発狂するかと思ったという先輩の話も聞いた。閉所恐怖症には勤まらない仕事である。

1-2. 機関助士時代

■機関助士科に入学

このような整備掛の生活をしながら1年が過ぎた。これで機関助士科の受験資格ができる。幸い最初の受験で合格できて、19歳の春にいよいよ乗務員への第一歩を踏み出すことになった。

1959年4月16日、広島鉄道教習所第11回機関助士科へ入学した。生徒は岡山局・広島局からの72名で、東は岡山機関区、西は下関機関区から集まった。

機関助士科の学習ではまず焚火(ふんか)があり、これは機関助士の主要な仕事であるボイラーへの投炭の理論と実習である。最初は石炭の分類から始まり、国鉄標準となってい

第1章　入社から機関助士時代

補機の勢揃いする瀬野機関区の光景。居並ぶ蒸機はすべてD52である。1963-2

た7000kcal/kgの夕張炭を中心として、高品質の三池炭から軽量の山口炭まで着火温度や灰の成分までたたき込まれた。

　三池炭はずっしりと重く表面に輝きがあって、黒ダイヤの名に恥じない。カロリーも高く灰分が少ないので投炭作業量が少なく、灰処理も手間がかからず機関助士に大歓迎された。価格も当然トップクラスである。山口炭はその反対で滞留する機関車の保火用などに充てられていた。炭質の高低は1億年をこえる生成過程によるものであるから、生産地の責任ではない。夕張炭をはじめ各種の石炭は単独で使用されることはなく、使用形式と使用列車に合わせて混炭されていた。当然ながら特急列車が最高のものを搭載して貨物列車が割りを食っていた。混炭のバラツキで三池炭の多い部分が当たると大喜びであったが、その反対も当然発生する。

　鉄道誌の古い記事に、中央本線の上諏訪機関区がお召列車を担当したとき、高品質の石炭を積載したら燃えきれが早く、火床が吹き抜けて困ったとの記述があった。ボイラーとのバランスから、むやみに高品質を使用しても不適当であることがわかる。明治時代の日本鉄道が低カロリーの常磐炭を使用するために、火室の大きい機関車を注文したという記録があり、炭質に合ったボイラーを持つ機関車が製作されてきたのが実情であろう。しかし、連続上り勾配で蒸気に追われるときは、高カロリー炭がのどから手が出るほど欲しい。

　練炭も使用が増えつつあった。粉炭をピッチで固めたもので、大きさと品質が均一で火床崩れが少ない長所があるが、着火が遅いので投炭タイミングに考慮が必要だった。着火遅れは表面の円滑さが原因であり、ドイツでは製造した後に全部の練炭を半分に割っているとの話も聞いた。割った面がギザギザなので着火が早くなる。

　また、火室への給炭は燃焼中の火床の上へ行なうので、石炭はいきなり高温にさらされ、揮発分の蒸発と燃焼については最悪のシステムだというのも興味深かった。発電所などの大形ボイラーでは、緩やかに加熱して揮発分を放出燃焼させ、炭素分のみになってから着火する方式で完全燃焼を図っているという。

山陽本線唯一の昼間特急「かもめ」。京都〜博多で最も速い列車だった。1960-2、大門〜福山

スペースと重量の制約が厳しい機関車ボイラーでは、いずれもやむを得ないことであろう。燃焼率(火床1m²あたりの1時間最大燃焼量)はC59が500kg、C62が600kgで、ボイラーとしてはとび抜けて大きく、強力な通風でそれをカバーしている。これらを学ぶ生徒としては、投炭を行なうだけなのにずいぶん高度な理論だなとの印象はあった。

焚火の実習では、機関車の火室と同じサイズの模型で投炭の練習を行なった。石炭は実物を使用する。600kgを30分で投炭するのがノルマであり、ショベルにすくう石炭は2kgが標準であったから、投炭は6秒サイクルでほぼ連続作業となる。このペースでもC59クラスの大形機が最大出力を発揮すると追い付かず、すくう量を増やし、投炭ピッチを上げることになる。

問題はその後にある。D51をモデルにした模型の火床面積は3.25m²であり、投炭が終わると火床に積もった石炭の厚みを測定する。火床の各部分の通風力に応じて、前位より後位が厚く中央より左右が厚くなるよう標準が定められており、標準との相違が減点されることになる。力まかせに放り込んでも駄目なのである。

また、一回ごとの投炭が広く薄く散布することが義務づけられていて、固めてドサッと投げ込むと減点される。投炭中にショベルを裏返す伏せショベルは、まんべんに散布するのに理想的な投炭方式で、日本独特のものらしい。ドイツやフランスの蒸気機関車の見聞記によると、大きなショベルに山盛りしてザアザアと火室に流し込んでいる、という表現があった。

■瀬野機関区の実習

実習は現場へ出て実際に列車に乗務した。私たちの実習は瀬野機関区で、広島の東方20kmに位置する補機専門の機関区である。補機とは補助機関車の略称で、前頭の機関車は本務機と呼ぶ。山陽本線は最急勾配10‰として建設されたが、瀬野〜八本松のみ峠越えのために22‰勾配であった。この区間では全列車が補機を必要とするため、瀬野機関区が設置さ

第1章 入社から機関助士時代

瀬野を目前にして力闘するD52。1961-12

れて、国鉄最大の貨物用機関車であるD52が、貨物列車には2両、旅客列車には1両、後部に連結されていた。

準備を整えた2両のD52は瀬野駅西寄りの機待線で列車到着まで待機する。火床厚さは15cm、ボイラーの水位は90％、圧力は15kg/cm^2、1200トンござんなれの心境である。

やがて西方の安芸中野寄りから微かなドラフト(煙突からの排気音)が聞こえてくる。補機が待機する瀬野に到着するまでの区間は、10‰勾配に加えてR300(半径300m)の曲線が続き、D52にとっては魔の区間で、本務機・補機の3両で22‰に挑むよりはるかに過酷な条件である。この区間では空転の続発によって運転不能になり、救援機関車を迎えた例がいくつもある。瀬野川の谷に反響するドラフトは少しずつ近づいてきて、山裾から黒煙がほとばしって間もなく、ゆっくりとD52の正面が姿を現わした。

速度は20km/hを割っているだろう。ドラフトが一つずつ爆発するように吐き出され、両側の山からのこだまが瀬野の構内をおおっている。D52がドラフトごとに左右に身をよじっているように見えるのは気のせいだろうか。前頭右下に噴出する給水加熱器の排気が蒸気消費量を示し、テンダークーラーの飛沫がレールを濡らしているのが、手にとるように見

山陽本線瀬野〜八本松。後方二本の煙は2両のD52補機。手前は下り貨物のＤ５２。
1963-3
(写真・細川延夫)

える。

　空転に備えて右手は加減弁ハンドルをひしと握りしめ、左手を散砂ハンドルに掛けた機関士の姿が目の前を通過した。ここからは構内のレベル区間で、もう大丈夫だとギャラリーからも安堵の息がもれる。目の前を通過する貨車の速度が心持ち高くなったようで、家畜車からは牛がのんびりと外を眺めている。しかしD52の力闘は止むことなく、少しずつドラフトのピッチを上げて行き、絶気したのはホームを外れるころであった。200mほど惰行した列車はブレーキの音も聞こえぬままゆっくりと停止した。

　操車掛の合図に誘導されて補機の2両は列車の後部にしっかりと連結した。八本松で走行中に補機を解放するため、ブレーキ管の連結は行なわない。車掌が持ってきた編成通知書でこの列車は、現車53両、換算117両とわかる。換算とは貨車の実重量を示すもので10トンを1両として計算する。

　本務の汽笛が届き、補機2両がそれぞれ返事をするといよいよ発車だ。貨物列車の発車は静かなもので、旅客列車のダイナミックさとは対照的である。D52にはストーカー(自動給炭機、mechanical stoker)が装備されているが、実習生はもちろん手焚きである。火床が乱れることもなく悠然と加速して行く。

　瀬野の出発信号機から10‰上り勾配が始まり、14号閉そく信号機過ぎから22.2‰に差しかかる。この区間は22.6‰と紹介されているが、本来の勾配は1/45で22.2‰であり、ごく一部の区間に22.6‰という勾配が存在する。

　機関士の握る加減弁ハンドルはすでに満開、少しずつ締切(カットオフともいう。シリンダーへ供給する蒸気量の加減)を延ばして行くにつれて、火室は白熱一色となって、火床が、つまり燃焼中の石炭がフワフワと踊っているのが見える。煙室のノズルから吐き出す蒸気による巨大な通風力のためだ。燃えきれて吹き抜けないように、温度の低い個所を見ながらショベルを振う。腰とひざが痛い。

　燃え盛る火床が見えるのか、といわれそうだが、肉眼というのは結構対応するものである。まぶしい白熱一色の火室をのぞくと燃え方が判別できる。模型で鍛えたとおりに投炭しても、火室の中のまだら模様が自分でもよくわかる。本務機関助士が不足個所を指摘してくれるが、ショベルから散布する石炭はなかなか思う場所に拡がらない。ボイラー圧力が下がり始めると、やむを得ず給水を絞るのでボイラー水位がジワジワと低下してくる。運転室の水面計はボイラー後端に位置するので、勾配区間ではボイラーの傾きに応じて表示水位が変わってくる。このときは付属の補正目盛によって読み取るが、今いる場所の勾配を知っていないと、補正目盛の使用そのものが不可能である。機関助士は受持ち線区の勾配を頭に入れないと仕事にならない。

　八本松まで1駅間10.6kmながら、運転時間30分の息の長い勝負である。前の第1補機に負けるなとばかり、わが第2補機は全力を振り絞っての奮闘である。すくい口に出てくる石炭には三池炭は見当たらない。全区間が全力運転となる瀬野機関区にはもっと高品質の石炭が配給されても良いのにと思う。心配気な機関士を横目にひたすら投炭を続ける。問題

は投炭量でなく散布技能なのだが、つい力任せの投炭過剰になってしまう。八本松まで本務機関助士が手を貸さなかったので何とか合格したようだ。

投炭散布は単に広く薄くではなく、燃焼状態に応じて加減がいる。多すぎる個所は不完全燃焼となるし、不足気味のところは空気供給過多となって燃焼ガスの温度を下げることになる。この温度降下はフル運転のときは大きな影響が出るので、初心者は不足のないよう気づかって投炭過多に陥りやすい。

ジリジリと水を減らしながら八本松に近づいた。列車の前寄りが構内の10‰に掛かって補機の足取りも気だけ軽くなったようだ。連結器の解錠目標を過ぎて第1補機の汽笛が雷鳴のように響いた。「―・・」(惰行に移る)の合図だ。第2補機が同じ

八本松で走行中に解放される補機D52。本務機はまだ力行を続けている。1963-1

く応答汽笛を吹き、機関士が加減弁を一気に閉じた。協調運転のときは迅速な応答が第一で、手加減するとかえってギクシャクするとのことだった。

連結器解放を済ませた第1補機が汽笛「―」(解放完了)を吹き鳴らしている。連結器の解放は機関士の操作により圧力空気で行なわれる。本務機関助士はすでにインジェクターによる給水を始めており、ほとんど燃え切った火床には、過剰投炭となった個所が不完全燃焼の青白い炎を上げている。帰区してからの火床整理が一苦労ありそうだ。

軽い衝動とともにD52重連は停止した。まだ20‰の途中なのでブレーキを効かせたまま停まるからである。出迎えの操車掛の誘導で八本松の構内に入って停止すると、降車して動輪軸と各クランクピンの触手検査を行なう。帯熱の有無を点検するもので、30分の全力力行という条件で酷使される瀬野機関区のD52にはとくに重要な検査だという。発熱していると火傷をするので指の背でさわれ、という注意も聞いたばかりである。

左手首にはめた腕時計が熱くなっているのに気づいた。投炭のとき左手は焚口からの輻射にさらされるので、熱をもつのは当然であろう。それからは時計を右手にはめる習慣が

補機の瀬野への回送。運用変更で5連となることがあった。1963-1

「かもめ」の補機にはテンダーにトレインマークが付く。1960-3

ついて現在も続いている。

　帰りの逆行回送は惰行なので、実習生はテンダーの給水口に座って涼風を満喫しながら瀬野へ戻った。暑い運転室から解放してやろうとの機関士の親心がうれしかった。

　焚火作業は機関助士の仕事量の半分であり、授業の残りは運転法規と機関車の構造に充てられる。機関士が控えているので安心に思われるが、ボイラーが視界をさえぎる蒸気機関車では、右側の信号機などに関しては機関助士が全責任を負うことになる。運転取扱心得に始まる規程類は機関士と同じくらいマスターしなければならず、試験前日は学生に返ったような思いであった。

　第11回機関助士科の全員が無事修了したのは8月8日、第14回原爆忌の直後であった。

■保火番の仕事

　本来なら、ただちに機関助士見習として乗務が始まるのだが、事情によって3班に分かれることになった。順序は先任順。職歴の短いわれわれにとっては入社順になる。私は当然第3班で半年余り元の整備掛で足踏みすることになった。元の仕事といっても機関助士科の修了生にはそれなりの配慮があり、主として保火番をして過ごした。保火番とは文字どおり滞留機関車の火種の管理を行なう。24時間の仕事なので交代勤務となり、構内入換

担当の機関士とコンビを組むことになる。

　滞留機関車は火室中央に山盛りの保火炭を置き、出区準備の乗務員が来たときに保火炭がほぼ燃え尽きているのが基本である。保火炭を補給したばかりだと、出区の機関助士の仕事が面倒になる。火勢が強いと圧力が上がって安全弁が噴くし、弱くて圧力が低下していると叱言を頂戴する。水位も減少しすぎないように注意が必要だ。缶水清浄装置による排水も長時間になると無視できない。機関車の運用表をにらみながら、これらのコンディションを保持するよう、保火炭の補給とボイラー給水を行なう仕事である。

　もう一つ手のかかる仕事は点火だった。点火とは、火を落としている機関車に火を入れて生かすことをいう。まず、古枕木と整備掛が機関車清掃に使ったワラクズとボロ布を運転室へ積みこむ。次に火室に投炭して、火床一杯に石炭を敷き、その上に古枕木をやぐらに組んで、焚き付けを入れると準備完了である。枕木を火室に入る大きさに切るのは燃料掛の担当で、専用の裁断機もあった。これらの準備は、昼間の余裕のある時間帯にすませておく。

　点火は運用の6時間前に開始する。隣に手配されている親の機関車から双方の暖房ホースを連結して、親機の暖房用蒸気が子機の暖房蒸気管へ流れるように接続する。この蒸気は子機の暖房管を逆流して運転室正面の蒸気分配箱に至り、以後は通常の配管を通ってブロワーノズルから吹き出して、通風器として作用する。

　通風が活きたところで火室の焚き付けに点火して、枕木に着火するのを待つ。枕木の火勢が強くなったら一件落着で、少しずつ石炭を載せていき、火床に敷いた石炭に火が回るのを待つ。ボイラーの空気抜きのため、汽笛ハンドルを引いたままとしておくので、圧力が$3kg/cm^2$くらいになるとボーと低い音を発して知らせてくれる。

　これらの作業は点火機に付きっきりではなく、保火作業の合間に行なう。汽笛が鳴る圧力になると、通風源を自分のボイラー蒸気に切り替え、暖房ホースをとり外す。あとは自力で圧力をゆっくり上げていけばよい。

　反対に消火する運用もある。消火は火格子を揺すって火床を全部落とし、自然冷却を待つのみで手は掛からない。洗缶にあたるときは、

客車15両をC59が牽引する修学旅行臨時列車。1960-11、白市～西高屋

チューブ突きの苦労を思って早く冷えろと願うことになる。
　1班と2班の見習が終わり、やっと3班の順番が来て"糸崎機関区機関助士見習を命ず"の辞令を1960年5月11日付で受け取った。ちなみに、5月11日は24年前の1936年にドイツの05機が200.4km/hの速度記録を樹立した記念すべき日である。

■機関助士見習

　機関助士見習としての初乗務は1960年7月8日。台風がお祝いに来てくれてダイヤが乱れ、臨時折り返しのローカル列車を風雨を衝いて糸崎から三原まで逆行で牽く、という冴えない姿が私の国鉄における初乗務となった。
　機関車はC6241〔広二〕。235列車(9×35.0、大阪1025→広島1926)が三原で折り返し、240列車(広島1524→大阪2330)として岡山へ上る臨時ダイヤだった。編成標記の9×35.0は、現車9両・換算35.0両を表わす。現車とは客車両数であり、換算とは実重量を表わし、10トンを1両とするので換算35.0は350トンになる。
　乗務員として最初に乗った機関車が、旅客機として日本最大のC62というのは私の幸先を示しているようで、窓から豪雨の中をのぞくのも苦にならなかった。岡山から帰途の下りは223列車(9×35.0、大阪2128→出水2139)機関車はC59164〔糸〕であった。C59はC62に次ぐ旅客用大型機であり、数少ないC62に対して山陽本線の主力となっていた。このC59164は初めて乗務したC59という以外にも、私にとって因縁の浅くない機関車であった。

急行「安芸」を牽引するC59164。本機は呉線電化まで活躍した筆者にとっても想い出深い機関車だ。1965-6、安浦～安登（写真・安保彰夫）

　機関助士の仕事はカマを焚くのは半分で、線路・信号機・駅構内設備などと機関士の右腕として必要なことを全部たたき込まれる。焚火も機関士の運転に合わせて缶圧が必要なところでは一歩も引かず、惰行に移るときは缶圧を少し下げておく。ボイラー水位は多すぎるとプライミング(気水共発)を起こすし、低すぎると火室天井板が水面から露出する心配がある。
　焚きすぎてボイラー安全弁を噴出させると、教導機関士から大目玉を食らう。石炭を捨てているのと同じだという理由だから、言い訳する材料が見つからない。いっ

たん噴出すると噴止圧力(噴出圧力より低い)以下に抑えないと噴止しないから、機関助士は泣く泣く火勢を抑えることになる。

煙を出さないことも厳しく指導されていた。九州では煙突の横に煙の濃さを見る表示板(リンゲルマン濃度表)を取り付けていた。

石炭使用量は糸崎〜岡山では次の例のとおりである。平坦線なので上り下りによる相違はない。

普通列車	220列車	客車8両	C62	1200kg
	424列車	客車13両	C59	1600kg
急行列車	307列車	客車11両	C59	1300kg
	39列車	客車15両	C59	1500kg

最もきつい39列車は運転時間1時間34分であるから、平均値は実習のとき模型でしごかれた600kg/30分に近い値になる。ピーク時は数倍にもなるから大変な労働である。1勤務の石炭使用量が4トンを超えると、労使協定により機関助士が2人乗務になるが、実際に該当したのは貨物列車の一部だけであった。

見習を始めて間もなく、怪我をして1か月ほど乗務ができなくなり、図書室司書に充てられた。司書というのは自称であって雑務係である。区員が600人もいると、公私のトラブルで本来の仕事に就けない者が途切れず、誰かが図書室管理に就いていた。

図書室は区発足以来の歴史を持ち、あらゆる参考書が揃っていた。白眉はC53のグレスレー式弁装置に関するもので、仕事の合間に読む内容は興味津々であった。

■登用審査に合格

8月29日から再び見習乗務が始まった。私が休んでいる間に同期はどんどん腕を上げており、追いつくのに必死の毎日となった。1960年10月1日、姫路〜岡山の電化が完成、岡山以東はEF58に引き継ぐことになった。その近代化を見ながら私の蒸気機関車乗務が始まるが、蒸機の全盛期に間に合ったとの安堵もあった。岡山駅は電化の交直接続を想定した改良工事が完成したところで、全列車の機関車交換を前提としており、蒸機・電機の交換でも構内作業にまったく支障がなかったのはさすがである。機関車回行線や2本並んだ機待線などは大ジャンクションの風格を持っていた。

呉線安登〜安浦を軽やかに下って行くC59 179。1963-9 (写真・細川延夫)

機関助士の登用審査は10月7日。予定は215列車(12×46.5、岡山0745→門司1817)であったが、事情で急遽217列車(9×33.0、大阪0610→門司2106)に振り替えられた。12両から9両の軽量列車に変わったことで焚火は大いに楽になり、受験生のわれわれは減点要素が減って、点を稼げる条件を得たことになる。

　区間は福山〜糸崎、カマはC59129〔糸〕で、この日は蒸気の上がりがよく、私にとって記念すべき機関車となった。運転中の速度目測では64km/hと答えたところ偶然の一致で誤差なしの正解となり、厳しい表情を崩さなかった機関車課の審査官がニコリとしたのを今でも覚えている。私と相性のよいカマであったが、間もなく九州の鳥栖機関区へ移ってお別れとなった。

　合格通知に続いて、1960年11月1日付で機関助士の発令があった。20歳の機関助士の誕生である。この日までの乗務距離は5,585.6kmであった。

■糸崎駅の入換

　最初は入換組の乗務となった。形式はC50、担当区間は糸崎駅構内のほか、三菱重工と日本セメントの専用線へ入って行く入換があった。

　入換機は上り下りを分担して2両がいた。担当は始発終着の客車入換と貨車の組成であった。客車入換は入換機が客車を留置線からホームへ据え付け、それに牽引機が連結されて発車して行くのが普通であった。終着列車はその逆の作業になる。牽引機が入換も行なえば合理的なのだが、業務分担と責任がはっきり区分されていた。大きい組織の長所でもあり短所ともいえる。

　貨車入換は、中継基地として緩行列車の組成を行なっていた。緩行とは各駅に貨車を集配する列車のことで、ヤード間を無停車で結ぶ輸送力列車に対する用語である。引上げ、突放、連結を繰り返す作業だが、機関士から見えない右側の様子を伝えるのが、仕事の半分を占めていた。

糸崎の入換機C5082。動力式逆転機を装備している。1961-9

入換中に貨車が脱線したことがある。操車掛が手旗合図で入換の指示を行なうので、ポイント転換やブレーキ手配に手違いがあると脱線することがある。貨車1両の復線は客貨車区と機関区の手でわけなく終わり、この脱線事故はなかったことにして貨車はそのまま送り出された。これは"事故をマルにする"と称して、当時の常識となっていたそうである。

入換機としてのC50は、運転室の機器配置や構造が旧式で、取扱いは多少の不便があった。本線乗務から見ると軽い仕事であり、比較する形式もないので苦になる点が思い浮かばない。火室が動輪にはさまれた狭

河内を通過するC62牽引の「かもめ」。
左は待避の普通217列車。1960-3

火室で奥行きは大きいが、片手ショベルで焚くのには手ごろの大きさだった。突放のときはドラフトが激しいので、通風力で火床が浮かないように焚口戸を開けていた。この火室も、標準軌であったら縦横比が自然な形になっていたのに、と一人で想像していた。

■花の甲組へ

入換組で3か月あまり過ごした後、1961年1月26日から甲組へ組入りした。組とは乗務ダイヤのグループ名のことで、当時は数字の代わりに甲乙丙丁が使用されていた。

甲組は優等旅客列車を主体に糸崎〜岡山を担当する組で、仕事も一番きつかった。その厳しさと糸崎機関区の代表格であることを表現して"花の甲組"という。

受持ちの優等列車を列記すると、次のとおりである。

列車番号	名称	区間	編成	機種
22	安芸	広島1435→東京0823	14両	C59
39	西海	東京1330→佐世保1323	15両	C59
41	筑紫	東京2130→博多2005	14両	C59
42	筑紫	博多0902→東京0741	14両	C59
206	天草	熊本1700→京都0747	15両	C59
	日向	都城1304→		
301	宮島	京都1050→広島1752	9両	C59
307	ななうら	京都2245→広島0638	11両	C59

308　ななうら　広島2200→京都0630　　11両　　C59

東京行きの急行はほとんどがフルセットと称して、九州寄りから、ユ・ニ・ロネ・ロ・ロ・ハネ・ハネ・シ（郵便・荷物・2等寝台・2等・3等寝台・食堂）と連なっているのが普通で、編成の半分が優等客車であった。2等は現在のグリーン車、3等は普通車を意味する。この編成を見ても、国鉄の幹線が各階層の乗客を集めた大動脈だったことが読みとれる。郵便と荷物もこれらの急行が一手に引き受けていた。郵便車にはポストがあり、郵便車の消印が欲しくてホームで投函したのもこのころである。糸崎駅前には列車輸送のための鉄道郵便局があった。

また、普通列車も長距離輸送の使命を持っていて、山陽本線の普通列車は2等車と荷物車を連結して、大阪〜門司を直通するのが基本であり、糸崎から大阪へ行くときは、C59が牽くオハ35に乗って6時間を要するのが常識であった。代表的な長距離普通列車を挙げると、112列車（門司0739→東京1256）、222列車（鹿児島0437→京都1057）があった。着時刻はもちろん翌日で、ペアとなる下り列車についても同様である。

1961年3月12日1時過ぎ、私は岡山機関区中部転向所で出区準備を行なっていた。岡山機関区構内の輻輳を避けるために、岡山駅構内に中部転向所があって、折返し機関車の転向と給水を行なっていた。姫路や広島が機関区を分割していたのと目的は同じである。

カマはC5994〔広一〕、これから39列車（急行"西海"東京1330→佐世保1323）を牽いて糸崎までの乗務である。出区準備は火床整理が第一で、保火炭をならして余分の灰を落とす。運

C59の機関助士席から前方を望む。1961-4、松永〜備後赤坂

転中に灰が積もって火床が厚くなると、焚きにくく通風効率が低下するので、出区のときに努めて薄くする。ところが薄い火床は不安定で、空転などの強い通風力で火床が吹き抜けてしまうおそれがあり、あまり薄くしないよう指導されていた。当事者としては面従腹背である。

　火床整理が済むと外を点検する機関士の補助として、運転室から電灯類、砂まき、暖房などの点検を手伝う。次に運転室の潤滑油を持ち出して加減リンクに給油する。給油は検査掛の担当であるが、加減リンクは油つぼのスペースが取れないので出区のたびに乗務員が行なっていた。続いて後部に暖房ホースを取り付ける。暖房ホースは車両の上り方に取り付けるので蒸気機関車は転向のたびに着脱が必要となる。

　前から歩み板に上って運転室前窓を掃除す

「かもめ」のマークを付けたC5977。1961-7

走行中のC59の運転室。1961-4

る。汚れは煙突から出た水性のものなので、ボロ布でふけば簡単に落ちる。架線を張ってから感電事故防止のため、ボイラーの上部横断が禁止されて反対へ回るのが面倒になった。手すりをはじめ、座席まわりや機関士の扱う機器など触る部分も拭いておく。

　石炭は燃料掛が前寄りにかき寄せているが、これでも使用量が多いと途中で掬い口に石炭が出てこなくなり、運転中にかき寄せしなければならない。

　基本どおり、圧力は$1kg/cm^2$下げの$15kg/cm^2$、水位は80％で火床は全面が橙色のゆるい炎に被われている。満を持して待つうちに着機のEF58が転向所に入ってきた。着機とは機関車交換のときの到着機関車のことで、出発機関車は発機という。こちらは操車掛がきて"39発機、1番連結"の打合せを行ない、ステップで振る操車掛の合図に従ってC5994はバックで1番線へ向かった。進路を見るとともに、火床の様子を見てパラパラと投炭しておく。

　連結したのが発車の1分40秒前、6杯ほど投炭して通風を強めておいて降車する。自動連結器のピンが落ちているのを確認して戻るとあと1分しかない。機関士はブレーキ試験が済んで編成通知書を車掌から受け取ったところ、編成は16×58.5、連結担当が"ヒーターオー

岡山機関区中部転向所の光景。折返し機関車の転向と給水を行なった。1961-8

岡山〜庭瀬を行く201列車「かもめ」。右後方は岡山機関区。1961-9

ライ"と告げにくる。暖房ホース取付け終了の意だ。

　出発信号機の確認喚呼を済ますと、火床に専念する。石炭は着火して1分後に火力最大となるから、発車前の1分は機関助士の腕の見せ場である。発車直後のボイラー圧力降下は出下がりと称して機関助士の恥とされている。最大加速が必要なときに圧力が下がるのだから当然だ。水の補給も出区から控えている。圧力抑制のため発車直前に給水すると、冷えた水がボイラー底部にたまり、発車で水が動揺するとボイラー全体に広がって出下がりの原因となる。

　発車前の焚き込みは、通風力がもっとも大きい火床の左右後部を主体に行なう。特急では50杯以上も行なうと聞いた。そうしなければ強大な通風力に火床が持たないのだ。

　ボイラー圧力計がジリジリと上昇する。最高となったときに出発合図がくればよし、遅れると燃え上がった火勢は給水では抑えきれず安全弁が噴出する。この発車準備の状況が理解できないと、30秒遅らせたために乗務員が烈火のように怒る気持ちはわからない。

　ゆっくりと追加投炭を中央部に行なう。焚き込みは火室の周辺部を盛り上げているので即効はないが、中央に散布すると直ちにボイラー圧力計に反応する。ホームのベルが鳴りやむ。安全弁がプスプスと鳴って我慢の限度だ。続いて1時39分00秒、定刻に出発合図器のブザーが鳴る。ベストのタイミングだ。「発車」と同時に出発信号機を見て「出発進行」。

　右手はすでにショベルをつかんでいて、投炭を再開する。1分前の投炭がいま最大火力となっており、今の投炭は1分後の火力になる。投入された石炭は着火するとき熱を奪って火力を抑えるので、投炭のタイミングは重要だ。10m走行を目安に後部を振り返る。「後部よし」。ホームが右側のときは、出発合図も後部確認も機関助士が全部担当することになる。

　赤黒い炎が渦巻いていた火室は、発車と同時にまぶしい白熱の輝きに一変して、バリバリと弾けるようなドラフトとともに、39列車"西海"は速度を上げて行く。今日の16両は何の増結だろうか。佐世保行きだからアメリカ海軍の関係かもしれない。ともかく16両編成

岡山での特急「かもめ」の機関車交換。左が着機のEF58、右が発機のC62。1961-6

特急「かもめ」の発機連結。1961-9、岡山。

は重い。ドレンを何回か吹かしたあと、機関士は加減弁満開として、逆転ハンドルを少しずつ引き上げている。

　加速がピークを超えたので給水を開始する。ボイラー圧力は16kg/cm^{2}から不動のままで私の力闘に応えている。給水ポンプの表示板がカタンカタンと踊り始めた。速度を90km/hまで上げたら、あとは定速運転になる。岡山操車場を過ぎて、次の庭瀬駅を通過するころにやっと発車の緊張から解放された。

　無理焚きになっていないか、と焚口から火床をのぞき込む。"無理焚き"とは燃焼が済まないうちに次の投炭があって、通風不足で石炭が粘結状態となることをいう。この部分は以後は通風阻害を起こし、次の投炭の燃焼不良を誘発して悪循環を繰り返すことになる。発生すると他の燃焼部分の負担が増すので、重負荷のときは絶対に避けなければならない。

　中庄駅を通過する。各駅のホームで振られる列車看視の白色灯は、ひたすら走る乗務員にとって大きな励ましであった。列車が無事に通過すると、直ちに"39列車定時"の現発通知が、次の倉敷駅へ送られるはずである。

　39列車の力行運転は40km先の里庄の手前まで続く。無理焚きをしても、糸崎で機関車交換のときは自分で後始末できるが、乗継の場合は次の乗務員に万全の火床を渡さねばならない。現在の焚火に追われていても、心は常に糸崎での乗継を考えている。無理焚きにならないように、圧力と水位の忍べるところは譲って、火床の状態をベストに保っていく。

　直線の前方には第2閉そく、第1閉そく、倉敷場内と信号機が重なって、遠くの場内はまたいて見える。里庄で惰行に移るまで40分の緊張はまだ1/4を過ぎたばかりだ。

■ 信号雷管を踏む

　列車の緊急停止信号として信号炎管(発炎筒)と信号雷管があり、機関車に搭載され、車掌は常に携帯していた。緊急事態のときは雷管をレールに設置し、炎管を振って乗務員に知らせるシステムであった。レール短絡器や無線機が開発されるのは、ずっと後のことで

ある。

　機関助士になって間もなく、この信号雷管を経験した。1961年2月24日、301列車（急行"宮島"京都1050→広島1752）は笠岡〜大門を快調に走っていた。岡山まで急行"だいせん"と併結されてきて、分割後は8×32.0になり、C59107〔糸〕には軽すぎる編成であった。荷が軽いとドラフトによる通風が弱く、黒煙を出さないことが最大の注意事項となる。

　足元で轟音が響いたのは大門手前の切取り区間であった。驚く間もなくまた一発。火薬の爆発であるからドカーンともズシーンとも表現の難しい音であった。機関士が一瞬何？という表情をしたが、二人ともすぐに意味がわかった。訓練で聞いた信号雷管の音だ。機関士の右手はすでに非常ブレーキを採っている。

　切取りを過ぎると、前方に信号炎管を振っている保線係員が見えた。火薬の燃える紅い炎は昼間でも鮮やかに目を刺激する。停止した列車に駆け寄った保線区員から、レール折損があって停めましたとの説明があった。雷管を設置してから列車が踏むまで、待機する係員は心配でたまらなかったことであろう。

　信号雷管を本番で踏んだ経験談はその後も聞かないので、私たちは本当に貴重な体験をしたことになる。

■乗継の5分間

　"乗継"とは乗務員の交代のことで、単純な作業に思えるが蒸気機関車では気の抜けない作業であった。まして急行列車では短時間に行なうので戦場といってよい。糸崎などでは5分が普通であった。機関助士2人乗務の特急は2分で行なったというから、まさに寸秒を争うことになる。

　到着すると、まず灰戸を開けて火床整理で出た灰を排出する。発機関助士はトーチと呼ぶ長柄のたいまつを運転室へ差しかけておき、乗り込むと火室に差し込んで火床で点火し、

岡山を発車する特急「かもめ」。乗継をすませた到着乗務員が見送る。1960-8

火室天井の溶栓を点検する。ボイラー水位を低下させて火室天井が水面上に露出すると、鉛の栓が溶けて水を噴出させる構造であり、溶栓を溶かすのは機関助士の最大の恥とされていた。

　降車した着機関助士は使用済トーチを受け取り、火を消して容器に収める。容器は燃料の軽油を満たして準備してある。

　発機関助士は発車に備えて火床を整える。発車までの時間を見ながら、隅々まで確実に着火するよう投炭し、ボイラー圧力計が安全弁の噴出寸前まで上昇するのを確認する。直前注水でボイラー底部が冷えていると、いざ発車というときにわずかの圧力上昇が容易でなく、自分が難儀することになるためだ。八本松の難所へ向けて出発するときは、敢えて安全弁を噴出させて満圧確認をする指導も一部で行なわれていた。

　発機関士は右後部から触手で車軸とクランクピンの帯熱点検を行ないながら、前へ移動する。着機関士は降車して左後部から触手点検を行なって、前へ移り着機関士と引継ぎを行なう。このとき列車番号の照合は重要で、列車が輻輳する時間帯では間違って他の列車に乗務して発車した実例がある。

　燃料掛の3名は、停止と同時にテンダーに乗った2名がショベルを振るって石炭のかき寄せにかかる。1名は給水柱をテンダー給水口に合わせてバルブを開く。毎分6トンの流れはまさに奔流である。降車して灰箱の口からレーキを突っ込んで、灰が全部落ちたのを確認して機関助士に"灰オーライ"と告げる。機関助士は灰箱を閉じる。

　燃料掛は再びテンダーに上り、水タンクが満杯になるようにバルブを閉じる。水があふれるとテンダー付近が洪水となるから、閉じるタイミングは勘が要る。定期運用ではテンダーの水量は常に1/2を確保することになっていたから、給水量は12トンを超えることはない。残りの半分は予備として死重を抱えることになるが、不測の事態で途中駅に抑止されるときは必要となる。

　石炭10トンも半分は予備だが、使用しないまま固く締まった石炭は、ツルハシで掘り出さないと使用不能なのが実態である。門司局の機関車は炭庫を半分に仕切って、予備炭搭載を省略していた。前寄りにかき寄せた石炭は山となっているが、機関助士の投炭が少しずつ崩して、次の乗継までに底が見えてくる。使用量が多いと自分がかき寄せる必要も出てくる。

■電化に追われて

　電化工事はまず電柱が立つことから始まる。1961年10月の糸崎開通をめざして進んできた工事は、信号電源をコンクリートの電化柱に移し、在来の木柱が撤去された。1957年の敦賀電化から、架線の吊架方式が固定ビームから可動ブラケットに変更となった。重々しいビームがなくなって近代的なデザインといえるが、乗務員には信号確認の面で不評であった。現物を見ると明らかだが、固定ビーム方式ではビームより低い部分に障害物がない。可動ブラケットでは支持部材が架線の高さまで下がっている。この部分は信号見通しのた

め重要なスペースであり、信号機がブラケット腕の陰に隠れる機会が多くなった。乗務員からの苦情がどこまで届いたのか不明で、自分の努力で不利な条件を克服するという乗務員気質に隠れて、その後も改善は進まなかった。

　山陽本線の旅客用電気機関車は、EF58一色であったが、糸崎電化のための所要としてEF61が18両新製され、EF58とがらりと変わったスタイルを岡山へも見せ始めていた。電気機関車へ乗務する順番として、最初は年齢別に並行して進める案が立てられて若い連中を喜ばせたが、古いクラスから異論が出て先任順に落ちついた。これで電機への転換は新米の私たちが最後になることが決定した。

　8月22日に糸崎までの架線に通電され、感電防止のために、ボイラーに上がることの禁止がさらに強調された。9月に入るとC59の前にEF58を重連した練習運転が始まった。花の甲組もあとわずかの盛りであるが、蒸気機関車に憧れた以上はぜひ華舞台で、との願望は何とか間に合ったことになる。

　少し前の4月1日、乗務キロが10,000kmを突破した。場所は笠岡〜大門、307列車(準急"ななうら"京都2245→広島0638) カマはC59161〔糸〕であった。

■ミュージックサイレン

　蒸気機関車は惰行運転のときは案外静かである。電気機器のような騒音源がないためであろう。したがって、沿線から聞こえる音については敏感で、何でもない音が記憶に残っていることも多い。ミュージックサイレンもその一つであり、時報の代わりに街に流れるメロディは乗務の楽しみの一つになっていた。時刻の正確さでは負けないから、同じ列車ではいつも同じ場所で聞くことになる。

　18:00に福山市役所から流れるアニーローリー、岡山駅に進入のとき17:00に聞こえた七つの子、21:00に三原消防署の望楼から響いた浜千鳥などを、C59の運転室でショベルを握る手を休めて聞くのは、ささやかな息抜きであった。

夜明けには上り急行群の着機C59が扇形線に並ぶ。1962-2、糸崎機関区

1-3. 八本松越えに挑む

■八本松越えに挑む

　岡山〜糸崎は1961年10月1日に電化開業した。糸崎の構内作業の関係から電化は旅客列車のみ、そのうち糸崎通過のブルートレインを含めて、5往復は岡山〜糸崎に蒸機で残った。

　糸崎では広島電化までの8か月間、旅客列車の機関車交換を行なって、全列車の機関車交換を行ったという昭和初期を想像させる活気をもたらした。

　その代わり、貨物列車のD52は糸崎直通の運用が主となり、機関区にはほとんど姿を見せなくなった。

　花の甲組が電機組になって押し出され、12月から広島行きの旅客列車に乗務することになった。岡山方面への平坦高速区間に対して、標高257mの八本松を越えるルートは力の対決区間といえる。山岳線区から見ると、257mは高いとはいえないであろうが、列車単位が大きいことと列車密度の高いことを考えれば、スケールとしては負けないであろう。

　山陽本線の優等列車は夜行が多いため、機関区はまさに不夜城であった。全列車が機関車交換を行なう広島では、広島第二機関区の社員食堂が24時間営業だったのがそれを物語っている。

　乗務で特記すべきはC62が増えたことである。電化によりC59が減少したので割合として増えるのは当然で、この区間でC62の真価を知ることになった。実をいうと、甲組にいた8か月間はC62をあまりありがたく感じなかった。原因はストーカー（自動給炭機）をマスターする時間がなかったことと、高速重量列車で経験しなかったことにある。C62を生かす機会に恵まれなかったといってよい。

　今度は勾配区間での全力運転が勝負である。たくましいボイラーとストーカーは頼もしい味方として登場してきた。ストーカーは変動の少ない重負荷運転がもっとも有効に使用できるので、この区間でC62本来の能力に圧倒された。

　1962年4月7日1時20分、C6236〔広二〕は206列車（急行"玄海"14×53.5、長崎1635→京都0938）を牽いて瀬野に定刻に到着した。九州と関西を結ぶ典型的な夜行列車で、編成は重々しい

夜明けの沼田川をさかのぼる「あさかぜ」。牽引機はC6214。1962-5、本郷〜河内

スハ43が主体で新しい軽量客車ナハ10の恩恵には浴せない。新車はまず東京行きに投入されるのも国鉄の常識である。

広島〜安芸中野の平坦線を悠々と走り、安芸中野から瀬野までの連続10‰を35km/hで登ってきたところである。山陽本線の急行列車の速度35km/hは誤りではなく、C62やC59が上り10‰連続勾配で長編成を牽くときはこれが普通の速度であった。もっとも特急は死に物狂いの出力で50km/hを超える速度を出していたが、別格の存在である。

3分の停車時間に補機D52が連結される。1時23分、定刻に出発合図があった。機関士が「ええか？」と尋ねる。勾配区間への発車では火床が不十分のままだと大変なことになるからだ。うなずく私を見てから汽笛ハンドルに手がかかる。補機の応答汽笛を聞いてから本務機が起動、起動を感知して補機が起動、というのが基本の扱いである。

発車前に火室を点検、石炭の散布状態が正常なのを確認して助士席に落ち着く。ストーカーのコンベアバルブで石炭の送り量を加減し、6個のノズルバルブで散布を調節する。一番こわいのはコンベアが動いていても、他のトラブルで給炭が途切れることで、操作する私にはわからず火が消えてしまう。そのために煙突から吐き出される煙の監視は欠かせず、薄くとも黒い煙が見えれば投入された石炭が着火している証明になる。

C59なら席に着く時間もなく投炭を続けるのに、C62では左手でストーカーを操作するだけでよい。給水ポンプを起動させた後は、八本松までボイラー圧力計と水面計を見ながら緊張した20分を過ごす。焚口を開くと火室の真っ白い炎が目に刺さり、石炭散布が順調であることがわかる。スクリュー式のコンベアを通るとき粉砕される石炭が多いので、C62はシンダー発生が多く、ひざの上にもすぐたまってくる。

列車が重く蒸気の上がりが悪いと、ジリジリと下がるボイラー圧力と水位との死闘になる。燃焼量は最終的には通風力で決まるから、投炭量のみを増やしても完全燃焼せずにマイナスとなる。通風力は排気ノズルの調整で決まっており、C62とD52には可変装置があったが、乗務員が運転中に操作できる構造ではなかった。

蒸気が上がらない苦労を何度か体験してみると、必要なときにノズルを絞って通風力を

瀬戸内の海辺を行く呉線の上り列車。1963-2、安芸幸崎〜須波　（写真・細川延夫）

強化する機構が何としても欲しかった。ノズルを絞るとシリンダー背圧は増加するが、燃焼量の増加が上回るので、ガソリンエンジンのターボ過給と同じく、トータルの出力増強が可能であったはずだ。

番堂原踏切を過ぎると勾配は16‰に変わり、速度がやや上がる。ゴール近くでスパートをかけるランナーの気持ちだ。八本松の場内信号機の手前で勾配は20‰となるが、速度を落とさずそのまま構内に飛び込む。このあたりでストーカーを止めて手焚きに戻る。これは惰行に移った後の火種の準備で、まだストーカーには任せられず人間の注意力に優るものはない。

東海道の"つばめ""はと"がC62牽引だったとき、宮原機関区は米原までストーカーを使用せず手焚きを行なったという。目的は、石炭がコンベアで粉砕されてシンダーが増加することの防止であったが、微妙な火床調整についてもストーカーはまだ私たちの腕に及ばない証明であろう。

八本松入駅のポイントから勾配は10‰、ホーム中ほどからレベルとなって加減弁が少し絞られる。補機の解放完了汽笛が遠くに聞こえる。出発信号機を過ぎて機関士の右手が高々と上がった。「しめるーっ」。加減弁を閉じて惰行に移るとの意味だ。ゴーグルの下の煤けた顔が綻んでいるのがわかる。同じく手を上げての私の応答は、難所を定時で登りつめた歓喜の声。勝利の凱歌だ。

惰行に移ったC62は、渾身の身震いから開放されて、レールから伝わってくる刻みに身を任せている。あとは本郷までの下り勾配の続く区間40kmを惰行で転がして行くことになる。勾配が変わってボイラーが前傾するので、水面計の水位が半分以下の表示に変わった。火室はほどよい燃えきれで、後は火を消さない程度に投炭していけばよい。難所を無事に越えた満足感は何と表現したら良いだろうか。投炭の重労働から解放されて、あと30分は機関助士の天下だ。

■あわや追突事故

1962年1月31日の夜、ある区間で工事のために閉そく方式が変更されて通信式が施行された。駅間の信号機を全部使用停止し、出発させた列車が次駅に到着したのを確認して、続行列車を発車させるシステムであり、発駅と着駅の両駅長の電話連絡で安全が保たれている。

異常なく発車して惰行に移ったころ、前方の線路上で赤色灯が激しく振られているのが見えた。ただ事でないと判断して機関士が直ちに非常ブレーキを使用、列車は200mほど行き過ぎて停車した。合図者の絶叫は意味が分からず、なにか重大な状況であるらしい。

駆けつけて、息を切らして言う彼の言葉に私たちは顔色を失った。先行列車が次駅に着かないのに、発駅が誤って私の列車を発車させたのだという。「あそこに停まっています」という震える指の先を見れば、カーブの向こうに黒々とした列車の影と後部標識の赤色灯

がやっと見分けられる。

　われわれは規程どおりの開通確認がされたと信じているので、そんな警戒はしていない。後部標識に気付いても間に合うはずはなく、相当の速度で追突していたに違いない。最悪の事態まで考えると、私も22歳で殉職していたかも知れない。誤って発車させたことに気付いた駅長の緊急連絡手配が間に合って、辛うじて大事故を免れたことになる。

　このことは事故として報告されなかった。当時としては珍しくないことで、責任者の処分も内々で済まされたようである。

　この年の11月29日には、羽越本線の岩谷〜羽後本荘で、閉そくの取扱い誤りによる列車の正面衝突が発生して、乗務員3名が殉職した。閉そくの取扱いは単純に見えても、一歩誤るとこのような重大事故に至ることになる。

■三河島事故の教訓

　1962年5月3日、常磐線の三河島駅構内で二重衝突事故が発生し、死者160名という大惨事になった。第一原因は貨物列車の信号冒進であるが、他の列車の停止手配が不十分だったのが第二原因として重視された。それまで観念的であった緊急時に列車を停める訓練が、実地に定期的に行なわれるようになり、信号炎管の点火も全員が経験するように改められた。

　一方では、第一原因である信号誤認については、信号設備の不十分なことが指摘された。全国で行なわれた調査では信号機の紛らわしい個所が非常に多く、誤認寸前の状況が具体的に明るみに出てきた。戦時中の無理な輸送力増強の後遺症だというのは否定できない。実証として、大阪局の東海道本線で外側線の列車が内側線の信号を誤認して進入した例があった。自列車に対する信号は停止信号なので、三河島と同じ事故が発生する可能性を持っていたことになる。

　これらは設備改善が進められて、乗務員の信号誤認の可能性は大幅に減少した。同時に国鉄全線区にATSを装備する工事が早急に進められている。また、信号冒進の責任を問われて起訴された貨物列車の乗務員2名については、厳しい業務を担当するわれわれの受難の象徴として、労働組合が救済活動に乗り出した。弁護団費用のための臨時組合費徴収に、不満が一切出なかったことが、私たちの感情を代弁していると言えよう。

■呉線へ

　1962年6月10日、広島までの旅客電化が完成した。実際には電車特急151系"つばめ"と電車急行153系"宮島"のほか、客車列車の一部が電機牽引となったに過ぎない。EF58は瀬野〜八本松で補機D52との協調運転に無理があって入線せず、電機列車は全列車がEF61で補機なしの運転となった。協調の問題点は、重量列車ではD52が全力運転してもEF58の速度に追随できず、EF58が過負荷となることであった。ただし、ブルートレインは現編成で補機D52と協調可能なことが確認されたので、EF58が広島まで直通する。

　電車は151系も153系も、瀬野〜八本松の22‰を登坂可能であるが、モーターの温度上昇

第1章　入社から機関助士時代

が限度を超えるために自力運転には無理があり、EF61の補機が使用された。後に151系は出力向上改造を受けて181系となり、1966年10月までに自力登坂が可能となった。153系は電動車比率を増やして6M6Tから6M4Tに変更することで、1968年10月から自力運転に移行している。

　広島への乗務が始まったときから呉線の列車を受け持っていたが、1962年10月1日ダイヤ改正から新たに呉線の名門列車24列車（寝台急行"安芸"広島1520→東京0800、12×44.0）を受け持つことになった。

　呉線は16‰が点在するが、安芸川尻～安登を除けば難所というほどの区間はない。R300の急

ブルートレイン「さくら」発機のEF58が糸崎機関区で出区点検中。1962-1

曲線が多くて速度は低いし、普通列車が主なので気を遣うことは少なかった。線路規格が高く大形機が入線できるのは、呉という海軍基地を控えて軍事用の幹線とされていたからである。信号機の自動化も戦前に完成している。その呉線で乗務距離の50,000km突破を迎えた。1962年6月19日、吉名～竹原、614列車（徳山0518→糸崎1107、7×27.0）、カマはC59 117〔糸〕であった。

　海田市～呉は建設が古いためトンネル断面が小さく、乗務員を苦しめていた。建設の新しい呉以東はトンネルが大きいので、相違点をさらに際立たせている。この海田市～呉は戦時中に複線化工事が進んで、ほとんどの区間は路盤とトンネルが完成していた。従来線の狭いレンガのトンネルでは、煙突からの排気が天井に反射して下方へ広がり、運転室は熱気の直撃を受ける毎日であったから、横に見える増設線の大断面のトンネルをうらめしい思いでながめていた。

　この苦しみは8年後の1970年、電化により新線への移設が実現してやっと終了する。軍事輸送のために広島～呉の増強が計画されたとき、山陽本線の広島～海田市の複々線化が先に完成して、呉線複線化は未完成のままとなった。順序が逆であったら、呉線はもっと早く近代路線になったことだろう。

　ある日、オヤジ（同乗の機関士）が休んで予備の機関士と同乗した。呉線を夜行で上る232列車（12×44.5、鳥栖1330→京都1051）で安芸津に到着したとき、火床整理を行ない灰を落として身軽になった。こうしておくと糸崎に帰ってからの作業が軽くて済むので、自分なりの合理化のつもりであった。その火床整理を見ていた機関士が「あれを見ろ」という。

　側線には貨車が1両停めてあり、バタ（足場用踏板）が掛かっている。「ここで灰を落とすと燃料掛がモッコを担いで貨車に積み込むことになる。機関区に帰ればクレーンがやってくれる。今わずかな楽をして喜んでいるが、そのしわよせが何十倍にもなって燃料掛に行くのは明らかだろう。お前は労働者の団結と相互扶助という基本がまったくわかっていな

35

い。よく考えろ」。この説教はずいぶんこたえた。

このころ東海道新幹線は2年後の開通を目指して工事中で、運転士の募集が全国で行われた。掲示を読むと応募資格の欄に「電車運転士または電機機関士の経験2年以上」とあって、ガッカリしたのを覚えている。まだまだ道遠しであるが、希望はある。あと数年後には機会があるだろうと夢をしまっておくことにした。

■C59が貨物補機に

1963年4月20日改正から、山陽本線の下り貨物列車に補機が使用されることになった。10‰が続く八本松までの区間で、九州行きの急行列車と貨物列車が集中する0時～4時の時間帯は、D52が20km/hで奮闘する貨物列車がダイヤ構成の大きな支障となっていた。その対策として貨物列車の速度向上が計画されて、連続10‰終端近くの白市までの33kmの区間に補機を使用することになった。

機関車はC59、糸崎にいるカマを使用するためにC59になったそうである。10‰にかかると約30km/hでバランスして、ゆっくりと底力のあるドラフトを響かせる。通風が強いので焚火は楽であり、解放後も上り勾配に停止するので、ボイラー水位が最低になるまで運転可能である。機関助士にとって、焚火作業はきついけれど気分の楽な乗務であった。

糸崎でD52と並んだ試運転中のEF63。1963-5

本務機のけむりと補機のけむり。1963-5、入野～白市

白市からの帰途は逆行の惰行運転で、2列車分まとめて重連になるのが多かった。逆行で運転すると、テンダーから飛んで来る石炭の粉末に悩まされるのは知られていない。散水しても表面はすぐ乾くから無駄である。煙突から飛散するシンダーよりも始末が悪かった。

　貨物列車の速度向上のための補機は、電化以前の東海道本線で梅小路～膳所のD52＋8620が有名であった。他にも例があったかも知れない。それよりも、糸崎～広島の急行列車が10‰を35km/hで登っているのに使用すれば、大幅なスピードアップが可能になったのにと思う。

　このころ、三菱重工で新製されたEF63が糸崎機関区で一休みしたことがある。1963年から碓氷峠の補機として投入される新鋭形式で、試運転は瀬野～八本松で行なわれた。ベテランの指導機関士が担当していたが、新形式の勉強で大変だったらしい。2年前までは蒸気機関車のみの世界であり、EF58に必死で取り組んでいるときに、カム軸式制御器・軸重補償・空転検知・再粘着装置・電機子短絡ブレーキといった最新設備を持つEF63をマスターして運転するのは、徹夜の連続だったと推察する。こういう先輩に私たちは育てられた。

　山陽本線の優等列車の中では数少ない特急列車は、乗務員にとって文字どおり特別の存在であった。乗務員もエリートとして特急指定があり、指定を受けないと特急には乗務できなかった。技量と経験を誰もが認める人が選ばれていて、待遇面でもそれなりの差があったと聞いている。新米にはとうとう機会が与えられず、特急列車の増加にともなって制度が廃止されたので、私にとって"特別急行列車乗務員に指定する"の辞令は高嶺の花のまま終わってしまった。

■蒸気機関助士さらば

　乗務は呉線でC59相手の毎日が続いていた。いちばんの重量列車は232列車（鳥栖1330→京都1051、12×44.5）で、安芸川尻→安登の連続16‰がもっとも力の入る区間である。16‰勾配区間は3kmなので、安芸川尻通過までに火床を整えておけば無理をすることは少なかった。むしろ、R300の曲線と競合する個所で機関士が空転を警戒していた。

　ある日、空転が連続してトンネル内で停止寸前になったことがある。蒸気は満圧なので私が機関士に協力できることはないが、速度が低いため自分の吐き出す煙に包まれるのは本当に苦しい。アリの歩みでトンネルを脱出した

断面の大きいトンネル。電化のとき、このまま架線が張られた。1960-11、白市～西高屋

蒸機乗務の最終日、呉線の急行「安芸」から駅長と敬礼を交わす。1963-9、天応（写真・細川延夫）

ものの、タオルを濡らして口に当てる苦行だった。北陸本線の敦賀機関区の乗務員は毎日こんな思いをしていたのだろうか。

呉線は80kmあまりの区間にトンネルが37本ある。惰行で進入するとトンネル内の風圧が煙突から入り、火室へ逆流して焚口戸を浮かすほどの圧力になる。このとき焚口を開けると顔面を炎が襲うことになり、眉毛を焼いた実話は多い。線路を熟知しないうちは機関助士がよくする失敗である。

トンネルといえば、糸崎機関区の受持線区にはトンネルで苦労する個所はなかった。もっとも長い呉トンネルは2581mであるが、勾配は5‰で苦にならなかった。電化前の北陸本線敦賀付近と比較すると山陽本線は恵まれているといえよう。

山陽本線の糸崎〜広島のトンネルは、山陽鉄道開通時の古いレンガ積みのものも断面が大きく、電化に際してもまったく手が加えられていない。1890年代に建設したトンネルもこの区間のみ大断面で造られたのだろうか。それともレンガ積み工法の時代に何かの理由で拡幅されたのだろうか。

やっと電気機関車へ転換の順番がきた。蒸気機関車最後の乗務は1963年9月23日。呉線の24列車"安芸"。C59167〔糸〕であった。この日まで蒸気機関助士として乗務した距離は91,942.9km、3年3か月の間に焚いた石炭の総量は1338トンになっていた。

1-4. 電気機関助士に

■電気機関助士科への入学

吹田にある大阪鉄道教習所へ1963年9月26日に入学した。科名は第9回特別電気機関助士科、"特別"とは、登用ではなく転換教育であることを意味する。

授業はEF58を中心に進められた。EF15とともに山陽本線の主力であったから当然であるが、勉強する側としては後期に学習したEF60の方に関心が向いたのも事実である。パンタから始まって、各電気機器の構造と取扱いがメインであるが、同時に故障時の点検法が重要視されていた。実習場にはEF58のシミュレーターがあって、関係機器と配置は実物と同じ物であった。現車から台車とボディを取り外して裸にしたと思えばよい。

実習は宮原機関区に出かけた。蒸機時代からという矩形の検修庫には、EF58と新鋭EF61、それにキハ58がひしめいていた。庫の前を指して、ここに転車台がありましたという担当指導員の話も聞いた。

機関助士の仕事として暖房ボイラーの取扱いがあった。貫流式なので水位調節が難しく、火力と水量の調整は手動で行なうという原始的なものも残っていた。宮原機関区は暖房ボイラーの研究でも有名で、改良によって燃料を軽油から重油へ切り替え、国鉄全体では莫大な経費節減をしたことでも名を残している。その"ミヤハラバーナー"は商標としても登録されていると聞いた。

乗務実習は大阪～姫路で行なった。兵庫～西明石は複々線化工事中であり、須磨から海岸に沿った区間は各停電車と並行ダイヤで、注意信号を見ながらソロソロと走ったのが印象に残っている。運転は機関士だけの仕事になって、蒸機ではボイラー責任者であった機関助士は手持ち無沙汰である。

所外実習と称する修学旅行は金沢へ行った。前年に電化開通した区間なので、真新しい471系の急行"ゆのくに"で往復した。雨のとき架線の碍子が唸っているのを聞いて交流20,000Vに驚いたのもこのときである。

また、入所中の11月9日に鶴見事故が起きた。脱線した貨車に電車が衝突して脱線し、さらに対向電車が衝突するという二重衝突事故で、死者163名の大惨事となった。列車間合が短かったため、前年の三河島事故の教訓として訓練された、他の列車の停止手配が間に合わなかったのが残念でならない。貨車の脱線原因は線路も車両も異常は認められず、補修限度内の悪条件が重なった競合脱線と結論されている。この競合脱線という言葉で、貨車入換のとき何度も目撃した、脱線復旧貨車をそのまま送り出したことが脳裏をかすめたのは事実である。

修了式は11月27日。その後の見習の乗務と実習は岡山機関区で行なわれた。内容は機器点検と故障処置が主で、とくにユニットスイッチの故障では、制御回路の通電を追跡するのを触手で行なっていた。指先で端子に触って直流100Vの有無を感知するもので、この姿をたとえてノミ取りと称する。状況によっては肘までしびれるほどのショックがあるが、

電化後の岡山機関区。EF58、EF15、EF60、EH10と並び右端にD51が見える。1964-4

「よくわからん」と言って指先を口で湿らせている豪傑もいた。

機器動作の点検は出区前のほか、運転中にもいろいろ指定されていた。運転中も指定個所では機械室に入って、ユニットスイッチの動作音と火花切れを確認することも義務づけられていた。注目スイッチとして、回路上で重要なスイッチの指定までしてあったのだから、その精緻さが想像できよう。

■電気機関助士に

実務試験は1月10日に行なわれ、24歳の誕生日である1964年1月13日付で電気機関助士兼務の発令があった。電機への初乗務は1964年1月16日、427列車（糸崎1646→徳山2200、9×30.5）の糸崎→広島で、カマはEF58136〔宮〕となった。当時の旅客用電機の配置は東京・浜松・米原・宮原・広島で、EF61を宮原に集中したほかは各区ともEF58一色であった。

この頃はEF58が広島まで直通運用を始めていた。瀬野機関区に補機としてEF59が配属され、瀬野〜八本松でEF58＋EF59の協調運転を開始したためである。EF58＋D52の協調に無理があって、EF58の運用が見送られたことは先に述べた。旅客列車補機の電機化は、1963年10月から順次進められ、12月20日に完了し

山陽本線下り列車牽引のEF58から手を振る筆者。1964-2　（写真・藤山侃司）

た。また、ブルートレインの牽引機は1963年12月1日からEF60に置き換わって補機なし運転に移行している。

電機になると本務・補機の連絡が重要になって無線機が開発され、国鉄の列車無線のさきがけとなっている。EF59は固定装備だから大形と重量は苦にならないが、本務機の機関助士はショルダーバッグほどの重い無線機を担いでの乗務で不平たらたらであった。その後の無線機は小形軽量化が進んだことと、運転業務に無線機が採用されたため、機関車の装備機器となって携帯が不要となり、苦情問題は解決している。

暖房ボイラーには手を焼いた。貫流式ボイラーは長い1本のパイプがボイラー内にとぐろを巻いており、入口から水を送り込んで出口に水と蒸気の混合体を取り出す構造である。出口が蒸気のみになった状態ではパイプ末端は焼損のおそれがある。出口で水の含有量が多すぎると気水分離ができず、客車への送気に水を含むことになる。理想的な割合は蒸気90％、水10％とされていた。出口に水がなくなると200℃で温度高の警報が鳴り、さらに温度が上がると250℃で自動消火するので、水量不足は避けなければならない。

客車へ送る蒸気圧力は車掌からの要請によるので、客車の負荷に応じて燃料と水を手動

瀬野〜八本松間を補機なしで登るEF61 4。手前は下り貨物列車を牽くD52。1962-6(写真・手塚一之)

蒸機と電機の混合時代。上り列車の排気と下り回送補機EF59。1964-2、八本松〜瀬野

バルブで調節する。手を抜こうとすれば水を多めに設定して後を気水分離器に任せればよい。分離水(160℃)は水タンクに還流するので、還流が増えるとタンクの水は沸騰状態になってくる。この調節を真面目にやってもなんの報いもなく、私も手抜き流に加わってしまった。EF58搭載のSG1A形に対し、EF61に搭載されたSG1B形は、自動化が進んでワンタッチ操作に改良されている。このため機関助士の労力は大幅に軽減されて、本来の助士業務に専念できた。形式名のSGとはsteam generatorの意である。

　こんな問題の多い蒸気暖房をいつまで続けるつもりなのかと、交流区間の電気暖房がうらやましかった。問題なのは長編成列車における後部客車の暖房不足で、上り列車では後部の優等客車の乗客から苦情が届いていた。矢面に立つのは車掌で、前部車両の蒸気を絞って後部への通気を図るほかはないのだから同情する。

　EF58・EF61の重油タンク容量は1000リッターなので、東京〜下関を直通する運用を想定して名古屋と岡山に給油設備が設けられた。水タンク容量は6トンだが、消費量が多いので給油駅以外にも大阪・広島などに給水設備が設けられていた。

　電機の乗務が始まって間もなく、1964年3月19日に乗務距離が100,000kmを突破した。河

急行153系電車と補機EF61は連結器が異なるため控車を介して連結した。1962-6、広島　　（写真・手塚一之）

補機EF61を連結して八本松へ向かう特急151系電車。151系の編成端は自動連結器なので、そのまま機関車と連結できた。1965-3、広島〜向洋　　（写真・手塚一之）

内〜入野、31列車(急行"霧島"東京1100→鹿児島1333、15×50.0)、カマはEF58172〔米〕であった。乗務を始めてから6桁になるまで4年近くを要したので、7桁になるにはあと30年以上かかる計算になる。

　6月から貨物列車の組へ移った。広島までの貨物電化は4月20日に完成したが、電機化は順次進められたので、岡山〜広島の貨物列車は蒸機・電機の混在運転で、この間はD52・EF15・EF60と毎日がバラエティに富んだ乗務となっている。蒸機の乗り納めは6月26日の961列車(54×92.8)岡山操車場〜糸崎、D52333〔広〕であった。

　貨物列車の全電機化は1964年7月1日に完了している。瀬野〜八本松では、旅客列車と同じく電機と蒸機の協調運転に無理があり、移行時は本務機・補機を同車種とする運用が組まれていた。したがって、本務機の全電機化と同時に、補機の電機化も完了して瀬野機関区のD52は姿を消した。糸崎のC59補機も任務を終えている。

　貨物列車は速度が低く、一部の85km/hを除いて最高65km/hであり、EF15やEF60の機関助士にとっては緊張感に欠ける仕事であった。それよりも機関士科の受験で頭が一杯になっていた。

　機関助士2年9か月で機関士科の受験資格ができる。受験は自由だが、このころは古参者への処遇が問題になっていた。戦後の引揚者受入れによる人員過剰のために1945年から11

年間も機関士の登用が絶えていた。再開されたとき、10歳以上の年齢差を無視した筆記試験は不公平だとの論が大勢を占めて、いろいろな平衡方法が考えられ施行されてきた。そういう経緯があって、私が受験するころは、若年に有利なフリーの試験と先任順を成績に含める試験が交互に行なわれていた。

試験は人員需要に応じて行なわれるので、資格を得て1年ほど試験がないことに焦っていた。その待ちかねた試験が1964年6月10日に実施されて無事合格した。最若年になる自信はあったが、試験待ちで1歳年下と一緒になり、いちばん若いの、と呼ばれたとき、返事をしなくてよいのは幸いであった。

機関助士としての乗務は1964年7月6日で終わった。乗務距離は115,380.6kmを記録している。

1-5. 機関士科に入学

■機関士科に入学

1964年7月8日、吹田駅の西北の丘にある、大阪鉄道教習所の第4回機関士電気機関士科へ入学した。科の名称は、蒸機・電機2車種の機関士を意味している。

当時はまず蒸気機関士へ登用され、電気機関士へは転換教育が行なわれていた。電化の進展に合わせて新規登用を電機で行なえばロスがないのだが、現場では古参者を蒸機に残して新米が電機に乗れる雰囲気ではなかった。先任順がそれだけ重みを持っていたことになる。

これでは無駄が多いのが明らかなので、蒸機・電機の2車種機関士科を開設したのは苦肉の策といえよう。私たちが岡山局で最初に入学したので、蒸機の先輩から、お前らは戻ったらすぐ電機に乗るんだろう、といわれたのを覚えている。

機関士の仕事は3年ほど見ていたから、学習内容が深く難しくなっても驚くものはなかった。目新しい科目は運転理論・作業安全・線路・信号設備などで、他にボイラー講座があった。蒸気機関車ボイラーは法令により第1級ボイラー技士の資格が必要であり、この国家試験に合格しないと機関士科未修になるぞと脅かされて真面目に勉強した。エンタルピなどという言葉も、ここで学んでいる。

機関士科の方針は、学習よりも機関士としてのプライドを育てることに相当のウェイトが置かれていたようだ。自治会の委員長をはじめ所内のおもな役職は機関士科が担当する、という機関士科代々の伝統は強烈であっ

糸崎で特急「さくら」に連結された発機C6225。1962-2

た。列車を預かる機関士は駅を預かる駅長と同格だ、という意識の伝承がそうさせたのだろう。冷静に見ているつもりでも、運動会や朝の体操など各種の行事のとき、他の科と一緒にされるのは心外だと意気込んでいる自分に気付いて苦笑したものだった。

　毎朝寮内に鳴り響く"なにわの都しのびつつ……"の所歌で起床、グランドに出て国鉄体操にとりかかる生活がこうして始まる。当時の生徒数は1000名を超えていた。

　授業は7か月を前後に分けて、前半が蒸気機関車、後半が電気機関車というカリキュラムであった。共通科目はもちろん前後を通じて設定される。学級担任も2人制だった。

　蒸気機関車の実習は奈良運転所と吹田第一機関区で行なった。点検ハンマーの使用法、ゆるみを生じたナットの点検音、蒸気バルブの有効開度、ロッド類のピン破損や脱落時の運転継続法など、自分が実行する立場になると興味は尽きなかった。

　奈良のD51には、動輪と従輪の釣合梁に空気シリンダーを付けて、動輪軸重を可変構造としたものがあった。空転防止に有効と思われたが、効果を確認するのは難しいとのことである。それよりも現場の発案でこのような研究と試験ができる組織のあり方が、国鉄の長所として記憶されるべきだろう。

　吹田操車場ではハンプの押上げをはじめ、入換の単位が大きいので、入換もD51が担当

D5165は改造され動輪軸重可変装置が付けられた。1959-8 (写真・平野唯夫)

吹田操車場で入換作業に使われたD51はデフレクターが取り外されていた。1962-8 (写真・宮田寛之)

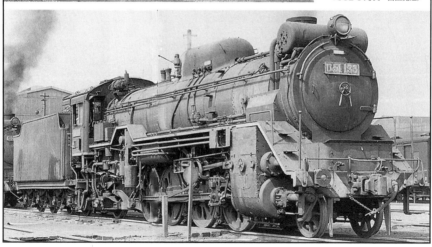

第1章 入社から機関助士時代

広島工場で特別整備されたC59164。現在は梅小路蒸気機関車館に展示されている。1972-9、広島工場（写真・鉄道ファン）

し、高速運転がないのでデフレクターを取り外していた。入換はブレーキが生命であり、制輪子の交換も一度に2個以上は行なわないなどの苦労が語られた。新しい制輪子は、タイヤにフィットするまでブレーキ効果が半減するからという理由である。

新しい休憩所（乗務員宿泊所）も見学した。不規則勤務の乗務員にとって、乗務合間の休養は事故防止の大きな要素であり、三河島事故の対策の一つとして画期的な改善が進められた。設備面で見ると個室・防音・冷暖房とホテルなみであり、木造の大部屋で蚊帳を吊っての雑魚寝に比較すると天国であった。国鉄全体の改善は数年のうちに完了して、他系統の職場から乗務員は毎日ホテルに泊まっていると羨望された。いずれ各職場に波及すると思っていたら、30年経過しても乗務員の特権に終わっている。

D51の運転室。機関士は右手で加減弁ハンドルを握り、左手は逆転機のハンドルに置かれている。（写真・鉄道ファン）

■ワルシャート式弁装置

　ここで、蒸気機関車の出力制御を簡単に説明しよう。
　シリンダーと動輪が直結されているので変速装置はない。蒸気の供給システムによって変速装置に相当する作用を可能にしているのが弁装置である。いくつかの形式があるが、近代機はいずれもワルシャート式を採用していた。ガソリンエンジンなどの給気排気バルブと根本的に異なった機能である。
　目的はシリンダーへ供給する蒸気をコントロールすることにあるが、次の2つの方法によっている。
(1)蒸気の圧力を加減する。
(2)蒸気の供給量を加減する。
　圧力は加減弁の操作によって調整する。同じ圧力を保つための弁の開度は蒸気の使用量によって変化する。したがって、加減弁ハンドルには目盛りはなく、蒸気室圧力計を見ながら調整する。加減弁満開というのはシリンダーへの蒸気圧力を最大にするとの意味であり、この時は蒸気室圧力がボイラー圧力に等しくなる。
　供給量は締切の加減によって調整する。締切は%の数字で表わし、"カットオフ何%"とも"リーバー何%"ともいう。締切の調整は機関士が逆転機を操作して行なう。締切の調整と前後進の逆転とは関係ないが、機構上一つの機器で扱うので逆転機と呼んでいる。勘では正確な%値がつかめないので、目盛を読みながらの操作となる。リーバーとは"reverse"のなまりである。
　シリンダーへの給気は始死点の少し手前(前行程の終わり)から始まる。これはガソリンエンジンの点火時期と同じで、早めに開始して次行程の効率を上げるために行なう。その開始位置は締切を小さくする(回転数が高いとき)ほど早くなる。
　締切とは、給気を終えるときのピストン位置をストロークに対する%で示すもので、理論上は0〜100であるが、実際には70程度が最高である。締切は蒸気供給量を決定するので

C59のワルシャート式弁装置。上側の加減リンクからの動きと下側のクロスヘッドの動きを合成して左端上側の弁を動かす。1962-10、糸崎機関区

C62の運転室。タービン発電機の排気管は凝結水を流すため、屋根まで延びている。1964-7, 徳山

圧力調整よりも重要であり、微妙な調整がいる。ストロークのうち、給気開始から締切までの間はシリンダー圧力＝蒸気室圧力であり、締切後はピストンの進行にしたがって蒸気は膨張し、シリンダー圧力が低下していく。したがって、シリンダー牽引力を計算するときには平均有効圧力を算出して行なう。

蒸気使用量を同一と想定した場合、回転数が上がるにつれて締切を小さくする必要があり、それにつれて平均有効圧力が低下し回転力は小さくなる。速度と牽引力への振り分けを行なうことが可能であって、自動車の変速機に相当する機能をもっている。したがって、締切は速度向上とともに引き上げる(小さくする)ことになる。大きくすることは延ばす、または落とすという。また、締切0はミッドギア、締切最大をフルギアと称する。ギアとは弁装置(valve gear)の総称である。

締切の0％は前進後進の共通位置で、0を越えて前進から後進への連続変化が運転中でも可能である。逆転のとき停車して回路つなぎを変更する電気車や、歯車の切換えを行なうディーゼル車との根本的な相違点といえる。また、締切0でも前述の早期給気により力行を続けることができる。3気筒のC53は、高速度ではミッドギアで走ったという先輩の言葉も覚えている。

実際の締切の最小値は、C59などの旅客機では20％、D52などの貨物機では30％に指導されていた。理由はピストン弁の潤滑と段付き摩耗の防止、回転部分への衝動緩和であった。また、締切を小さくすると、ワルシャート弁装置では弁の開度が小さくなり、蒸気通路を絞って有効圧力を殺すためでもある。この対策として、ガソリンエンジンのようなポペット弁の試作もされたようだが、世界でも制式機への採用はごく一部だという。

(1)と(2)を総合すると、同出力をセットする蒸気使用方法として、高圧少量か低圧大量かを選択することになる。もちろん、中間は連続して変化可能である。蒸気の使用効率を追求すると高圧少量になり、衝動防止と機械部分の保護を重視すれば低圧大量が優れてい

D51の運転室。中央天井付近の4個の圧力計は左から
　シリンダー圧力計、
　ボイラー圧力計、
　給水ポンプ圧力計、
　暖房圧力計。
左手で操作中の蒸気分配箱のバルブ。左から
　タービン発電機、
　空気圧縮機、
　見送り給油機、
　給水ポンプ、
　暖房、
　ブロワー。
　　　（写真・鉄道ファン）

る。連続全力運転のときはボイラーの蒸気発生量で能力が決まるので、蒸気の使用効率を最優先して高圧少量となり、圧力最大（加減弁満開）とした上で締切を蒸気使用量の許す限り大きくする。

　蒸気機関車が非力ながら、なんとか電気機関車に太刀打ちできたのは、蒸気という流体を手動によるバルブで調整するという融通無碍な制御方式と、熟練した機関士の技能であると言えよう。後に電気機関車に乗務して融通のきかない制御方式を経験すると一層その感を深めた。アナログ方式とデジタル方式の相違である。

　また、ボイラー能力を超えた蒸気供給が可能であることも見逃せない。給水を一時停止すれば蒸発能力は増大し、圧力低下を許容すれば蒸気供給量は増加する。水の補給と圧力回復は後から対応できる。電気車は電流値オーバーに弱いし、ディーゼル車は最大出力以上の燃料噴射は無理であろう。

■蒸気機関車あれこれ

　加減弁ハンドルは前後操作であるが、扱いに力が必要な機器としては最適であると思う。ただし、座席に座っていることが前提であって、立ったままでは操作が難しい。ドイツやフランスでは左右操作のものが見られる。

　ボイラー上の蒸気ドームにある加減弁までの引棒は、C55以降からボイラー外部に装備されたが、旧式ではボイラー内部にあり、運転室で外に出ている。ここのパッキンを固く締めると機関士の操作が重くなり、緩くすると蒸気洩れに悩まされる。外部にしなかった理由は、ボイラーの熱膨張によって調整が狂うためであったが（ボイラーは火を入れると20mm近く伸びる）、外部式は引棒にクランクを入れることで解消している。

　動力式逆転機はC62全機とC59の一部に装備されていたが、本線の列車には手動式の方が歓迎されていた。本線列車が精密な操作を要求されるのは空転限度ギリギリの運転を行な

48

第1章 入社から機関助士時代

旅客用蒸機C59と貨物用のD52。大きさの相違がわかる。1963-9, 広島第一機関区(写真・宮澤孝一)

うからで、上り勾配区間のみでなく発車のときは常にこの状態になっている。また、連続上り勾配ではボイラーの性能一杯の運転となるので、蒸気の有効使用のために微調整が必要となる。入換機ではすべて反対で、大ざっぱでも迅速な操作が要求される。

　過熱器は加減弁より後にあるため、加減弁からシリンダーまでの容積が大きくなって、空転時などの素早い加減弁操作の効果を薄めている。加減弁を煙室に装備して過熱器より後位とすることが可能で、外国機には採用した例があるという。機関士が必要とするシリンダー圧力の微調整もはるかに楽になる。そうすれば、補助機にも過熱蒸気を使用できるので、補助機の効率も向上したはずである。

　蒸気分配箱は運転室の前面上部にあって、被覆もなく200℃の高温のまま露出している。バルブ群をまとめて配置するための構造としてはうなずけるが、接触すれば火傷するおそれがある。

　速度計は機械式であった。一般的な遠心力を利用するものと異なり、一定時間における軸の回転角度が表示される機構であった。1.2秒ごとに測定を繰り返すから指針も段階的に表示が変わり、電気式のように指針が滑らかに移動しないのは、微妙な速度変化を読むのにマイナスである。時間測定を行なう時計の動源も速度計軸の回転から取っている。機械式にこだわったのは電気回路を敬遠したのと、低速での精度のためと思われる。車軸発電機による電気式は、20km/h以下のとき精度が落ちるのは事実である。

　速度の測定軸は、タイヤ摩耗による車輪直径変化の影響を少なくするため、直径の大きい動輪によっていた。しかし、空転による破損のおそれがあったために、後期の形式は従輪に変更されている。

　機関車全体に見られるエアパイプは蒸気機関車の神経である。あらゆる制御が空気圧によっているのは電気回路を持たないためで、機関士が操作するコックですべての機器が動作するシステムである。配管の漏れ点検のため見やすいボイラー上に置かれ、銅パイプの輝きは蒸機のアクセントにもなっている。デザイン上からボイラーカバー内に収納したものがあったが、点検に難があって再び露出に戻された。

　電気回路は照明とATSが対象で、機関車の走行に関しては電源は不要であった。石油ラ

ンプ時代からの流れが踏襲された経緯であろう。電圧は直流32Vであったが、客車のように蓄電池もなく他車との接続もないので交流方式にすれば良かったのにと思う。しかし、機関車全体から見れば電気部分は末梢の問題で、そういう議論自体がなかったようだ。

客車暖房は最大圧力の7.0kg/cm²を送気していても、15両編成の後部は不足気味であり、厳冬期には車掌からの苦情が絶えなかった。

前窓はC55からC59まで採用された45度傾斜が好ましい。夜間に邪魔物が写らないからで、平面窓では自分の顔と見合いをすることになる。わずかの角度でも効果があるのに、C62・D52のときに見送られたのは工費の軽減であろうか。雑影防止の理想はフランス電機に見られた下向き傾斜である。北総開発鉄道が開業のとき採用したが、その後は普及していない。長所という評価が得られなかったのだろうか。

■東海道新幹線の開業

東海道新幹線は1964年10月1日に開業した。鳥飼車両基地は吹田の教習所から6kmほどの位置で、開業前に何度も見に行った。基地の警備が厳重なためにフェンス越しの見学だったが、0系電車の編成が並ぶのを間近に見ていると、新しい時代の息吹を実感する。そういう現実に対して、われわれは今、何を勉強しているのか？と自問すると、ワルシャート式弁装置！というオチになるのだった。

200km/hを目前に見たくて足を運んだのが山崎であった。歩いてすぐの淀川堤防に上がり、毎時2往復の列車を待つのは楽しかった。試乗にも行きたかったが、大阪～東京がゆうゆうと日帰りできる4時間の近さになった実感がわかず、先延ばしにしていた。

山陽本線の主力機だったEF58。右はローカル列車として活躍した80系電車。1972-9、広島運転所（写真・鉄道ファン）

■EF58・EF15を学ぶ

　機関士科の後半は電気機関車の授業となった。

　基本車種はEF58・EF15で、あとEF60にも相当の時間が割かれた。他にEH10と、もうすぐ登場するEF65にも触れることになった。ありきたりの形式よりも新しいシステムのEF65に興味をひかれた。全体としては蒸気機関車ほどの面白みはなく、電気配線のつなぎを追い、モーターの回転力を算出するのに相当のエネルギーを費やす毎日だった。

　制御方式を学ぶと、主回路に抵抗器を挿入する抵抗制御は、出力調整のために動力源である電力を抵抗器で熱として捨てることに違和感が

貨物機として活躍したEF15。1974-5、瀬野〜八本松（写真・鉄道ファン）

あった。蒸気機関車では、高価な石炭を使用し汗を流して作った蒸気は貴重品であり、無駄遣いは厳しく戒められていたからである。EF65で見ると、発車から速度15km/hになるまでの間に、抵抗器で熱として捨てる電力は50%になり、走行動力と同じになる。架線から無尽蔵に供給されるとはいえ、この電力の無駄は最後まで納得できなかった。

　実習は吹田第二機関区と宮原機関区。昼休みに宮原操車場を一周したとき、ポツンと離れた個所に蒸気機関車用の転車台と給水設備を見つけた。福知山のC57が所在なげに待機していたのでキャブへ上がってみた。ボイラーと火室がこじんまりとしてかわいいという印象を受けた。

　EF65の見学は、川崎重工の兵庫工場へ行った。ちょうど本社の車両設計事務所から来ていたメンバーと一緒になって、質疑応答の時間が与えられた。活発な議論があったが、お互いに視点が異なるので、いささか気の毒な場面も出てくる。設計屋としては機関車の新機軸に関心があるだろうが、機関士の立場から質問が操縦性や居住性に集中するのは当然である。

　在来の手動ノッチ進めからEF62以降の形式は自動進段になったが、手動から自動へ移行するときの当事者が心配することは同じである。空転に神経を使う機関士にとって自動進段による電流値の制御は不自由ではないか、という懸念を感じていて、質問も多く出た。実際に使用開始してみると便利さと不便さの双方があったが、慣れと改良によって落ち着いている。

　運転室の環境では機械室の騒音が悩みであった。ブロワー（冷却用送風機）を主とする機械室騒音で、EF62では乗務員だけでなく、沿線への騒音としても問題になっている。EF65で死重を8トンも搭載する余裕があるのなら、運転室との仕切を二重の防音隔壁にするとか、機器配置上は不合理となっても騒音機器を運転室から離れた車体中央に置くとか、乗務員の環境整備に回してほしいというのがわれわれの主張であった。

山陽本線下り貨物列車を牽引するEF60。1974-5、八本松〜瀬野（写真・鉄道ファン）

　この騒音問題はEF64の1000番台が機械室を3分化して中央に騒音機器をまとめるまで、未解決のままであった。ただし、仕切ドアの気密化や機器自体の騒音低下は、時代とともに改善が図られている。

　機関士科へ入所したことにより、この年に特筆すべきことは年末年始を休日として過ごせたことだ。鉄道業務を生活の路として選んだ時点であきらめていただけに、世間なみの休日はうれしかった。

　教習所で最大の楽しみである所外研修（修学旅行）は、もちろん開通したばかりの東海道新幹線の利用となった。新しい車窓が珍しく、子供のように窓にへばりついて皆に笑われた。関ヶ原東方の在来線立体クロスの全景や品川近くの蛇窪信号場の三角線など、知識はあったものの、実際に見下ろす新しい視角は貴重な体験だった。

　7か月に及ぶ吹田の機関士科生活が終わったのは、1965年2月6日であった。列車の運転を任される機関士の教育に7か月を費やしたのを見ても、機関士を重要な職務と位置づけた国鉄伝統の教育方針がよくわかる。

　糸崎へ帰ったとき、目についたのは駅の給水柱の撤去工事である。山陽本線から蒸気機関車がいなくなったのに、私たちはこれから蒸気機関士になる実習を始めるのだと思うと、複雑な気持ちであった。

第2章　機関士時代

2-1. 蒸気機関士

■機関士席へ

　機関士の養成は最重要視された教育である。教習所とあわせて10か月を教育に充てるので、監査関係からは過剰教育ではないかの指摘を何度も受けているという。それでも国鉄はこの方式を貫いていた。

　糸崎機関区での蒸気機関士の見習は非電化の呉線になる。機関車は糸崎機関区のC59とD51で、山陽本線が電化された後は、呉線の機関車はすべて糸崎の所属となっていた。気動車が主体の呉線では、蒸気機関車の担当は広島～広の通勤列車が大部分を占め、カマは広島で昼寝していることが多かった。また、急行列車は"安芸""音戸""ななうら"が呉線を経由していて、C59が八本松越えに劣らぬ力闘を見せていた。

　初めての見習乗務は貨物列車のD51であった。1965年2月18日の払暁に糸崎を発車した671列車、D51761〔糸〕が私が動かした最初の機関車となった。その初乗務の日、停止信号で10‰上り勾配に停車して起動するとき、空転連続で牽き出し失敗を経験した。何度繰り返しても空転して貨車の列はジワリとも動かない。

　教導機関士の「落ち着け！」の一喝でわれに返り、基本どおりに初めからやり直すと難なく起動できた。後で叱られたのは言うまでもない。「最初の空転は偶発的なもので責任はない、その後の空転は全部お前の責任だ。気持ちが動転すると、正常な判断ができないというのが分かったか。同じ失敗を繰り返さないよう気をつけろ」。まったくそのとおり。

　見習の後半が待望の旅客列車であった。運用の都合で山陽本線の下り列車が1本蒸機で

山陽本線蒸機時代の設備がそのままの糸崎機関区。このころは呉線のＣ５９、C62、D51が残るのみ。(写真・宮澤孝一)

残っていたので、八本松越えを体験できたのは幸運だった。

幸運はもう一つあった。時を同じくして6両のC62が糸崎へ配属されたからだ。1964年10月の山陽本線全線電化で余剰となったC62は、広島で臨時列車用に保留されていたが、糸崎へ移ってC59とともに運用されることになった。私が機関士席に就くのを待っていたかのように、彼女たちは糸崎へやってきたのだった。

機関助士見習の初乗務もC62が当たったし、また機関士見習として再びC62を動かすことができる、機関車に憧れて国鉄に入社した少年の夢は着々と実現しつつある。

1965年3月24日、325列車は糸崎駅で発車を待っていた。大阪1010→広島1845の普通列車で、編成は12×44.0、オハ35主体のブドウ色の客車が重々しい。機関車は真新しい[糸]の区名札を付けたC6217、日本の蒸気機関車最高速度129km/hの記録保持機である。このカマ

糸崎で連結待ちをするC625。1965-4 (写真・細川延夫)

が、私が初めて運転する旅客列車に当たったのは運命なのか、その後も付き合いが続くことになった。

　発車待ちの時間に教導機関士の指示でシリンダー予熱を行なう。冷えていると蒸気の凝縮によるドレンが多くなるので、その防止のためである。ブレーキを確認、逆転機を前進フルギアとして、加減弁をわずかに開き、$5kg/cm^2$の給気を行なう。1分後に絶気してドレンコックを開けると、シリンダーから驚くほどの凝結水があふれ出る。次に後進として同じように済ませると終わりとなる。1駅間走ると温まるので、シリンダー予熱は始発駅のみの作業である。

　「発車1分前」。定められてなくとも機関助士との相互確認の言葉がでる。機関助士の焚火が秒針を見ながらの作業であることも既に述べたとおりである。4番線の出発信号機を指さして喚呼、逆転機の前進フルギアよし、ドレンコック閉じよし、バイパスコック閉じよし、それぞれに手を当てて確認する。ブレーキのキックオフをしてブレーキ管圧力よし、あとは秒針を見ながら出発合図を待つのみ。機関助士も時計とボイラー圧力計を見てストーカーの給炭を加減している。

　加減弁ハンドルを握る右手に感じる機関車の体温。6つの動輪に支えられた黒光りするたくましいボイラー、あらん限りの蒸気をのみ込むシリンダー、輝くエアパイプ、私の意のままにしたがう150トンの鋼鉄のかたまり。

　Go along, my beauty——さあ行こう、私の美しいやつ——

　イギリスの機関士たちがよく口にしたというこの言葉は、このときの私の気持ちの昂ぶりにぴったりの言葉だった。

　定刻に出発合図があった。"発車"、信号機を指して"出発進行"、右手は加減弁ハンドルを、右足は汽笛ペダルを、目は蒸気室圧力計を、左手は右手の補助として軽く添える。手加減しながら右手を引くと、蒸気室圧力がスーッと上昇する。最初の$3kg/cm^2$までは速やかに、以後は緩やかに上げるのが衝動防止の基本だ。

　C6217がフワッと動く。蒸気室圧力$10kg/cm^2$を保つように右手を調節するうちに、ゴーッと太い響きとともに煙突から最初のドラフトが噴き上がる。焚口の隙間から火室に吸い込

C6217を駆る筆者。129km/hの速度記録を持つ名機である。1965-4、三原〜本郷（写真・細川延夫）

まれる空気の音が鋭い。ドラフト2回で逆転機をフルギアから締切50%まで引き上げ、蒸気室圧力を空転限度とされる13kg/cm²まで上げる。この間の圧力調節のため、加減弁ハンドルは常に微調整を続けている。ドレンコックを開いて、排気音6回で閉じる。これが発車後10秒間の操作である。

　速度×締切＝2000を目安に、速度向上にともなって締切を少しずつ引き上げる。締切が50未満になると空転の心配がなくなるので、加減弁を全開としてボイラー圧力を絞らずにシリンダーへ送り込む。間欠給気となる蒸気室圧力計の指針が弁の開閉にあわせて踊り始め、煙突の咆哮と動輪からの衝動が順調に刻みを速めていく。

　広島までの各駅で繰り返すこの出発操作は、機関士各自の持ち味として同乗する機関助士に愛され、敬遠され、そして恐れられる。最初は教導機関士の流儀を守っているが、自分流に味付けするのは本人の勉強しだいである。最後は機関助士に楽をさせるかどうかに人柄があらわれる。

　C62の本領発揮は上り勾配にあり、325列車は本郷を過ぎると、八本松まで延々と続く10‰に挑む。1週間後の乗務のとき、遅れていたのを幸いに極限の運転を試してみた。

　カマは同じくC6217、平坦線が尽きて連続10‰にさしかかると、曲線制限の70km/hを超えないよう留意しながら加減弁をゆっくりと満開にする。続いて速度70km/hより落とさないよう締切を慎重に延ばしていき、45%で限度と判断した。速度も曲線制限一杯であり、ボイラー能力もこれ以上は望めない。

　煙突から噴き上げる煙は天を支える柱のごとく、裂けんばかりのドラフトは沼田川の谷に幾重にも反響し、窓から乗り出して見れば身震いするボイラーの下で白いロッドが折れよとばかり踊っている。特急でさえ60km/hがやっとの区間を70km/hで走破するのは何という緊張と興奮であろうか。

　河内が近づいて「閉める」の声を発するのが本当に惜しい気分であった。いつも静々と入駅するのと異なり、弾むような足どりで進入した325列車のブレーキ開始地点は普段より100mも手前であった。

呉線の安浦を発車、猛然と加速するC59190。機関士席は筆者。1965-4(写真・細川延夫)

第2章　機関士時代

呉を発車するC6240牽引の急行「安芸」。（写真・宮澤孝一）

　C59はC62と運転操作が変わらない。C62と混運用されていたが、相違点といえば空転しないことであった。シリンダーと足回りはC62と同一なので、動輪上重量以外の理由は考えられず、重量差はわずかなのに、いざというときの踏ん張りは確実に違っていた（動輪軸重 C59:16.20トン、C62:16.08トン、軽量C62:14.86トン）。

　もう一つの相違は、動力式逆転機である。C62に装備されていたが、使いやすさの点ではC59の手動式が優れている。動力式といっても操作がワンタッチでなく、ハンドル操作でシリンダーへ給気し、移動させながら目盛りに合わすので手間も時間も節約にならない。手動式の取扱いは重いのが難点だが、本線列車では操作が小刻みで回数が少ないことから、機関士は苦にしていなかった。

　最後のC59乗務は4月19日になった。呉線の看板列車である東京行の寝台急行24列車"安芸"。機関車はC59164。5年前に機関助士見習として最初に乗ったC59であり、他の理由もあって、私にとって記念すべき機関車であった。

　いよいよ登用審査の日がきた。1965年5月13日、審査区間は天応〜安芸川尻、616列車、9×34.5、機関車は奇しくもC6217。先日の豪壮さを忘れたようにしとやかに走って、減点を最小に抑えてくれた。呉駅での給水柱合致は誤差20cm、安芸川尻の停止位置にピタリと合わせて停止し、「終わりました」と審査官に敬礼したのが、私の鉄道生活の至福のときであった。

　機関士発令は1965年5月15日。ただし、岡山機関区への転勤である。要員事情から予想できたことだが、糸崎のC59とC62との別れが名残惜しかった。25歳の機関士の誕生である。

■岡山操車場の入換

　1965年5月15日、岡山機関区で機関士としての生活が始まった。機関士1年生の仕事は岡山操車場の入換だった。

　岡山機関区は広島や姫路のように客貨を分離していないため、門司機関区とともに日本最大と呼ばれたマンモス区であった。転車台は直径24mで、大形機がゆうゆうと載るのはもちろん、少し前までは無火機入換のため2120がC11・8620・9600を連結して一緒に載っ

9600は本線でも現役。重連で石炭列車を牽く。1972-3、筑豊本線直方(写真・鉄道ファン)

ている光景も見られた。全長はオーバーするが、2両合わせた全軸距が24mに納まるので可能である。

乗務員は600名あまりで、そのうち120名が入換組だった。入換組だけで小さな機関区ができそうだ。入換機関車は岡山操車場に6両、岡山駅に2両、宇野駅に3両、倉敷駅に1両が充当され、形式は岡山操車場と岡山駅が9600、宇野駅と倉敷駅は8620であった。

岡山操車場の分担では、下り列車に対しては前方と後方に入換機がつく。上り列車についても同様に前方と後方に1両ずつ置かれる。宇野線列車と上下授受は下り後方が兼ねる。それから伯備線列車と貨車区の入換に1両、岡山駅との小運転に1両で、合計6両となる。

"上下授受"とは、上り列車と下り列車の作業が分離されているため、両群での貨車のやりとりのことである。"小運転"とは操車場〜岡山駅の貨車移送のことで、岡山駅の発着貨車を扱うものである。この小運転は機関車が先頭に立って長い貨車を牽くので、見た目は本線の列車と変わらない。

貨車の入換はいろいろと分類できるが、分解と組成が大部分を占める。到着した貨車を行先別にバラバラにするのが分解であり、方向の同じものをまとめて到着駅順にそろえるのが組成である。

入換機も9600からDE11への世代交代が進む。1969-3、岡山機関区(写真・藤山侃司)

第2章　機関士時代

　到着線についた列車は、機関車が逃げた後に貨車間のブレーキホースが切り放され、各貨車のブレーキをゆるめてしまう。これからが9600の出番で、単機で身軽に到着線に駆けて行く。貨車にゆっくりと近づいて連結、貨車の点検作業が終わるのを待って引上線へ引き上げる。
　60両、1200トンという貨車は山陽本線の貨物列車としては珍しくないが、入換機9600にとっては想像以上の重荷である。列車の発車のように優雅にしては作業がはかどらないので、空転す

岡山操車場にて69664の前に立つ筆者(右)。1965-7 (写真・藤山侃司)

るなよと祈る気持ちで加減弁を開ける。空転限度であるシリンダー圧力10～11kg/cm²となるよう加減弁を微調整する。
　ボウッと最初のドラフト、貨車60両の連結器が伸びる音が1両目から後部へ移動していく。全身で感じる貨車の重み……、これは機関車ならではの味で、電車や気動車ではわからない。ドラフトを三つ聞いて逆転機を締切50％まで引き上げ、加減弁を満開する。
　速度が加わるにつれて、9600のドラフトは煙突から火を吹かんばかりの激しさに変わる。短いボイラーの機体を左右に振りながら、引上線に向かって進んで行く。25km/hの速度で加減弁を閉めて惰行に移る。機関車から飛び降りた操車掛の振る緑色旗が遠ざかって行く。
　さて、これからが腕の見せどころであり気もつかうところだ。ブレーキ弁を右手に握り、合図と速度計と後方の車止を見ながら速度を落として行く。600mの長さを持つ引上線がずいぶん短く見える。
　入換中の貨車は空気ブレーキが全然効かない。機関車のブレーキのみが頼りで、これだけで60両の貨車を止めなければならない。ひとつ間違えれば車止に体当たりするのは目に見えており、速度計が本線以上に重要な役割を果たす。私も実際に乗務するまで入換機に速度計など不要だろうと思っていたが、大きな間違いであった。
　あのポイントで25km/h、照明塔の下で18km/h、排水溝で10km/h、この通路で6km/hと、先輩からのトラの巻と自分の経験を合わせて目標と速度が決まっている。貨車が重くて少しでも速度をオーバーしたら、非常停止手配をとる。
　非常ブレーキを使用、砂を撒く、逆リーバー(進行方向と反対に力行態勢をとる)とあらゆる手段をとっても、貨車60両の速度は容易に落ちるものではない。グイグイと押してくる貨車の重量感は実に不気味である。
　最後は、歩くよりも遅い速度でソロソロと車止めに近づく。この程度でも、操車掛の"停止"の合図を見てから停まるまでの時間がなんとももどかしい。

岡山運転区の屋上から構内を眺める。客車や51系電車が見える。中央の2本の排気は津山線と吉備線の客車を牽くC11。1969-5　（写真・藤山侃司）

次は、引上線から仕分線への突放作業で、これは腕力がものをいう。突放・停止・突放・停止の連続作業である。赤旗と青旗を頭上で交差して振るのが"突放"合図、続いて青旗を水平に振るのが"来たれ"の合図、加減弁を満開として力一杯の加速をする。時間が惜しいため、合図応答の汽笛は加減弁操作の後になる。

青旗が垂直に振られ"やんわり"の合図、続いて赤旗の"停止"合図が出る。夜間は合図灯なので、よそ見をする余裕はなく目は合図に釘付けになる。600m先の機関士への合図なので旗や合図灯を振る操車掛も全身でのアクションとなり、まさに踊る操車掛である。大変な仕事だ。

"やんわり"を見たら先回りして加減弁を一気に閉める。右手は直ちに単弁を急制動位置に押し付け、右足はバイパス弁を力一杯前へ蹴とばす。シリンダーまでの蒸気管に残った蒸気がボワッと煙突から吐き出される。

加減弁は、一気に閉じようとすると左手を添えたくなるほどの重さがある。バイパス弁も、蒸気圧力に逆らって人力で操作するので座席に踏ん張って右足に力が入る。これを数十回も休みなく繰り返すのだから想像以上の重労働である。

この分解作業を何回も行なうと、慣れないうちは右肩と腰が痛くてたまらない。一仕事を終えて、入浴の後に湿布を背中いっぱい貼るというのもオーバーな話ではない。翌日はまた同じ仕事が待っている。

入換のもうひとつの仕事、組成は分解作業ほど激しくはないが、連結作業がこれに加わる。長い貨車を持って連結に行くのは神経を使うもので、直線でないから前方は全然見えず、操車掛の合図だけを頼りにソロソロと進むのである。ブレーキをかけてもおいそれとは停まらないから、速度が少しでも高ければ留置の貨車に激突するし、慎重に行けば操車掛からもう少し効率よくできないか、との苦情がくる。

連結のうちでもっとも気をつかったのは、鉱石列車の作業である。伯備線の足立と井倉から広畑製鉄所と福山製鉄所まで石灰石のピストン輸送が行なわれており、D51が牽いてきた600トンの列車を2本連結して1200トン列車にする作業である。併結後はEF15が牽いて船坂峠の難所に挑むことになる。

最初の600トンをわが9600が引き上げて待機し、次に到着した600トンの後部に連結に行く。石灰石を満載した編成はズシリと重く、まさに蟻の歩みで前進する。操車掛の合図も

慎重になるが"停止"の合図で踏ん張ると、ドドドドッという連結器の音が寄せてきて衝動とともに停止する。連結速度が2km/hと1km/hでは衝動は天地の差がある。この程度だと、連結部では相当の衝動が発生しているはずである。

■古強者の9600

　9600形式は、製造初年1913年の古強者である。登場時は幹線の貨物列車の主力だったという。小形なだけに身軽で、ミズスマシのように広い操車場を走り回った。運転面の感想では、加減弁がなんとも扱いにくい代物だった。C59などでは片手で軽く扱えたのに、9600ではかなり重い。バイパス弁も空気操作のC59などと異なり、右足で力いっぱいの操作となる。たかが加減弁とバイパス弁というのはあたらない。機関士は、入換中はこれから手を放すことはない。加減弁の操作回数を数えてみようと思いながら仕事に追われて果たせなかったが、100回や200回でないのはもちろんである。

　この9600の構造は旧式で不便な点が多かったが、性能の面では実に使いやすい機関車であった。出力に対して動輪上重量が大きく、空転の心配が少なかった。1250mmという小径の動輪も、加速力とブレーキ力が生命の入換機にとっては幸いした。小ぢんまりとしている割にボイラー容量は大きく、激しい突放をやっても火床を乱す心配もまずなかった。

　古いカマだけに機関車の傷みも激しかった。最も高齢の9695号機は1916年製で、出区点検のときはボルト1本まで目を光らせていた。このころほど機関車を横から下から丹念に見たことはない。

　雨の日はひどいもので、走行の半分は後進であるのに、運転室の後部はテント1枚であっ

9600は、性能面では理想的な入換機だった。1961-3、岡山機関区

た。C58のような密閉式へ改造の上申はたびたび出されたが、6年後のDE11に置換えるまで、そのまま放置されていた。

入換機では、何よりもブレーキ性能が重要であり、作業効率にも影響する。先輪にもブレーキを装備できないものかと切実に思ったものだった。

1両のみ動力式逆転機が装備されていてありがたかった。入換機の前後転換は頻繁に行なうので、手動逆転機ではうんざりする作業である。C62に装備している動力式逆転機を、入換の9600に転用してほしいというのが乗務する私たちの要望だった。

旧形式蒸機では蒸気ドームがボイラー前位にあるため、前進急減速と後進急加速のときは、ボイラーの水位が傾斜してドーム下部が水没し、蒸気の供給が絶たれる。C55・D51以降はドームを水位変動の少ない中央部に置いて、この問題は解決した。在来機にはドームとボイラー後部とを結ぶ通気管が設けられて、蒸気の供給には支障ないはずであった。ところが、9600ではドームが低いため、加減弁自体が水没して通気管は役に立たない。前進減速中に起きると、圧縮機に水が供給され、煙突に添装された圧縮機排気管から噴出して熱水の雨が降る。後進加速のときは、加減弁に水が入って過熱管で蒸発するため、大量の蒸気がシリンダーに供給され、機関車は暴走することになる。加減弁を閉じても無駄なので、おそろしい経験であった。

■元旅客機の華8620

8620形式は、製造初年1914年、9600より一回り軽量の機関車である。全盛時は旅客列車を牽く姿を全国で見られたという。倉敷駅の入換に乗務するときは、岡山操車場から倉敷着発の貨車を牽いて行くが、その走りぶりは静粛そのものであった。フワフワと表現したいような振動と横揺れは蒸気機関車とは思えない乗り心地で、90km/hに上げてもそう変わらないと想像する。従輪とは動揺を抑える役目もあると考えていたのは間違いかも知れない。

入換については、非力であった。もともとが旅客列車用の設計であり、貨物列車用の9600と比較するのが酷なのかも知れない。連結のとき9600の感覚で行なったら、ブレーキの効

8620は旅客列車用なので入換では性能を生かせなかった。1961-3、岡山機関区

きが悪いのにあわてたし、操車掛が驚いて緊急停止合図を出した記憶がある。私も少しの間に岡山操車場のダイナミックな入換に染まってしまい、ゆっくりした入換を歯がゆく思うようになっていた。

　8620のもう一つの仕事は、宇野駅の入換である。以下は同僚から聞いた連絡船への入換である。

　貨物列車1本の貨車50両を宇高連絡船2隻が引き受ける。順序からいえば、列車の貨車数から連絡船の大きさが決まるのだという。青函連絡船は列車1本分の貨車を搭載するために、宇高連絡船のほぼ倍の大きさであるのもうなずける。1隻分の貨車をさらに船内3本の線路へ配分するので、編成の分割と併合の作業が宇野と高松で行なわれる。

　航送入換は宇野駅入換のハイライトで、入換機がフル稼働することになる。まず、接岸した連絡船の貨車を揚陸する。1本を揚げ終わると直ちに次の作業に向かう。船内の3本を次々と引き出すのは忙しい作業である。目前で見るとよく分からないが、遠くからながめると織機のシャトルが飛び交うような鮮やかな作業である。

　青函航路では、2両の入換機が担当して、1本が揚がると入れ代わりに次のカマが船へ向かうというから、ずいぶんダイナミックな作業だろう。

　次は積込みで、3本に整理してある貨車を同様の手順で船内に納めて行く。この航送作業は折返し停泊時間30分の間に終わらせる必要がある。桟橋と船内には重い機関車は入線できないため、長い控車の列を挟んでの作業で、神経を擦り減らされるのだという。

　潮の干満によって桟橋の高さが変化するため、常に急勾配での作業となる。積込みで下り勾配となるときは、船内の終端にある連結器に激突しないよう、ブレーキに細心の注意を要する。上り勾配になれば、船内の留置位置まで力行して押し上げる。動輪上重量の軽い8620にとっては過重な仕事であった。9600に代えないのは、構内の急曲線のためということだった。

　左右の線の揚陸と積込みを行なうときは、貨車の移動につれて船の傾斜が変わるので、左右バランス用の給排水ポンプがフル稼働する。それが追いつかないときは、途中で作業中断の合図がくる。陸と海の協調作業は想像以上に大変なものであった。

　岡山操車場入換には約1年乗務した。肝を冷やすことが何回かあったものの、幸い事故を起こすこともなく卒業できた。

　乗務が終わると終了点呼の前に運転報告を記入する。"運転状態異状なし、車両状態良好"の文字を書くのがどんなにうれしかったことか。後になるとゴム印が備えられたが、私はずっと手書きを続けている。点呼で胸を張って読み上げる晴れの言葉を、ゴム印で押すのはもったいない。

■交流機に添乗

　1965年の私のもう一つの出来事は、仙山線の交流電気機関車へ作並まで添乗したことである。機関車はED9121〔作〕、仙山線用の試作機4両のうち最新のものである。熊ヶ根橋梁

交流電気機関車は、1955年に
ED441とED451が試作された。

ED901(元ED441)。交流
モーターを装備した直接式。
1965-6、仙台機関区

ED911(元ED451。写真は
旧番号)。交流をイグナイト
ロン(水銀整流器)で直流に変
換する。1961-10 (写真・
日比野利朗)

ED9121(元ED4521)。
ED911を改良、高圧タップ
切換方式や風冷式エキサイト
ロンを採用。1968-5、仙台
(写真・手塚一之)

　を渡って広瀬川をさかのぼり、交直切換設備がものものしい作並に到着して、古豪のED144に引き継ぐまで、力闘を目の当たりにすることができた。
　力闘というのは振動と騒音への実感である。直流機のように主抵抗で電力を捨てる不合理さがないため、交流機は無駄のないスマートなものという、私の一方的な先入観を打破する良い経験であった。ED90から始まる試作機がいて、ED75に至る成果があると思えば、

貴重な存在には違いない。

　交流電化の架線電圧20,000Vも、私が持ち続けている疑問である。交流電化の検討を始めたころ、フランスの状況などから国際標準が25,000Vになることは予想できたと思う。国内の電力網の事情から現状に決定した由であるが、国際標準と異なる規格となったのは残念な気がする。

■機関士の極意・圧縮引き出し

　入換組を卒業すると宇野線と伯備線の乗務が待っていて、線路見習いを終えて組に入ったのは1966年5月4日であった。

　宇野線はすでに電化されていたが、電化費用節減のため途中駅の側線に架線がなく、入換のある貨物列車4往復がD51牽引で残っていた。宇野線は平坦だが1000トンを牽くし、伯備線では16‰が散在してD51の3重連で有名になった鉱石列車が多い。1966年後半は、このD51乗務で明け暮れた。

　宇野線は勾配が少ない代わりに駅間距離が短く、各駅の速度制限が35～45km/hだった。駅を通過後に力行に移り、50km/hくらいで惰行、駅手前でブレーキを使用して減速、の繰り返しである。ポイントと配線を工夫すればそのまま通過できるのに、特急までがのんびりと通過するのは歯がゆいかぎりであった。

　宇野線での最急勾配は八浜～宇野の連続10‰で、途中の備前田井駅は10‰勾配中にあって通過列車ならばそう苦にならないが、上り停車列車には油断できない場所であった。

　1966年6月16日、宇野を発車したD51697〔岡〕の牽く688列車の編成は48×97.4、通常の加速で25km/hになったころ10‰にさしかかる。急曲線もなく20km/hまで速度が落ちて備前田井にたどり着くが、停車するのが一仕事である。上り勾配だから停車そのものは簡単であ

D51重連で牽く伯備線鉱石列車。1971-4、豪渓～総社(写真・諸河　久)

るが、駅の有効長いっぱいの列車は手前に停まると後部がポイントを支障することになる。平坦線ではすぐ移動できるが、勾配線では容易ではない。

　ホームにかかるところで絶気、停止目標を見つめるころには、10km/h近くまで速度が落ちる。そこで狙い定めて一発勝負のブレーキになり、近付いてくる目標と目の下のバラストの流れをにらんで$0.4kg/cm^2$の減圧を行なう。ブレーキ管の排気音が終わらないうちに、速度の落ちていた列車はすぐ停まった。停止直前に撒砂して、動輪に砂を噛ませておくのも忘れてはいけない。右カーブで後方を見ていた機関助士が後部が"かわった"と知らせてくれる。"かわる"とは最後部が有効長限界内に入って対向列車を支障しない意味である。

　対向の下り列車は1613M（急行"鷲羽7号"大阪1830→宇野2200、153系12両）。153系の大きな二つ目玉が通り過ぎる。急行とはいえブレーキ性能の良い電車を通過させて、こんな重い列車を上り勾配に停めなければならないとは皮肉な話である。

　さて発車の準備であるが、上り勾配での重量列車の発車のとき、蒸気機関車は圧縮引出しを行なうのが原則である。ただし、短い編成ではできないので長大編成を牽く10‰以下の場合に限られる。その理由を次の数字から説明しよう。牽引する貨車は1000トン、機関車を含めた列車重量は1126トン、数字は運転理論テキストによる計算値である。

列車重量1126トンの走行抵抗	1871kg
曲線抵抗	675kg
勾配抵抗	11260kg
起動抵抗	9008kg
D51の動輪粘着牽引力	14475kg
D51のシリンダー牽引力	16990kg

粘着牽引力とは動輪とレールの摩擦力のことであり、レール乾燥状態の数字なので天候などの条件によって低下する。シリンダー牽引力とは動力装置の最大牽引力であり、これ以上の牽引力は出せない。

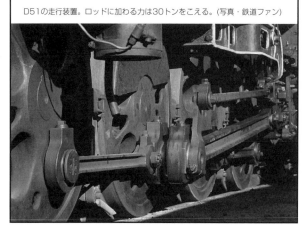
D51の走行装置。ロッドに加わる力は30トンをこえる。（写真・鉄道ファン）

　備前田井駅は10‰上り勾配でR1000の曲線がある。列車の合計走行抵抗は、$1871+675+11260=13806kg$となって、D51形の粘着牽引力14475kgに対して余裕は少ない。雨などの悪条件で粘着牽引力が列車抵抗より小さくなると、いくら力があっても空転するので運転できなくなる。

　発車のときは、さらに起

動抵抗の9008kgが加わるので列車抵抗の合計は22814kgになり、粘着牽引力を上回り空転して起動は無理である。砂撒きで粘着牽引力を増大させても、列車抵抗はシリンダー牽引力の16990kgを上回り、やはり起動は不可能となる。旧形貨車の軸受はローラベアリングでなく平軸受なので、車軸が回転を始めて潤滑油膜ができるまで大きな抵抗となる。起動抵抗の数値はこのためである。

　この不可能なことを機関士の腕で実行しようというのが圧縮引出しであり、運転取扱いは次のとおりである。
①停車したまま前寄りの貨車のブレーキをゆるめる。これはブレーキ管の込め時間で加減するが、全部がゆるまないように操作するのがコツで、編成の前寄り1/2をゆるめるのが基準である。貨車のK制御弁の構造と作用は後述する。
②機関車のブレーキをゆるめ、逆転機を後進として力行する。ブレーキの効いた後部貨車は動かないから、機関車が後進すれば、各貨車の連結器緩衝バネを圧縮する。50両の編成で約3m後退して停止する。
③列車を前後から圧縮した状態となり、前は機関車のブレーキ、後部は貨車のブレーキで支えられている。
④後部貨車のブレーキをゆるめる。ゆるみきる時間は50両編成で約30秒かかる。
⑤後部のブレーキがゆるみきる直前に、機関車はブレーキをゆるめて全力で起動する。機関車の牽引力と後部貨車を支点とした連結器バネの反発力で、列車の前部は飛び出すように起動する。
⑥前部が起動した直後に後部貨車のブレーキがゆるみきると、起動した前部に引きずられて後部も動き始める。

　ここで、①のブレーキゆるめは難しい。後部貨車のブレーキがゆるんでは圧縮できないし、前寄り少しの貨車がゆるんだだけでは圧縮効果が少なくなる。
　次の⑤のタイミングはさらに困難で、早すぎると動き始めた前部がゆるんでいない後部のために停まり、遅すぎると動く前に後部のブレーキがゆるみ、圧縮していた編成が伸びて元に戻ってしまう。ゆるめ時間の勘が生命である。
　まず前寄り貨車をゆるめる。貨車のK制御弁はブレーキ管の増圧を感知したらゆるんでしまい、感知しないときはまったくゆるまない。この特性を利用してブレーキ弁を約2秒ほど運転位置に置いて、ブレーキ管のわずかな増圧を行ない、前寄り貨車の制御弁にのみ圧力差を感知させるのが目的である。前寄り貨車のブレーキがゆるむ排気音がD51まで聞こえてくる。
　次いでD51の逆転器を後進フルギアとして加減弁を開き、シリンダーへ約5kg/cm²を給気する。2mほど後退すると後部貨車に止められて動かなくなり、圧縮が完了する。理想的な後退距離は3mとされていた。これで③までの準備が完了したことになる。
　発車合図がきた。まず出発信号機の進行現示を確認。汽笛をゆっくりと鳴らし、時計の秒針をにらむ。暗算ミスを避けるため、切りのよい時刻まで待ってブレーキ弁を保ち位置

（機関車のブレーキを残したまま、貨車をゆるめる位置）へ移す。ブレーキ管に流れ込む空気音が細く低くシャーッと運転室を満たしている。K制御弁は衝動防止のためにブレーキシリンダー排気管に絞りを入れてあり、ゆるみきるのに20秒以上を要する。

　10秒が過ぎた。20秒を超えた。27秒を目標として、右手をブレーキ弁にかけ、小刻みに進む秒針を注視する。気を落ち着かせて、27秒の1秒前に意を決してブレーキ弁を運転位置（機関車がゆるむ）に移し、加減弁ハンドルを力を込めてグイと引く。今は急発進が目的なので手加減無用である。

　加減弁ハンドルの上にあるシリンダー圧力計の指針がピンとはね上がる。同時に後部から背中を突き上げてくるショック。連結器ばねの反発力だ。D51697は2人を乗せて弾かれたように前に跳ぶ。太くて長いドラフトが一つ、また一つ、夜空を震わせる。

　続いて今度は、えり首をつかまれたような後部からの衝動を受ける。貨車の緩衝ばねが伸び切ったのだ。後方からの力にあらがいながら、D51はほとんど停止する。このとき、後部のブレーキが効いていたらアウトである。そのまま待つこと1秒、2秒。後部貨車の連結器はどのような音を立てているだろうか。

　長く感じる2秒あまり、フワッと浮き上がるように動いた。D51が動いた。前進を始めた。しめた。よくやった。ボウーッと力強いドラフトが緊張を破る。空転するな！

　左手は撒砂ハンドルを、右手は加減弁を、目はシリンダー圧力計へ、耳はタイヤのきしる音に集中。空転に備えてドレンコックを開けているので、吹き出す蒸気でまわりは真白だ。

　ゆっくりと前後に揺れながら、D51は二歩三歩と踏み出す。動き始めたらこっちのものだが、この速度では一度空転したら列車は停まってしまう。シリンダー圧力計を空転限度とされる$13kg/cm^2$にピタリと合わせて加速する。

　空転に備えて開けていたドレンコックを閉める。シリンダーが温まったら空転してもシリンダーぶたの破損の心配はない。撒砂は起動したら止めるが、いつでも撒けるよう左手は砂ハンドルに掛けたままだ。砂の走行抵抗は馬鹿にならないので、貨車には砂を踏ませたくない。

　機械式速度計がカチカチと動き始め、3km/h、5km/hと上がって行く。ジワジワと歩みを速めるD51は、外から見ていると、貨物列車がのんびりと発車して行く風景にすぎないであろう。

D51重連で牽く石灰石満載の伯備線鉱石列車。横谷川橋梁を渡る。（写真・鉄道ファン）

700m前方の児島トンネルの入口まで2分かかってたどり着いた。速度はやっと15km/h。トンネルに入れば下り勾配で、もう心配はない。天井に反響するドラフトが快くピッチを上げて行き、18km/hで絶気する。八浜までの残り時間は3分、このまま行けば下り勾配で55km/hまで速度が上がり、八浜を定時に通過できる。そして、次の迫川まで惰行で行けるのである。

　安堵に包まれて、D51と貨車48両はトンネルの闇をすべり降りる。やがてトンネルの出口、児島湾の向うはるかに岡山の街の灯を望みつつ、左へカーブすれば第1閉そく信号機の緑色灯が迎えてくれるはずである。

■鉱石列車とD51

　伯備線の新見までは16‰が最急勾配であるが、平坦線育ちにはかなりな勾配の印象を受けた。新見機関区の同期生によれば、難所というのは25‰区間のことであって、16‰などハナ唄で行けるという。受持ち列車にはC58が1往復あるほかはD51で、旅客列車もD51が共通運用されていた。

　旅客列車に乗るのは機関士見習のC59・C62以来である。しかし、D51の牽く旅客列車は、線路状態のよい山陽本線区間でも75km/hで定時運転が可能で、最高速度の85km/hを出す機会はなかった。動輪回転数でいえばC59の106km/hに相当するから、回転部分の限度といえる速度であり、かなりの振動を覚悟する必要があるだろう。

　また、旅客列車は貨物列車より軽いので、D51では空転の心配がなく、12両を牽いても余裕たっぷりであった。したがって、伯備線の印象は貨物列車が主役となる。貨物列車の定数は600トンであるが、散在する16‰に肝を冷やしたことが何度もあった。行違いのために停車する駅が16‰勾配の麓に多かったのも皮肉である。

　もっとも重いのは、石灰石を積んだ鉱石列車である。足立と井倉から広畑と福山の製鉄所へ向けて専用列車が設定されていて、機関士泣かせの列車だった。とにかく重い。セキ（石炭用の貨車）を連ねてヨ（車掌が乗る緩急車）を付けた短い列車が伯備線でもっとも重い列車である。

　重いのを逆に利用して手抜きをすることもあった。木野山や石蟹では制限速度を少しオーバーすれば、次のサミットを惰行で越えることができる。力行しないと火床はそのままで、手が掛からないから機関助士の労力は大違いだ。

　木野山のポイント制限は50km/h、手前の備中川面を通過すると機関助士がやろうよと背をつつく。「よし」とうなずいて腹を決める。進入の16‰下り勾配で使用したブレーキを少し早めにゆるめると、総重量740トンのD51とセキの群れはドドドッと地響きを挙げて木野山駅へなだれこむ。速度が制限より高めになるよう機関車のブレーキもゆるめるとポイントは目の前だ。タブレットを持った機関助士が手すりを握りしめている。

　D51の頭が飛び上がった、と思うほどの衝撃を受ける。制限速度超過の衝撃だ。テンダーが続き、揺れるセキからは衝撃で石灰石の白い粉末が舞い上がっている。超過速度は私の

企業秘密だ。タブレットを受器に掛けるとすぐ授器がくる。機関助士の左腕がタブレット弦の真ん中に飛び込む。弦が延びたタブレットがテンダーに激突してバシーンという音がホーム全体に響きわたる。続いて、進出のポイントで同じような衝撃がD51と2人を包み込む。

　腕の痛さも何のその、機関助士は上機嫌だ。「通票・高梁」「高梁マル」「マルよーし」「マルよし」タブレットの確認喚呼にも思わず力が入っている。16‰を登り切ったところで速度は30km/hを割った。レベル区間で遅れるのを少し我慢すれば再び下り勾配が待っている。

■停止信号を冒進

　冒進とはおだやかでないが、私が一度だけしでかした信号冒進である。本来なら責任事故であり乗務員としての資質を問われるが、原因と状況はそうではない。

　1966年5月22日、482列車は豪雨災害のため5時間遅れで伯備線を上っていた。カマはD51937〔新〕。貨車は14×59.5。緩急車を除くと貨車1両が45トンになる。いわずと知れた鉱石列車。遅れていると乗務員意識が先行して、回復しようと速度も心持ち高めになる。定時なら真夜中の列車だが、遅れているので間もなく朝日が拝めそうだ。右手に並行する高梁川の清流も夜明けの光を待っている。

　高梁の市街地と並ぶあたりから下り勾配になる。下り切ったところが備中高梁駅で、ポイント制限50km/hへのブレーキを使う予定だ。左へカーブすると遠方信号機の確認地点が来る。そこで寝不足の両眼に飛び込んで来たのは、明け初めた空をバックに高々と、水平に構えた橙黄色の矢羽根腕木。

　「遠方注意！」声より先に右手がブレーキ弁を力いっぱい非常ブレーキ位置に押し付ける。遠方信号機の注意は、次の場内信号機の停止を意味している。速度は65km/h、重い鉱石列車、16‰下り勾配と、悪条件がそろってしまった。貨車のブレーキ力は滑走防止のため空車で設定してあり、鉱石満載のセキのブレーキの効きはあてにならない。

　なすすべもなく482列車は16‰を滑り降りる。足もとでD51の制輪子が歯ぎしりしている。遠方信号機を過ぎると場内信号機が見え、場内信号機の赤い腕木2本と通過信号機の橙黄色1本が水平に、これが目に入らぬかとばかりにらんでいる。速度はまだ50km/hだ。とても間に合わない。貨車14両は牽かれた恩を忘れたように、無言でD51を突き上げてくる。

　停止を示したままの場内信号機を30km/hで冒進した。やっと停車してから振り返ると、場内信号機は4両目の貨車の位置にあった。ポイントはまだ前方なので実害はないが、カーブしているので駅構内の様子はわからない。ともかく黙っていては始まらないので、長緩汽笛を思いきり長く鳴らした。近所の人はみんな目を覚ましたに違いない。

　駅に連絡しようと降りかけたら、後方の場内信号機の腕木がカタンと降りるのが見えた。腕木式信号機は裏側からも見えるのだ。機関助士と顔を見合わせて笑みがこぼれた。以心伝心である。軌道回路がないから駅には列車の位置がわからないのだ。「2番場内進行、通過注意」涼しい声で喚呼すると加減弁ハンドルに手を掛けた。

通過信号機の注意は次の出発信号機の停止の予告である。備中高梁に臨時停車させるものと想像がつく。停車すると助役が走ってきた。「指令から抑止するよう指示がきたので場内でいったん停めました。次の指示があるまでこのまま待って下さい」なんにも問題は起こっていない。

単線区間で通過列車を臨時停車させるとき、場内信号機でいったん停めた後に進入させる、というのは運転取扱いの基本である。臨時停車のとき、出発信号機を冒進する事故が続いたので、この取扱いが定められた。また、場内信号機の停止信号で止まったときは汽笛を吹鳴して駅に知らせることになっている。それすら思い浮かばなかったのは、こちらが信号冒進だと緊張し過ぎていたからだろう。

帰着後に、腕木式信号機に感謝する宴を2人で盛大に開いたのはいうまでもない。

■C58の空転に悩む

伯備線列車のうち、備中高梁まで旅客列車1往復がC58であった。備中高梁には転車台がないので、下りは逆行運転となる。蒸機の逆行運転は最高速度45km/hなのでゆっくり走ればよく、編成も6×22.0と短く、16‰も苦にならず軽やかに伯備線を走った。

蒸機の逆行運転は吹き込む寒風が辛いが、C58は密閉式運転台でもさらに後部を囲って、石炭すくい口だけが露出していた。寒地対策であるが、今まで露出運転台を当然としていたのが間違っていたといえよう。

1938年10月汽車会社で完成時のC5897。オリジナルのメーカー公式写真のためカーボンが塗られている。(写真・西尾克三郎)

C58は、C57でほぼ完成した大形近代機のシステムを踏襲しているので、使いにくい点はなかった。大きくするときはいろいろ問題が発生するが、逆の応用だから余裕を十分に持たせることが可能だったのであろう。

　空転には悩まされた。蒸気機関車のシリンダー牽引力は、粘着牽引力よりも少し大きく設計するのが標準であった。最大出力では当然空転することになるが、粘着牽引力は砂撒きなどによって増大が可能であることと、機関士の技量でカバーすることが可能という考え方である。

　C58はボイラーに応じたシリンダー牽引力を設定したところ、粘着牽引力より相当大きい値となった。むろん設計ミスではなく、それなりの活用を期待してのことであるが、他形式と混乗する機関士にとって"空転ばかりするカマ"と受け取られていた。私も頭ではわかっていたが、乗務するとよく空転させている。

　運転室の照明に蛍光灯を使用したのはC58が最初である。明るい運転室は作業性と安全性のためであり、後藤工場の先進さに感謝あるのみであった。

　伯備線は複線化工事が始まるところで、増設線の中心標が設置される様子を見るのは興味津々であった。急曲線の改良が各所で行なわれ、思わぬ方向に標が延びているのを見かけた。381系特急形電車でその改良線を走ることになるのは、15年後のことになる。

■軸配置による空転と砂撒き

　曲線で空転しやすいのは常識で、車輪に加わる重量がアンバランスになると総合粘着力が減少するのも理解できる。蒸気機関車は動輪がロッドで結ばれているので、個別の空転が発生しない強みがあり、電気機関車では各動軸が単独駆動なので、もっとも悪条件の軸で全体の粘着が決まる不利がある。

C62の砂管配置。前進用の2本は第1・第2動輪の前部へ、後進用の1本は第2動輪の後に配置。(写真・鉄道ファン)

　軸配置で考えると、蒸気機関車は大きなマイナスがある。曲線に載った場合を想定すると、カント(曲線における線路の内側傾斜)のために機関車は内側に傾く。機関車が水平に戻るように線路を傾けると、前後の線路が持ち上がり、機関車は縦断面が凹状の線路を走行しているのがわかる。凹状の線路で車軸に加わる重量はどうなるか。いうまでもなく、前後端が増加し中間は減少する。

　蒸気機関車では先輪と従輪が増加するが、動輪上重量は減少して空転しやすくなる。したがって、上り勾

配で限度いっぱいの粘着力を使用
する蒸気機関車にとって、曲線に
付帯するカントは大敵である。反
対に前後に動軸を配置したDD51や
ED72にとっては有利な条件とな
る。また、EF65など3台車の形式で
は、中間台車にかかる重量が減少
する。

砂撒きは動輪の粘着力を増加さ
せる対策であるが、貨車の走行抵
抗が増大するため極力使用しない
ことはすでに述べた。蒸気機関車

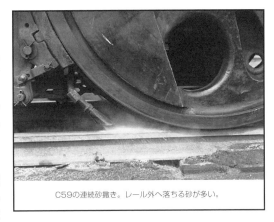

C59の連続砂撒き。レール外へ落ちる砂が多い。

では砂箱が熱いボイラー上にあるので、湿気よけには最適であった。一方では、砂がレール面に達する時間が大きく緊急の砂撒きには不利となる。砂管配置もいろいろで、C62で見ると、前進用の2本は第1、第2動輪へ、後進用1本は第2動輪である。ドイツの05形では前進は全動輪、後進はなしという配置で、ドイツらしい合理性だと思う。

ついでながら、砂撒きは断続使用が原則である。砂箱からは圧力空気で噴出させるが、連続使用すると、この空気が砂をレールに吹きつけるためレール上に残る砂がかえって少なくなるデータがある。砂の消費量も多くなって好ましくない。理想は蒸機では1秒使用・3秒休止とされていた。使用1秒で噴き上げられた砂が砂管を落ちてくるのが細く途切れず3秒続くという計算である。この条件では砂は重力で落ちて、ほとんどレールの上に残ることが確認されている。電機では砂管の長さが短いので、双方の時間が短くなるが、連続よりも断続して使用した方が有効という原則は変わらない。

2-2. 電気機関士

■電気機関士に

1966年10月20日から電気機関士の見習が始まった。機関士科を修了してから1年以上が経過しており、授業と実習を思い出しながらのことであった。

乗務見習は岡山～姫路の貨物列車と、岡山～糸崎の旅客列車であった。岡山以西は糸崎で乗っているが、姫路方面の乗務は初めてである。もちろん、駅名や線路のおおよそは頭に入っているが、車両と線路がともに初めてというのは負担が大きい。

電機の運転は、慣れるまで少々気味が悪いというのが本音である。ドラフトを聞き、カマの状態に気を配りながらの蒸機に比べて、電流計・電圧計の指針に支配される電機は、機関車が主人公で自分が使われているような気分になってしまう。蒸機なら自分の扱いで衝動なく起動するが、電機は1ノッチ投入でゴツンと起動するし、規定電流をオーバーす

EF1589が山陽本線下り貨物列車を牽引。1974-5、八本松〜瀬野(写真・鉄道ファン)

る無理もできない。これでは腕の見せどころはないし、機関助士とのつながりも薄れるので、もの足りない気持ちになった。

　力行は勝手が違うといっても、出力が蒸気よりも格段に大きいから、少々の不手際はカバーできる。無理な走り方をしても機関助士の汗が増えることもない。問題になるのはブレーキの扱いで、原理・構造は蒸機と同じだが、運転室が二つあるため切換装置が加わり、その配管のためにロスが大きく、勘を狂わせる原因であった。

　慣れれば同じとはいうものの、空走時間(運転士の操作からブレーキが効くまでのロス時間)が大きくなるのは恐ろしい。新しい車種に変わるとブレーキ性能は良くなるのが普通なのに、蒸機→電機だけは例外であった。どの線区でも電化当初にはブレーキが慎重になっている。

　見習の初乗務は1966年11月5日、582列車で岡山操車場→姫路であった。カマはEF1579〔岡〕、編成は18×77.7、伯備線から飾磨線へ行く鉱石列車だった。

　鉱石列車の怖さは伯備線で身にしみているが、三石〜上郡の船坂峠を越える連続10‰も50km/hで難なく登り切ったのは、さすがにEF15だった。姫路での停車も伯備線の経験が生きて、なかなかいい勘をしているなとオヤジにほめられた。

　この10月1日改正から運転を開始した高速貨物列車にも乗務した。1966年11月7日、7058列車(13×58.5、長崎港→大阪市場)カマはEF65513〔吹二〕、運転区間が示すとおり鮮魚専用列車で、白一色が鮮やかなレサ・レムフの編成である。列車番号の7000代は幸先を願うスタートに使ったのだろうか。

　高速貨物列車は、当時凋落の傾向が見え始めた貨物の復権を目標にして設定された列車で、最高速度は100km/h、全車両が空気ばね、密着自動連結器、元だめ管引通し、電磁ブレーキを装備するというデラックスさであった。機構的にも20系客車より上で、ブルート

EF65重連で牽く東海道・山陽本線の鮮魚専用列車。1966-11(写真・野口昭雄)

レインの最高速度95km/hに水を開けていた。機関車列車に限れば、国鉄の歴史で貨物列車の最高速度が旅客列車を上回ったのは、このときだけであろう。この状態は2年後にブルートレインが110km/hになるまで続いた。

速度向上のため機関車はEF65重連が定位で、総括制御のできる500番台が新製された。ブルートレイン用の500番台に続いて513～の番号が当てられていて、重連運用は変電所容量の関係で姫路以東となっていた。

線路の制限のため、実際に100km/hを出すのはなかなか難しい。船坂峠まで機会がなく、竜野を通過して揖保川橋梁を過ぎ、やっと制限のない区間に出た。90km/hの制限いっぱいで通過、WF4ノッチに投入する。電流計の指針が振れて猛烈な加速といいたいが、600トンの貨物はそう軽くはない。ジリジリと上がった速度計指針が、やっと100の目盛に重なった。

乗務員になって初めて100km/hで走ったのだ。帽子を押さえて窓からのぞけば、風圧で目が痛い。飛び去る電柱、流れるバラスト、パンタの摺音が低く続く。振り返れば夜目にも白いレサが連なって、稲刈りの済んだ播州の田圃を突っ切って、私の7058列車は疾走する。100km/hの壁に達した感激は大きかった。

新設工事中の網干電車区を右に見て、間もなく網干駅だ。制限は90km/h、右手をブレーキ弁に掛けて速度計を見守る。このまま行けば、網干を15秒早通する見込みである。

特急と同じ扱いだから遅らせるわけにはいかない。殿様列車だから、あらゆる列車に優先して運転する、というのは5年前に気動車特急80系"白鳥"などが登場したとき聞いたのと同じ言葉である。

電機の登用試験項目の中には連結試験があった。蒸機よりもブレーキの空走時間が大きく、デリケートな扱いが難しくなったためで、留置してある貨車1両へ後ろ向きに連結する練習を繰り返し行なった。結果は、貨車がかわいそうの一語につきる。それでもプロだから、慣れてくると貨車が動かないような

鮮魚専用列車の最後尾。レムフ10006がついている。山陽本線小郡(写真・手塚一之)

EF60に暖房用ボイラーをつけた旅客用機EF61形。1966-7（写真・手塚一之）

連結も可能となっていた。

　登用試験は1966年12月5日に受けた。326列車、11×42.5、EF6118〔宮〕、区間は糸崎～福山であった。EF61のマスコンはカム式で、ドラム式の在来形よりもギクシャクして扱いにくい難点があり、審査員の目についたかも知れない。ブレーキもまずまずの出来で終了した。

　"電気機関士兼務を命ず"の発令は、1966年12月19日付で受け取った。正式の職名は、機関士兼電気機関士となる。この後の乗務は再び入換組に入ったが、臨時の組入りが明白なので、だれも苦情はいわなかった。要員需給から見て、糸崎への復帰が目前にあるのがわかっていたからである。

　入換組の仕事に岡山運転区入換があった。岡山運転区は電車と客車の基地であり、客車入換のために置かれたC58がひねもす昼寝をしていた。電車群に混じって煙と蒸気を吐いていると、ずいぶん場違いな感じを受ける。入換を見ているだけでも電車のダイナミックさは十分伝わってきた。

　1967年2月6日、待望の糸崎機関区への転勤発令があった。岡山機関区での生活は1年9か月、岡山操車場の入換から宇野線・伯備線と岡山機関区の下積みの仕事を一通りこなしたことになる。ただ、C11に乗務する機会を持てなかったのが名残惜しい気持ちであったが、すでに心は糸崎のC62とC59の上に飛んでいた。

■貨物列車を牽く

　古巣とはいえ、糸崎へ戻ればわれわれは新米である。機関士になると岡山へ転勤して下積みの仕事をこなし、後輩が来るとトコロテンで糸崎へ帰るという流れがあったからである。したがって、新米のわれわれは蒸機の乗務だと予想していた。呉線を走るC59とC62の世界である。

　ところが、電機の組へ入ることになった。蒸機・電機・電車の要員事情が複雑に絡んだためである。乗務するのは岡山～広島の貨物組で、乗務機関車形式を分類すると、EF15が8本、EF60が6本、EF65が2本であった。ちょうど当時の山陽本線の機関車情勢を反映している。EH10は瀬野～八本松で補機EF59との協調運転ができないため、岡山以西の運用はなかった。

　1967年4月10日、3960列車は糸崎を定発した。受持ち列車でもっとも重く、今日の編成は56×119.4、1両が平均21.3トンというのは貨車がすべて2軸車であり、走行抵抗がもっとも大きいことを意味する。カマはEF1559〔広〕。山陽本線の輸送力列車では今までの感覚が通用しないのは理解しているが、それにしても重い。

　まず発車に力が入る。1ノッチ投入で電流計を確認すると10秒待つ。ついで2ノッチに5

第2章　機関士時代

EF15牽引の山陽本線下り貨物列車。1970-8、庭瀬〜中庄(写真・鉄道ファン)

秒、3ノッチに3秒と、慎重にマスコンハンドルを進める。衝動防止が目的で、その間にジワッと起動するが、起動抵抗が大きいと4ノッチでやっと動き始める。先頭では静かに起動したと思っていても、最後部の緩急車はひっくり返るほどのショックです、とは車掌の話である。

あとは電流計をにらみながら最低値を500Aに保つようにノッチアップを続ける。ノッチ進めのたびにA計(電動機電流計)と全計(全回路電流計)の指針がピクンと上がり、速度向上につれて緩やかに下降してくる。A計が500Aまで下がると、さらにノッチを進める。この操作のあいだ、機関士は電流計から目が離せない。前方注視との注意配分は半分ずつである。このときに信号などのアクシデントがあると、気づくのが遅れて言い訳に苦労する。もっとも要注意の時間である。

レール面の状況によっては空転への注意も欠かせない。蒸機のように空転が明白でなく、微小空転から始まって、気づくのが遅れると大空転に至る。検知するには電流計指針の振れと音が頼りだが、微妙な変化を捉えるのは難しい。危険な場所では真冬でも窓を開けてモーターの音を聞きながらの加速となる。蒸機の方がよほど気楽だ。

EF15の制御方式は抵抗制御なので、主回路の抵抗を1段ずつ抜いて行く。上記のように機関士が電流計を見ながら行なうもので、定格速度の43km/hまでを23段に刻むので、約2km/hごとにノッチアップ操作を行なう。段数の同じEF58形の場合は、定格速度が68km/hなので約3km/hごとの操作になる。

EF60は定格速度39km/hまでを24段に刻むので、1段の速度は2km/h弱となり、EF15と大差ない。EF61も47km/hを24段に刻むのでほぼ同様となる。このため、加速の早い旅客列車では手を休めるときがなくなり、そのぶん前方注視が減少して好ましくない。

EF65の自動進段は、この負担を軽くしたもので、セットした電流値で制御器が自動的に

EF60牽引の山陽本線下り貨物列車。1975-2、庭瀬〜中庄(写真・藤山侃司)

EF65牽引の上りコンテナ列車。1974-5、
瀬野〜八本松　　　（写真・鉄道ファン）

進段するので、機関士は電流計注視から解放される。さらに、バーニア制御を併用することにより、定格速度45km/hまでの刻みは142段という超多段になって、電流計指針の振れが見えないほど滑らかな加速となる。電流変化が少ないことは、動輪牽引力の変動が小さいことで、空転防止のために大きな効果がある。

　バーニアの語源は"副尺"で、ノッチ刻みの1段をさらに細分化する機構である。バーニア回路が主回路の1段をさらに5段に刻んで、電流値の変動を低く抑える作用を行なう。電流値が少ないときは空転の心配がないので、EF65は主回路電流550A未満のとき、バーニアは開放されて動作しない。

　軸重補償も空転防止のための機構である。列車を牽引するときは、連結器が後部に引っ張られるので、機関車の動輪は後部が沈み、前寄りが浮き上がる。台車ごとに重量差が生じるほか、台車内でも前後軸で差が生じる。6軸を軸重の軽くなる順に並べてみると、1-3-2-5-4-6となる。最大牽引力のとき軸重に応じた牽引力になるよう、軸別に回転力を弱めて空転を防止するのが軸重補償回路である。弱めるには電流の一部を別回路へバイパスさせる方法による。前頭となる進行方向第1軸が80％と最も弱められ、最後部の第6軸は全力のままとなる。直流機ではEF60以降の全形式が装備している。

　空転検知の方式を比較すると、旧形のEF15では電流計指針の振れと機関士の感覚によっていた。EF60では主回路電圧の比較になったが、感度がやや鈍く、検知したときは手遅れのことが多い。EF62以降では動輪速度を検出して比較するので、感度は格段に向上した。これらでは、動輪全軸に速度発電機を装備しているのが見える。ただし、EF66では再びEF60と同じ電圧比較に戻っている。高速列車用なので、空転対策の必要性が低いと判断されたのだろうか。

　再粘着装置は、空転したとき電流値を減少させて空転を止める機構である。EF15・58では空転が発生すると、蒸機と同じように機関士がノッチ戻しを行なって、動輪の回転力を減らす操作をしていた。EF60では空転検知装置が作動すると、再粘着装置が空転軸のモーター電流の一部をバイパス回路へまわして、回転力を減らす機構を採用した。空転が止まると1秒後に所定の回転力に復帰する。EF60の使用実績によって、勾配用のEF62・63・64に対しては発展改良して装備されている。平坦線用のEF65・66には省略されて、代わりに自動的にノッチ戻しを行なう構造となった。しかし、瀬野〜八本松を登るときは、やはり再粘着装置がほしい。

　空転は微小空転のうちに抑えて、拡大させないことが肝要である。直流機では、空転し

ても電流値の減少が望めないので、このように電流を抑えて回転力を減少させる対策によっている。交流機では、回路が相違するため空転による電流減少が大きく、空転は自然停止するという。この再粘着性能は本当にうらやましい。

　モーターの唸りも高く1200トンを牽いたEF15は、2kmあまり走って月光を浴びた瀬戸内海を見るころ、やっと運転ノッチに落ち着いた。平坦線なので、以後の運転は速度と時刻を見ながらノッチ加減をすればよい。機関助士に遠慮することはないし、動力源の電力は無制限に使えるし、電気機関車もいいものだと勝手なことを考える。使用電力量は記録して報告するが、この日の3960列車は糸崎〜岡山操車場で805kWhであった。

　重い貨物列車は、加速による速度向上とブレーキによる減速は大変な作業となるから、速度変化をなるべく少なくするのが理想である。そのためには、各駅間の平均速度を列車の時刻表から計算する必要があり、私たちが使うのは次の式であった。

　　駅間距離×60／運転時分。

例えば駅間4.7kmを5分15秒の設定のときは、4.7×60／5.25＝53.7となり、駅間平均速度53.7km/hが算出できる。目安であるから端数は不要で、暗算ができる範囲でかまわない。この場合は、余裕を見込んで平均55km/hで走ればよいと判断ができる。勾配で速度が上下するときは、平均値がこの速度になるように前後の速度を予測して加減する。前提として、乗務線区の駅間距離が頭に入っているのはプロとして当然である。

　この計算は運転中、常に行なっている。15秒早通すれば次の区間の運転時分にプラスし、

尾道の市街地を行く山陽本線上り貨物列車。最後部の緩急車（車掌車）が廃止されたころ。尾道〜松永　　（写真・細川延夫）

遅れれば反対となる。貨物列車に限らず通過する列車に共通であって4.0kmを3分30秒なら68km/hとすぐ浮かぶようになれば一人前だ。暗算の作業であるから、速度が60km/hくらいの計算がいちばん楽であり、高速になると時間がかかる。

　線路の起伏による速度変化も重要条件で、制限速度をオーバーしないように、下り勾配の始端の速度を決めるのがコツである。ここを28km/hで通れば下り勾配の終端でちょうど貨車の最高速度65km/hになる、という具合だ。糸崎～岡山間ではブレーキなしの運転が可能で、不必要なブレーキを使用するのは下手な運転とされていた。

　上り勾配のときも相当手前から加速態勢をとり、勾配始端では許容最高速度として、フルノッチの状態で勾配にかからないと重量列車は速度が落ちてしまうことになる。そういう速度変化を見込みながら平均速度を計算し、早遅を修正しつつ運転するのが貨物列車である。臨時の徐行箇所があって遅れるのが明らかなときは、それ以前になるべく貯金(早運転)しておき、徐行通過後の遅れを最小にするというのも常識である。

　1時間50分のノンストップ運転を終えて、岡山操車場に近づいた。次は停車という大仕事が待っている。旧形貨車のブレーキ機構は信じられないほど原始的で、さらに空車と積車で効きがまったく違うので神経をつかう。上り列車には空車がほとんどなく、定位置に停めるのは骨の折れる操作である。

　場内信号機の手前で35km/hまで減速して、EF15と56両の貨車は岡山操車場へ進入する。初めは最小のブレーキを使用する基本にしたがって、停止位置の約400m手前から0.4kg/cm²減圧(5.0→4.6)を行なう。初めに最小のブレーキを使用するのは、作動時間差による衝動を小さくするためで、この圧力伝達は100m/秒であるから600m離れた最後部貨車に伝わるまで6秒かかることになる。その減圧で貨車全部の排気が終了するのは5秒以上かかり、貨車の制輪子が応じるまで、さらに2秒を要する。機関士のブレーキ操作から列車全体にブレーキが作用するまでには10秒を超える時間が要る。

　目の下のバラストの流れを読みながら、ブレーキの効き具合を確かめる。貨車の制御弁は機構上少しのゆるめ(階段ゆるめ)ができないから、効きすぎたら早く停止してしまう。遅れ気味に追加を行なうのが良策だが、本当に手遅れになっては意味がなく、このあたりは機関士の勘なので言葉で表現できない。水銀灯の照明を浴びたバラストの流れは、昼間より速く感じられるので補正が必要だ。ここと決めた地点で0.1kg/cm²の追加減圧を行なう。効いてくるまでがもどかしい。

　1300トンの列車は停止目標の30m手前に静かに停止した。静かといっても、衝動防止のゆるめができないから、使い切りのブレーキとなり、キュッという停止衝動は避けられない。電機の貨物列車の仕事はブレーキだけだというのも一面の真理である。

■補給ブレーキ

　旧形貨車のブレーキ装置はK制御弁を装備しており、この操作は機関士泣かせであった。自動ブレーキは、5.0kg/cm²に保っているブレーキ管圧力を減圧することがブレーキ指令で

あり、込める(増圧する)ことがゆるめ指令である。ブレーキ力は減圧量に比例し、ブレーキ力の追加は自由にできる。その反対に、少し弱める(階段ゆるめ)ことは機構上からできない。ゆるめは全部ゆるむ動作のみであり、わずかなゆるめ指令を受けても、全部ゆるんでブレーキ力はゼロとなってしまう。したがって、少し弱める操作は不可能で、ブレーキの使用は細心の注意力が要求される。

　ここで問題が発生する。貨車を連結するブレーキホースの接続部ではゴムパッキンからの漏気は防げない。50両編成では50か所から漏気する。停車ブレーキのように短時間なら問題にならないが、連続勾配で長時間になると、漏気によるブレーキ管の減圧はブレーキ追加指令となって、機関士の意思と関係なくブレーキ力が増加する。そうなっても上記の理由で、ゆるめはおいそれとはできない。

　ここで、ブレーキの極意として補給ブレーキが登場する。下り連続勾配でブレーキが落ち着いた後、漏れるぶんだけを機関士が補給しようという工夫である。漏れに相当するわずかな込めを行なうために、ブレーキ管圧力計を注視しながらブレーキハンドルを0.1mm単位で動かす操作である。

　ブレーキハンドルがガタつかないように左手をストッパーとして添え、握った右手の小指で生タマゴをたたくような気持ちでハンドルを軽く弾いていく。指針が本当に髪の毛ほどの震えを見せたら補給開始で、あとは圧力計から目が離せない。指針が震えるのは、わずかな給気ではC6(圧力調整弁)が間欠給気を行なうためで、静かなときはこの振動が聞こえる。指針が上昇したらゆるんでしまうので、貨車制御弁の動作感度と機関士の指針読取り感度の勝負となる。前方注視と信号確認は、圧力計監視の合間にチラチラと行なうだけとなる。

　補給に成功したら、八本松〜瀬野の下り22‰を手放しで行ける。まわりの景色が目に入るようになる。

EF58の台車の連結部。牽引力は車体を経由せずに台車から台車へ伝わる。1984-3、岡山機関区宇野支区(写真・大賀宗一郎)

逆に補給に失敗したら、補給の不足はブレーキ力の増加となって速度が低下するから、直接の危険はない。補給が多過ぎるときは、編成全貨車のブレーキがゆるんでしまうので、地獄一丁目の入口になる。

　貨車の補助空気だめの圧力空気は、ブレーキに使用して低下している。補助空気だめの込め直しは時間がかかり、その間に列車は下り22‰で加速を続けるので、背に腹は代えられず、圧力不足を承知で追加ブレーキを使用する。どれくらい効くかは神のみぞ知るで、下り22‰の旧形貨車の制限は50km/hのところを80km/hを超えて暴走したという実話がある。

　1967年の前半は、このような貨物列車の乗務で毎日が過ぎて行った。先輩が呉線の蒸機で汗を流しているのを見ると、申し訳ない思いであった。

　このころまで、広島の車両基地は機関車が広島運転所と広島機関区に分かれて、面倒な作業が発生していた。広島運転所の前身が広島第二機関区・広島客車区であった経緯からであるが、1967年4月1日に機関車部門が運転所から機関区に移されたので、運転所は電車と客車、機関区は機関車と、すっきりした組織となった。

　1967年5月12日に乗務距離が150,000kmに達した。区間は中庄～倉敷間、373列車（50×97.1）、カマはEF6516〔吹二〕、時刻は2時41分、晩春の星月夜であった。

■旧型電機の完成品EF15

　EF15は、旧形電気機関車の完成されたスタイルとして難点のない機関車であった。私はEF60やEF65と同時に乗務開始したから、運転性能の優秀さを感じる機会を持てなかったが、EF53に始まった国産機の改良・発展の頂点に達したものであった。運転室と機械室の構造・配置とも堅実で無理がなく、これという欠点がない。

　1200トンを牽いて10‰を登るには最低限の性能であり、積雪などの悪条件が重なると運転不能になった例がある。機関車に必要以上の能力を持たすことは、余裕と見るか無駄と評するかは、考え方の問題である。蒸気機関車で機関士の技量によって能力いっぱいの荷重を牽き、また圧縮引き出しで述べたように、能力を超えた運転をしてきた歴史からいえば、EF15になっても1200トン牽引は当然の姿である。

　電気機関車は圧縮引き出しができない。蒸気機関車と異なり、牽引力を定める電流値が速度によって大きく変動するため、緩衝ばねの圧縮力で飛び出した後に足踏みして再起動するという、速度変化に電流制御が追随できないためである。したがって、上り勾配での起動は棒引き出しと称して、砂を噛ませた動輪粘着力と貨車の走行抵抗との正面勝負となる。

　EF15による上り10‰勾配の引き出しは、本郷～河内で停止信号のために停止して経験したが、動き始めるまでは気が気ではない。機関車の停止位置が直線だからよかったが、急曲線だったらどんな結果になっていたことか。このため、重量列車を上り勾配に停車させる場合は、動輪粘着力が不利にならないよう機関車の停車位置の選択が重要となる。停止直前に砂撒きを行なって動輪に砂を噛ませるのも必須条件である。

第2章　機関士時代

電化によって岡山機関区に配属されたEF1581。(写真・藤山侃司)

　したがって、限度運転のときは架線電圧の降下がありがたい。動力源となる架線電圧は高いほど走行には有利であるが、直流機が限度荷重を持ったときは電圧低下によって運転速度が低下した方が機関車の負担は軽くなる。むろん、速度低下による列車の遅れが発生するが、運転不能に陥るよりはましである。
　このような状態だからEF15に乗務したとき、連続10‰上り勾配での機関士の緊張は蒸機に劣らない。速度は45km/hくらいでバランスして、電流計は定格の470Aを上回り、空転への余裕ゼロの状態で登って行く。空転が発生しやすいトンネル漏水箇所や日陰の湿潤区間では、先手を打って断続砂撒きを行なうなどの予防対処が必要になる。
　また、空転するとノッチ戻しを行なって空転を止めるが、次のノッチ進段に必要な余裕加速力がほとんどないため、大変な作業となる。自動車でいえば、重量トラックが加速余裕がなく、シフトアップができない状態であろうか。しかも、抵抗制御だから、途中段の時間が長くなると主抵抗器が温度上昇で溶断するおそれがある。何としても運転ノッチまで進段する必要があるが、無理に電流値を増やせば、また空転する。背に腹は代えられず砂撒きに頼ることになる。
　EF15には前デッキがあるので、運転室への昇降が楽であり、悪天候でも危険がなかった。また、前にバリアがあるというのは踏切のトラブルなどに対して安心感が大きい。正面のドアは厳重なロックがあるが、ドアに加わる走行風圧を考えると隙間風をゼロにするのは無理がある。ED71・EF62以降の形式はドアを外開きにして解決している。
　運転室は狭いが、座席が前窓に近いので、有効視界が広がり、速度感を得るにも優れている。旧形電機の標準スタイルとして引き継がれたのは当然であろう。ただ、見習乗務のときに、教導機関士のいる場所がない。
　室内では計器盤が右上にあって、使い勝手が悪かった。前方注視中に視線を走らせる計器が右上部というのは人間の心理を無視している。まして、全力運転時に目が離せない電流計が最上段にあるのも解せないことだった。運転中のもっとも負担が少なく注視できるのは正面窓下だが、この場所は遊んでいる。

83

速度計は蒸機と同じ機械式だった。ブレーキで速度をバランスさせるときは、速度の微小変化の検知が必要なので不便な思いをしていた。EF58が電気式に取り換えられたのに、EF15が放置されたのはなぜだろうか。
　前面窓のひさしは効果が大きい。日差しがきついときのまぶしさ防止はもちろんだが、雨のときガラス面に雨滴が流れ込まない。そのために、深さも十分あるものが良い。
　運転室が寒いのには閉口した。モーター冷却用の送風機（ブロワー）が空気を吸い込むため機械室は常に負圧であり、運転室の空気も機械室へ吸い込まれる。その補充は外部からの隙間風であるから、温かくなるわけがない。対策はモーター冷却用送風を止めることしかなく、惰行に移るとブロワーを切るのが習慣となって検修陣と対立していた。検修担当は力行で温度上昇したモーターを惰行中に冷やすのだと力説するが、寒さに震える乗務員が素直に従うわけがない。この問題は、EF64の1000番台で機械室を3区分して運転室の負圧をなくするまで持ち越された。

■新型電機の嚆矢EF60

　EF60はEF15と比較すると、すべてに余裕を持って申し分のない機関車として登場した。初期の1〜14号は回転数の高いMT49モーターを装備していて、発車などの重負荷時には悲鳴のようなモーターの唸りだけでEF60であることが判明した。
　15号以降はMT52モーターに替わって、出力増大と定格速度変更があり、性能上では別形式である。量産が進むと14両の初期形は少数派となって、運用も別個に組まれていた。したがって、単にEF60といえば15号以降の後期形を指している。
　EF15との比較では、出力増大を主に牽引力増加に当てて、バランスのとれた形式であった。
　ノッチの手動進段という旧来の方式のまま新機軸を採用したので、運転操作からはEF15の改良形である。空転再粘着装置も実際に動作したことはなく、ノッチ細分化のバーニア

上り貨物列車を牽引するEF60。定格速度が低いため、高速運転では不利だが、低速での牽引力はEF65を引き離していた。1974-5、瀬野〜八本松（写真・鉄道ファン）

装置も使用する機会がなく、宝の持ち腐れといってよかった。

　晩年のEF60は、65km/hから75km/hへの貨物列車の速度向上にともなって機関士に敬遠された。定格速度が39〜63km/hと低いため、EF65と同じ出力なのに70km/hでの牽引力はEF65の80％しかない。これは低速での牽引力を重視したためで、登場当時の貨物列車の最高速度65km/hに最適となっている。敬遠された原因は使用環境の変化であって、機関車の性能ではないことを強調しておきたい。

　運転室の環境は大幅に改善された。マスコンをはじめ、あらゆる機器が新系列となって、今までの常識が一新された。細かい点では、スペース縮小のため運転室への出入りが窮屈になった。側ドアから乗り込むとき通路有効幅は45cmで昇降に難儀することになり、新装備に隠れて表面に出なかった欠点といえる。運転室の寒い原因であった隙間風は、機械室へのドア改善で少なくなったが、機械室の負圧による吸い込みという原因はそのまま残されている。

　ワイパーは窓の上側装備となったが、清掃範囲が凹形になるのは不自然な感じであった。凸形と比較して見ると、相違点が明瞭となる。また、使用しないとき重力で中央部に下がってきて目障りだった。ワイパーを窓下側に移せば解決するが、計器盤が点検の邪魔をするので敬遠されたそうだ。このスタイルは改良されることなくEF65まで踏襲されている。

■自動化されたEF65

　EF65は先述のように貨物列車の速度向上時代に出現して、その適応性のために長期間にわたって製作・使用された形式である。モーターは国鉄電機の標準としてEF60からED75まで広く採用されたMT52なので、出力もEF60と変わらない。そのEF65が持つ適応性は二つある。

　一つは速度特性である。定格速度が45〜72km/hというのは、最高速度75km/hの貨物列車の常用速度に合致している。設計段階ではもう少し高速性能を重視する予定だったというが、そうすれば貨物列車の主力が最高速度95km/hになっても十分活躍できたはずである。結論は、機関車の持つ性能を対象列車の常用速度にどうマッチさせるかに絞られる。

　二つ目はノッチ進めを自動進段としたことである。機関士は電機乗務では必須条件としてあきらめていた電流計注視から解放された。これで、機関士は本来の前方注視や信号確認に専念できることになった。

　主制御器は自動進段のために在来のユニットスイッチからカム軸接触器になった。ただし、大電流を遮断する箇所はユニットスイッチで残っている。このCS25主制御器は初期故障が相次いで検修陣を悩ませた。カム軸はR軸とV軸があり、R軸の正転・逆転とV軸の正転という3種類の操作を1基のカムモーターで行なう機構であった。正転とは順方向、逆転とは反対方向への回転を意味する。

　システムとしては目新しいことではなく、電車で採用しているものと変わらないが、電車に比較して制御段数が増加して大形になったためか、誤動作の回数が多かった。主制御

EF65牽引の山陽本線下り貨物列車。上り線をコンテナ列車がすれ違う。1975-10、三石〜吉永（写真・柴田和男）

器のトラブルは直ちに運転不能となるから大きな問題である。

検修担当の奮闘も及ばず、73号・518号以降の新製車には、2本のカム軸に各専用のカムモーターを装備したCS29が搭載された。カムの駆動制御装置が2組必要となるがやむを得ないことであろう。振り返れば、なぜモーター1基にこだわったのかという疑問もわくが、2基は無駄というのは当事者の常識でもあり、設計陣を批判するわけにはいかない。

72号・517号までのCS25形も2基カムモーターに改造されて、主制御器のトラブルはなくなった。結果だけを見るとずいぶん遠回りをしたことになるが、新しいシステムの先駆者としてEF65の関係者の労苦に拍手を送りたい。

空転検知装置は、EF60の主回路の電圧比較方式から、各軸の速度検出をする方式になって検知感度は倍増した。その代わり、空転時の守護神である再粘着装置が省略されて、ノッチの自動戻しを行なうのみとなった。平坦線区ではなくてもよいと判断されたのだろう。同時に登場した勾配線区用のEF64には、EF60と同じ再粘着装置が装備されている。

これらのシステムが時代に適応して、EF65は1964年から30年以上にわたって万能機として愛用された。後継となる新形式の登場が遅れたのも、この影響が大きいと思われる。もっとも、時代に適応したといっても最低条件に対応できたという意味であり、速度重視のEF66が登場すると、余裕の少なさが露呈してくる。

2-3. 旅客列車を牽く

■夜行列車を牽いて

1967年10月1日のダイヤ改正から旅客列車に乗務することになった。後で述べる機関車と電車の混乗務が始まったからである。受持列車は次のとおり。客車の運転は貨物とはまったく異なり、別世界に飛び込んだようで気をつかうことが多かった。

31	雲仙	東京1030→長崎1027	15両	EF58
	西海	→佐世保0945		
34	高千穂	西鹿児島1145→東京1733	15両	EF58
35	霧島	東京1230→西鹿児島1521	15両	EF58
301	音戸	新大阪2252→下関0955	13両	EF58
302	音戸	下関1915→新大阪0706	12両	EF61
312	ななうら	広島2205→京都0618	12両	EF58
1201	天草	大阪2100→熊本1142	14両	EF58

いずれも夜行列車であり、寝台車を連結しているものの、座席車を中心とした編成であった。昼間は153系や475系を主力とする電車の世界なのに、夜になると古びたナハ10やスハ43が主役となる。客車の新製がないとはいえ、電車と一世代の差がついていた。

しかし、私にとってこれが本来の仕事という意識が消えなかったのは事実である。機関車で客車15両編成を牽いて山陽本線を疾走し、長いホームの停止位置に合わせて停めるというのは、私の脳裏に焼きついた鉄道の原型のようだ。

糸崎を通過する6列車「はやぶさ」。編成は20系。1962-1

■EF58はサラブレッド

EF58はEF15と同じく旧形電気機関車の完成品であって、運転操作ではとくに不便な点を感じなかった。受持ち列車の停車駅が少ないのも原因であり、各駅停車で起動・加速・ブレーキ扱いを繰り返していたら、もっと苦になる部分が印象に残ったかも知れない。

性能面では定格速度が68～87km/hで、最高速度95km/hの列車にふさわしい設定であった。貨物列車の速度が時代とともに高くなり、EF15が追随できなかったのに対し、旅客列車の速度はあまり変わらず、EF58が性能不足に陥ることがなかった。電機のサラブレッドだという表現は的を射ている。

長い車体を支える心皿の間隔が短いためか、車端部のヨーイングはかなり大きかった。揺れ方がピッチングやローリングのように規則的でないので、振り回される感覚がする。EF57と同じボディを暖房設備搭載のために延長したのだから、不自然になったのはやむを得ない。車体長19.0mに対して支える心皿の間隔は9.0mだから、車端部の曲線偏倚や動揺が大きいのも事実だった。重量分担とは別に、台車の回転に対する心皿を前後に離して設置することは可能だったはずで、そうすれば両端の車体絞りも不要になる。

運転室では前窓の左側視界が問題であった。隅を丸める車体のデザインのために前窓がカットされて、この視界不良は機関士に大きな負担を強いた。曲面ガラスのない当時としてはやむを得ないことだろう。先端部の車体絞りも原因に加わっているが、この絞りは側窓からのぞくときの前方視界にはプラスで、ブレーキ扱いのとき重宝していた。

前窓に大小の2種があるが、小窓の方が落ち着いた感じである。小窓も必要な上下幅は十分あるので、大窓は大きすぎる感じになる。もっとも、緊急時の視界を考えると、窓は大きくしておき、ふだんの視野は計器盤などでカットするのも一つの考え方であろう。

EF5810の前面。絞り込んで隅を丸めたデザインで、左側が視界不良となった。(写真・鉄道ファン)

■EF58による究極のブレーキ

受持ちの312列車(急行"ななうら"広島2205→京都0618)では一つの事件があった。事件といっても私が仕掛けたことで、アクシデントではない。

糸崎を定刻0時25分に発車。異常なく走破して次の尾道へ定時到着見込みで進入する。速度は70km/h。深夜だが大阪へ夜明けに着く便利さが好まれて乗客も多く、地元の愛用列車である。ホームの端には荷物を積み上げた手押し車が待っている。

何回も経験したこの列車のブレーキ扱いを思い出しながら、ブレーキハンドルに右手を掛けて前方をにらむ。場内信号機を過ぎた。厳通橋も過ぎた。助士がこちらをチラチラと見ている。祇園踏切を過ぎた。たまらず助士が腰を浮かし「宇田さん！」と声をかけた。停車駅なのに悠然と構えているので、勘違いしたと思うのが当然だ。

待ち構えた地点でブレーキハンドルを力いっぱい右端へ押しつける。非常ブレーキだ。バシャーンという吐出し音とともに、計器盤のブレーキ管圧力がゼロへ落ち、ブレーキシ

EF58牽引の荷物列車と80系湘南形電車のすれ違い。1975-2、庭瀬～中庄(写真・藤山侃司)

リンダー圧力が4.5kg/cm²へとび上がり、グッと衝動がくる。ホーム始端の荷物係員がびっくりして見上げている。EF58と客車12両はタイヤをきしませながら減速して行く。

　ホームの終端が近づく。滑走防止のための砂撒きはもう少し待つ方がよい。速度30km/h以上ではタイヤと制輪子に挟まれた砂は逆に潤滑剤となるからだ。ここと思う速度で砂ペダルを踏む。手加減せずに連続散砂だ。出発信号機があわてふためいたように接近してくる。

　ガックンと激しい衝動とともに312列車はホームに座り込んだ。停止位置の5m手前だ。撒いた砂がモーター冷却風にあおられて、ほこりがもうもうと舞い上がる。やっと笑みが浮かぶ。計算どおりの究極ブレーキだ。助士が大きな息を吐いて座った。心臓が止まりそうだった、という。すまんすまんと謝ったが、これはリップサービスだ。非常ブレーキで停車した衝動で、乗客はみんな目が覚めたことだろう。それだけはおわび申し上げる。

　ただ一度のEF58の究極ブレーキは、このように終わった。データをそろえて長い準備をしたから、成功するのは当然だが、後はやる気が失せるから不思議だ。

　砂が潤滑剤になるのは、ころがり摩擦とすべり摩擦の相違である。レールとタイヤはころがり摩擦であり、砂撒きによって増大するので滑走と空転の防止に有効である。しかし、タイヤと制輪子のすべり摩擦では、タイヤに付いた砂が潤滑剤として作用するため、摩擦力が低下してブレーキ力の減少となる。高速度ではとくに著しい。

■性能を持てあましたEF61

　受持ち列車に1本だけEF61があった。構造と性能はEF60初期形とほぼ同じであったから、旅客列車用としては牽引力を持てあましていた。長所は、その牽引力を生かして瀬野～八本松で補機が不要となることである。定格速度は47～76km/hなので、高速度での牽引力は減少してEF58とほぼ互角になる。

　この大きな牽引力は、発車のとき高加速となって機関士は電流計から目が離せず、ノッチ扱いが忙しいのが難点であった。同僚の多くはEF58の方が気楽だと評していたから、せっかくの性能を発揮できる場所を与えられなかった。長期計画では、上越線へ転用して清水トンネル越えの旅客列車の補機を廃止するとのことであった。予定が進まず、湯檜曽のループ線を行く雄姿が見られなかったのは残念である。

　モーターはEF60旧形と同じMT49、貨物列車ほど重負荷を牽かないので、悲鳴のような

山陽本線上り貨物列車を牽くEF61。連結器左上に瀬野八での補機仕業のため連結器自動解錠装置が付けられている。1975-2、中庄～庭瀬（写真・藤山侃司）

瀬野駅を通過する
EF61牽引下り貨
物列車。1975-2
(写真・関　崇博)

唸りは印象に残っていない。それでもカン高い回転音は際立っていた。

EF61では等速運転を行なった思い出がある。302列車(寝台急行"音戸"下関1915→新大阪0706)は糸崎〜岡山ノンストップであり、発車と停車の時間を引いて岡山までの平均速度を計算すると63km/hとなった。深夜の寝台客へのサービスにと思ってずっと同じ速度で走ることにして、加速後はノッチを小まめに調整していった。

大した起伏はない区間なのに、等速走行がこんなに骨の折れることとは想像できなかった。しかもノッチ扱いが衝動原因になっては意味がない。淡々と走る岡山までの90分であった。寝台車にいれば、まったく気がつかないかも知れないが、乗客の安眠に大きな寄与をしたと自負している。EF58の究極ブレーキのお詫びの気持ちも、もちろん含まれている。

■EF66と電機の速度特性

1968年6月14日にEF66の講習を受けた。試作EF90を基本として量産され、この年の10月

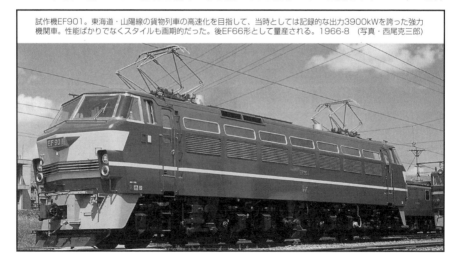

試作機EF901。東海道・山陽線の貨物列車の高速化を目指して、当時としては記録的な出力3900kWを誇った強力機関車。性能ばかりでなくスタイルも画期的だった。後EF66形として量産される。1966-8　(写真・西尾克三郎)

改正から運用される準備である。講習担当の指導員が「電気機関車とは講習ばかり必要で不便なものだ。蒸気機関車は新形が出ても講習はなくB6からC62まで全形式に乗れたのに」とぼやいていた。

運転室前窓はEF65と同じパノラマ窓だが、ピラーが内側過ぎて目障りだった。同時期の特急電車はすでに曲面ガラスを止めて角窓に移行している。乗務員から見れば、正面ガラスを少しでも広くした581系の角窓のスタイルが望ましい。

EF66は高速貨物列車に運用されるため、当面は旅客組に関係ないが、ブレーキ関係はブルートレイン牽引のEF65も同じなので、しっかり勉強しておく必要があった。吹田第二機関区で講習を受けた指導員によると、東海道本線の複々線区間で並行する快速電車を楽々と追い抜いたという自慢も語られた。

速度特性で見るEF66の特徴は、出力の増大分を速度向上に振り向けたことである。牽引力はEF65を少し上回るのみでほとんど変わらない。

電気車両では性能を表示するのに、定格速度が重要なので概略を説明しよう。

定格速度とは最大出力を発揮できる速度である。例として次にEF65の速度特性を図示する。下段数字は速度を示す。

図において、A～Bの定出力域(45～72km/h)が全出力を発揮できる定格速度範囲となる。0～Aの定トルク域(0～45km/h)は電圧をセーブするため出力が減少し、また、B～Cのフリーラン域では、電流の減少により牽引力が低下して出力が減少する。

フリーラン域(B～C)の牽引力低下は大きく、Aの牽引力を100として"牽引力／速度"で表わすと次のようになる。

100／45　64／72　46／80　34／90　26／100　21／110

このように全界磁定格速度45km/hに対して、90km/hでの牽引力は34％に減少し、110km/hではわずか21％となる。定格速度を上回る速度では、機関車が持てる力を発揮できない特性が理解いただけると思う。

定格速度はモーターと動輪を結ぶギア比で決まるので、設計段階で自由に設定できる。しかし、出力＝定格速度×最大牽引力となるので、定格速度を高めると牽引力が減少し、牽引力・定格速度は相互に関連する。最後は出力をどう配分するかの問題になり、自動車の変速機と同じだが、特定段に固定されてシフトできない構造といえる。

主な形式の定格速度は次頁の図のとおりである。太線の左端数字が全界磁定格速度(上図のA)、右端が弱界磁定格速度(上図のB)で、この間が全出力を発揮できる領域となる。ベースとなるのは左端の全界磁であり、右端の弱界磁へ拡大したと考えればよい。

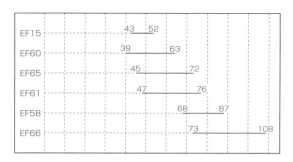

電気機関車の定格速度

厳密にいうと、左端の全界磁定格速度が最大出力であり、右端に近づくにつれて弱界磁による効率低下のため出力は減少する。

　図のように、EF66とEF65の定格速度はまったく異なることがわかる。高速貨物やブルートレインは常用速度から見て70km/hから100km/hの間で加速する機会が多く、定格速度がこれに合致するEF66は、加速時に最大出力を有効に使用できる。EF65の定格速度はこれとまったく違っており、高速貨物やブルートレイン牽引では、出力をフルに活用できず不適切な使用法であることがわかる。

　EF15は最高65km/hの貨物列車（常用速度40〜60km/h）に最適で、最高75km/hの列車を牽引した場合は息切れする様子が読み取れる。直流機の代表的な形式とされるEF65の最適用途は、最高75km/hの貨物列車であって、高速運転は本来の特性でないことが明らかである。

EF6620牽引の高速コンテナ列車が難所を下る。
1974-5、八本松〜瀬野　（写真・鉄道ファン）

EF58は最高95km/hの列車に適当で、現状の使用法が特性を活かしている。

　ハンドルを握る運転士の立場からは、使用列車の常用速度に適した速度特性がほしい。ブルートレインなどの旅客列車に対して、定格速度の低い貨物列車用の形式が兼用されているのははなはだ不満であり、高速性能がEF58を上回る形式がEF66まで現われなかったのは残念でならない。

　速度特性は補機との協調運転にも関連する。特性が揃わないときは、一方が過荷重を負担するため運転不能となる。瀬野〜八本松の補機EF59は、EF15・EF60・EF65の各形式と特性の差が許容範囲にあり、協調運転が可能である。EF58とEF66はノッチをSP段に戻せば許容範囲に収まるので、同様に協調できる。EH10は各ノッチとも揃

試作機EF901は量産機EF66の製造にともない、改造されてEF66901と改番された。1979-8、嘉川〜本由良　(写真・柴田和男)

わないので協調運転は不可能であり、岡山より西への運用はなかった。

■新幹線への道を断たれる

　1968年9月1日に乗務距離が200,000kmを超えた。本郷〜河内、207列車(急行"玄海"15×59.0、京都1930→長崎1209)、EF5841〔関〕、深夜の1時34分だった。

　1968年11月23日、鉄道写真家の西尾克三郎さんが蒸気機関車の撮影のために来糸され、当日は区内入換を志願して、撮影条件に合わせた移動やロッド合わせを行なった。クランクピンを下端に置くためのロッド合わせで、10cm単位の移動を繰り返す作業も、この日だけは楽しかった。最後になるともう5cmという声が飛んでくる。この日の撮影は『記録写真蒸気機関車』に収録されて、私の大事な記念品となっている。以後は機会を得られず、この日のC62・C59・C50が私の動かした最後の蒸気機関車となった。

　ところで、新幹線電車運転士は、所要のたびに全国から募集されていた。資格は電車運転士または電気機関士の経験2年であった。

　私が1968年12月にこの資格ができたときには、状況がすっかり変わっていた。新幹線の組織が固まるにつれて、全国からの募集を打ち切り、新幹線の内部で検修職から運転士へ登用するという、一般の運転士養成の方式になっていた。

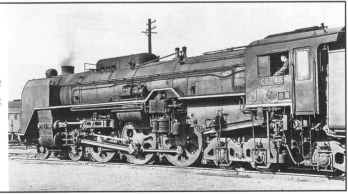

C6248のロッド合わせ完了。機関士席は筆者。1968-11、糸崎機関区　(写真・西尾克三郎)

こうなっては、新幹線以外の職場から転換教育を受けて、新幹線電車運転士に移るルートは断たれたことになる。私の夢が一つ消えてしまった。

■43-10ダイヤ改正

1968年10月1日のダイヤ改正は43-10改正と称して、大がかりなものになった。白紙改正でダイヤが変わってしまうのは珍しくないが、線路・車両・運転とそろっての改革で、もっとも印象に残っている改正である。

線路面では貨物列車の待避線の拡充がある。幹線輸送の中核である優等旅客列車と貨物列車のダイヤを、近郊電車の急行と普通のようにパターン化して、決まった駅で待避させる方式である。いうまでもなく最大の列車本数を確保でき、高速列車が足踏みすることもなくなる。

山陽本線の中部では、玉島、里庄、備後赤坂、本郷、白市といった駅が600mを超える待避線を確保して完成した。以降は、このような全線対象の改良工事が行なわれておらず、現在の設備はこの大改正のおかげというイメージが私から抜けない。

惜しむらくは、貨物待避の目的で考えたために、後世の電車時代に使いにくくなったことが挙げられる。折返しや快速と普通の乗換や追抜で不便を感じている。ポイントも制限35km/hのものが無雑作に設置されて、速度向上の障害になっている。

また、ダイヤ構成の支障となっていた平面交差の改良が進められた。倉敷の山陽本線と伯備線、大宮の東北本線と高崎線、日暮里～尾久の東北本線と回送線、宇部～厚狭の美祢～宇部直通線などの立体交差が、このとき完成している。

電化面では、福島～米沢、作並～山形の電化方式が直流から交流に変更された。電化の進展により交流区間に囲まれるために統一されたもので、切換え工事を昼間に行なうために1日運休してニュースになっている。

EF58牽引の荷物列車と583系特急電車「金星」の出会い。1978-5、厚狭～埴生(写真・関 崇博)

43-10ダイヤ改正により運転開始された５８３系「金星」。1979-7、徳山
(写真・手塚一之)

　車両では、各車種とも最高速度の向上が実現した。
　客車列車は、20系ブルートレインの最高速度が95km/hから110km/hになった。電磁ブレーキとブレーキ増圧機構の装備となって、牽引機関車のEF65も改造された。これで高速貨物列車の最高速度100km/hをクリアして、貨物列車より遅い特急列車という汚名をすすぐことができた。
　貨物列車は、旧形貨車の最高速度が65km/hから75km/hに引き上げられた。全体の足を引っ張っていた貨物列車の速度の向上により、ダイヤ構成が格段に楽になったのは、この改正のトピックであった。速度向上のための改造は2段リンク装置を装備するもので、旧形貨車の両数は100,000両を超えていて、全国の工場を動員して長期にわたる大工事であったという。この貨車の速度向上は、今までもフル能力で走っていたEF15に非常に過酷な仕事を強いることになった。
　また、1年前から試行されてきた高速貨物列車が大々的に設定されて、機関車は試作EF90がEF66として量産された。最高速度は試行と同じく100km/hである。
　電車では最高速度が110km/hから120km/hに向上した。特急形式に高速増圧ブレーキを装備して可能となったものである。また、581系の増備として583系が登場し、山陽本線と全線電化が完成した東北本線のスターとなった。
　瀬野～八本松の補機は、八本松で走行中に解放するためブレーキ管を連結していなかったが、保安上からも問題とされてブレーキ管を連結することになった。したがって、補機解放の停車が必要になり、八本松に代わって西条が選定されて、着発線の増強と補機の折り返し設備が設けられた。
　この1968年10月改正によって、夜行急行列車の速度は格段に向上し、EF58が駿足を発揮できる態勢となった。さらに、私にとってはブルートレインの乗務が加わった。少年の日から持ち続けた、特急の機関士になるという夢の実現である。

2-4. 特急初乗務

■特急初乗務

　1968年10月6日3時30分、岡山駅はひんやりした空気に包まれていた。2番線からさっき15M(寝台特急"金星"名古屋2242→博多1005、583系12両)が発車したところだ。1番線では荷41列車が新聞を降ろすのに忙しい。荷物列車が主本線をふさいで、優等列車が副本線を通るのは反対だが、急送大量荷物の新聞はエレベーターを使わない本屋前ホームがもっとも便利なためである。

　3時40分を過ぎて、上り方に二つのヘッドライトが見えた。EF65だ。わが5列車"はやぶさ"の到着である。ブルーの車体も自分の列車だと思うと、照明に映えて格別に美しい。ガーッと騒々しい感じのブレーキ音と電源車のエンジンの音が近づいてきて、停止目標である線路脇の白色灯に機関士席が一致して停止した。30秒ほどの早着である。

　カマは東京機関区のEF65503、屋根の高い20系客車と並ぶとこぢんまり見えるが、目前にすると特急牽引機としての貫禄は十分である。東京から長駆700kmあまり、下関までの2/3を走り終えたところである。

　左側後部から機関車の足まわりを点検する。連結器とブレーキ管のほかに、新しく元だめ管と電気回路のジャンパ連結器が機関車と客車を結んでいる。タイヤと軸受の発熱はないか、砂撒きはよいか、元だめのドレンも排出する。前頭へまわって、排障器も異常なし、パンタは2基ともよし。到着機関士から「5列車、15×47.0、異常なし」の引き継ぎを受ける。列車重量は機関車を加えると565トンとなる。

　4段のタラップを上がって運転室に入る。機関助士は到着すると、すぐ機械室の見回りを済ませ、乗継通告券に必要事項を記入している。東京〜静岡〜名古屋〜大阪〜岡山と乗り継いで来た記録は、いずれも簡潔に"運転状態異常なし、車両状態

EF65503の牽引する「はやぶさ」。1974-1、三島〜函南(写真・玉井理一)

良好"の一行のみ。次の行に、岡山～広島・糸崎機関区・乗務員氏名・異常の有無の順で書き込むことになる。

　機関士席に着いて、まずブレーキをゆるめる。ただし、機関車のブレーキは残しておく。元だめ圧力は8～9kg/cm²の間の赤いゾーンに納まり、釣合だめとブレーキ管は5.0kg/cm²、ブレーキシリンダーは2.5kg/cm²と各圧力計は正常である。計器盤の表示灯は"編成増圧"のみが点灯している。

　増圧とは、高速度での摩擦係数低下によるブレーキ力不足を補うもので、ブレーキシリンダー圧力を166％に増圧する機構である。使用速度域は速度上昇時は50km/hで入、下降時は40km/hで切となる。ブルートレインの110km/h運転は増圧機構の使用が条件であり、故障すると最高速度は95km/hに抑えられる。

　表示灯は"編成増圧"と"単機増圧"がある。"編成増圧"は、増圧・電磁ブレーキ・電源車パンタ下げ、などの回路が編成全車に通じた確認をするため、最後部車まで往復する回路により、ブレーキ使用・増圧指令に関係なく常時点灯している。"単機増圧"は機関車から増圧指令が出たときに点灯して増圧の作用を知らせる。消灯しているので、試験ボタンを押して点灯とブレーキシリンダー圧力の上昇を確認する。

　ブレーキ使用のとき、増圧に関する機関士の操作は不要で、速度を検知して増圧指令が出ると、客車も機関車も一括して増圧作用が行なわれる。

　以上が、4分間の仕事である。もう出発信号機は進行現示となった。ATSよし、キックオフ、逆転ハンドル前進、の動作に移るのが原則であるが、本列車は電磁ブレーキを装備したため、キックオフは禁止である。電磁装備のために、本来の目的である貫通確認ができず、込め過ぎのトラブルが発生するためである。

　3時45分、定刻に出発合図器の白色灯が点灯、ブザーが鳴動した。発車・出発進行の喚呼とともに左手は汽笛を、右手はマスコンハンドルを1ノッチへ。軽い衝動が背を突いてきて、わが5列車はスタートした。東京からはるばると西鹿児島を目指す特急"はやぶさ"は、私の運転でいま動き始めた。

　二つのヘッドライトは私の目の輝き、ブロワーの轟音は私の胸の高鳴り、動輪の響きは歓喜に弾む私の足音、パンタグラフの摺音は私の深い息づかい。信号機の青い光にさし招かれて私の"はやぶさ"はしだいに速度を上げて行く。

　列車番号1桁の列車を走らせる私の夢が、深夜の岡山駅でやっと実現したのだ。満天の星が、対向列車のヘッドライトが、踏切で振られる白ランプが、みな私におめでとうと呼びかけている。機関士になって特急列車に乗務する、と心に決めて国鉄に入社して11年目の秋であった。

　ブルートレインを運転してまず驚いたのは、その重さである。なんと重いことか。客車重量は470トンとはっきりしているのだが、発車のときグーッと感じる重量感がまったく違う。連結器が密着式であることの影響にしても、ハリコのような軽量客車という先入感がまず破られた。

65km/hで最終のWF4ノッチに入るが、EF65が全出力を発揮できるのはこの速度までである。岡山操車場でやっと95km/hになり、以後95～100km/hで各駅を通過して行けば、ほぼ定時運転が可能である。倉敷～西阿知は2分30秒運転(駅間平均96km/h)、10‰勾配のある西阿知～玉島は3分30秒(87.4km/h)と、いずれも忙しい運転である。文字どおり秒針に追われて走らねばならない。

　最終ノッチが入る65km/hよりも高速になると、先述のように出力が落ちてしまい、余力を振り絞っての運転となる。定格速度を再掲すると下図のようになる。

EF65とEF58の運転特性

　この数字から、高速性能はEF58が格段に優れていることが読める。EF65は出力がEF58より大きいため、高速で出力が落ちても何とかEF58と互角に走れる程度で、牽引力は83km/hを境に逆転する。これ以上の速度ではEF58の方が強力な機関車となる。

　したがって、80km/hの制限を通過後に100km/hまで加速しようとすると、EF65の性能は歯がゆいかぎりとなる。ブルートレインではこういう加速と減速の繰り返しなので、運転性能の面では機関士にはEF65の有り難みは感じられない。

　私の夢を記したノートにはEF65のギア比改造(定格速度の変更)案を記している。上図のように最大出力範囲が実際の走行速度に一致して、機関士の運転操作が適切となり、高速での加速力が大きくなって運転時間の短縮も可能となる。

　"はやぶさ"は高い築堤を駆け登って、高梁川橋梁を90km/hで渡る。2年前に新設された下路ガーダー橋梁は、山陽鉄道建設から3代目にあたり、ロングレールのため走行音は意外に静かである。上述のように、EF65は高速で息切れがするので平坦線での110km/hは難

先台車が鋳鋼製のEF5830。広島工場の出場試運転で瀬野駅構内に停車中。1975-2 (写真・関 崇博)

しく、この橋梁通過後の下り10‰を利用するほかはない。橋梁手前から最終ノッチに投入のままで、最後部客車が制限100km/hの曲線をオーバーしないように加速を続ける。

　速度計が105、107と上昇して、ついに110km/hになった。機関車牽引列車としては日本最高速の列車に乗務しているのだ。2年前に高速貨物で100km/hを出した感激がよみがえってきた。実り豊かな田圃の中を突っ切って行くのも同じだ。乗客が鮮魚でなく寝台客なのが異なっている。

　それも束の間のこと、玉島駅の場内信号機が110km/hで接近してくる。ポイント制限の95km/hに落すべく、右手をブレーキ弁にかけて身構える。電磁ブレーキを初めて使用するのだが、予想どおり空走時間を感じさせないのはさすがである。ゆるむのも在来の感覚からするとアッという間なので、ハンドル扱いに緊張する。構内中央で再びノッチ投入、直線区間を根かぎり飛ばすが、次の制限までに105km/hを出したにとどまった。

　里庄～笠岡で橋梁工事のため35km/hの徐行があって、笠岡1分延通となった。さて、この1分をどこで回復できるだろうか。制限が変わるとすぐフルノッチ、変電所の谷間にあるため架線電圧が1200Vまで下がった。金浦トンネル出口で70km/h、曲線制限のため90km/hでオフ、通過して再びフルノッチ、第3閉そく信号機で98km/hでオフする。

　ここから大門構内の85km/h制限までに、この編成では13km/hほど速度が落ちるというデータが、経験によって得られている。このあたりの細かい速度と時間の判断が機関士の腕である。次の75km/h制限を1km/hのむだもなく通過したが、遅れは1分のままだ。福山までに15秒回復、備後赤坂までに制限ブレーキを使用してまた15秒回復、30秒延となった。

　糸崎15秒延、三原定時、こまめな加速とブレーキを繰り返して、やっと定時になった。本郷をすぎると八本松越えの始まりで、曲線が多くなる。10‰の連続勾配もここからであるが、EF65はWF3ノッチで75km/hを保ったまま楽々とのぼって行く。電流計は450A、連続力行すると、モーターは相当の熱を持つだろう。

　その八本松まではまことに単調である。速度制限に追いまくられる平坦線よりも、一定のペースで走る上り勾配の方が機関士は気楽なのが当然であろう。

　八本松から22‰下り勾配、客車のブレーキは小刻みな追加とゆるめが自在だから苦労は感じない。それよりも、ブレーキの細かい調整を繰り返すうちに、制御弁の感度の差によって客車のブレーキ力の相違が大きくなるのが心配だった。大きなブレーキ力を負担した客車の制輪子とタイヤの温度上昇がこわい。鋳鉄の制輪子が赤熱して溶解寸前に至った例が本当にある。

　やがて、空が白んで山の稜線が見えるようになった。微調整を何回か繰り返すうちに、瀬野駅が近づいてくる。後部を振り返っても、タイヤから火花を飛ばしている車両はなさそうだ。瀬野の構内でいったん全部ゆるめて10‰への再ブレーキを使用する。八本松からのブレーキが終わるのは安芸中野の手前であって、EF65は再び力行を開始する。

　95km/hでオフ、向洋の制限75km/hを過ぎるとフルノッチ、80km/hでオフして広島まで転がして行く。右手に広島操車場を見下ろして間もなく「1番場内注意」「広島停車」。1.0kg/cm²

「はやぶさ」を牽くEF65503。当時「はやぶさ」は東京〜西鹿児島と、付属編成で東京〜長崎の運転だった。1972-11、沼津〜三島
（写真・手塚一之）

減圧を行なうと、身体が前にのめるほどの気持ちよい減速である。ブレーキを接近して使えるのはやはり有り難い。

　45km/hでホームへ進入、陸橋の手前から$0.4kg/cm^2$減圧、と思ううちに増圧が消えてスルスルとブレーキシリンダー圧が低下する。承知の上だが、どうもやりにくいし、電磁弁まかせのブレーキはどのくらい効いてくるのか要領をえない。

　停止位置手前で衝動防止のゆるめを行なったら、スルッとゆるんでホームを外れそうになった。あわてて追加減圧、列車は画龍点睛を欠いてゴックンと停止した。最初の電磁ブレーキ操作は満点にはならなかった。

　時計を見る、砂ペダルを踏む、逆転ハンドル中立、制御スイッチを切る。ホームへ降りて2時間15分ぶりに手足を伸ばしてみる。わがEF65503は岡山〜広島を無事に走破した。161.0kmを時刻どおりに走り、広島駅1番線に定時到着である。

　東の空が明るくなって、青い車体がいっそう鮮やかだ。「5列車です、現車15、換算47、異常なしです」引継ぎのこの一言がどんなにうれしいことか。緊張から解放されて吸う早朝の冷たい空気の味がなんともいえない。

　降りた乗客の姿は、すでにホームに見当たらず、発車する"はやぶさ"を見送るのは私たちだけ。終着駅までの距離を思えば、道程はまだ半分を過ぎたのみである。

　特急初乗務を終えてホームを歩く私の足は、まだEF65に揺られているような感覚だった。

■ブレーキの電磁回路

　20系客車にはブレーキの電磁回路が設けられた。目的は空走時間の短縮で、これも110km/h運転の条件になっている。使用できないとき最高95km/hに抑えられるのも増圧回路と同じである。機構は80系などの電車と同じで、客車でブレーキ管の給排を行なう方式であるが、運転士からのブレーキ指令方式が異なる。電車は、運転士の扱うブレーキ弁が電磁回路のスイッチを内蔵しているので、運転士が直接扱うことになる。機関車では、機関士がブレーキ弁を扱うと、釣合だめとブレーキ管との圧力差を検知して圧力スイッチが動作し、

電磁回路に指令する方式である。

　この機構は、機関士を困らすことになった。圧力スイッチの感度が機関士の勘のデリケートさに追随できず、ブレーキのようにタイミングが重要で微妙な操作を行なうとき、今までの手法が通用しなくなった。電磁回路を開放しようと思っても、電源がATS回路と共用なので不可能である。機関士はいやでも付き合わざるを得ない。

　さらに、緊急時の問題がある。車掌が停止手配として車掌弁を扱いブレーキ管の減圧を行なっても、圧力スイッチが圧力差を検知して給気指令を出すので、ブレーキ効果が遅れる。機関士が異常給気に気づいてブレーキ手配を採るまで、給気が続いてブレーキが作用しないおそれがある。安全面で放置できない問題であるが、機関士の注意力に任せ、そのままであった。電車と同じく、機関士がブレーキ弁で電磁回路を操作すれば問題は起きないのに、採用されなかったのは、ブレーキ弁の改造が大がかりになるためであろう。

　とはいえ、ブレーキ操作そのものはダイナミックかつスピーディになったのは事実である。制限個所の手前で高速から電車に劣らぬ減速ができるのは、このおかげである。その代わり細かい調整ができなくなり、制限速度にピッタリ合わせて緩めるのは至難の業となった。停止の時もフンワリと停止するのは不可能に近い。

第3章　電車運転士時代

3-1. 電車に魅せられて

■電車運転士科へ入学

　国鉄の乗務車種の分担は厳密に分かれており、職名も電気機関士・電車運転士と明確であった。検修関係も担当車種の違いだけで、機関車検査掛・電車検査掛であった。ところが、電車化が進むと客車列車は夜行主体となって、電機乗務員の勤務が過酷になってきた。組によっては夜行乗務が連続するため、朝帰って夕方出勤する繰り返しで、休みの日まで夜間在宅できないことがあった。

　この対策として電機・電車の混合乗務が計画され、実施の第一陣は、深夜列車がもっとも多い名古屋局であった。その後各地に広がり、糸崎機関区でも電気機関車から電車への転換教育が始まった。応募者が少ないため指導助役が勧誘に苦労して、私も口説き落とされた一人である。もっとも、蒸気機関車と電気機関車をマスターしたのだから、次は電車だとの思いが心の内にあったのは確かだ。

　希望者が少ないのは電車が敬遠されていたからである。乗客の目にさらされるのが第一の理由で、機関車での気ままな姿勢などは通用しない。裏方が接客業に変わったのと同じで、窮屈でかなわんというのが本音であった。

　関西鉄道学園第11回特別電車運転士科へ入学したのは1967年6月14日、学園は元の大阪鉄道教習所が改称したものである。

　入学後の最初の授業で、皆さんは直流電気機関車の資格があるし、機関車も電車も原理は同じですと宣告されて、すぐ実習に入ったのは閉口した。1か月で80系と165系の教育を

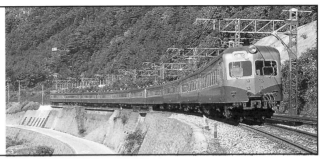
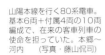

山陽本線を行く80系電車。基本6両＋付属4両の10両編成で、在来の客車列車の使命を担っていた。本郷〜河内　（写真・藤山侃司）

終えるのだから、授業も実習も駆け足であった。

　とまどったのは総括制御の考え方である。あらゆる操作や現象が編成全車を対象にしており、今まで機関車のみに全責任を負えば済んでいたのが、10両編成ならば10両のことを絶えず念頭におく必要がある。

　講師からよく聞かされたのは、機関車は機械工学だが、電車はシステム工学です、全体をどう生かすか考えて個々のトラブルにとらわれないように、というものであった。故障の処置についても、故障個所はそのままとして、他の車両や機器で運転継続することを考えなさい、と目的意識がはっきりしていた。編成電車の故障による運転不能はあり得ない、と豪語するのは、自信と実績に裏付けられてのことだろう。

　大阪局では、電車課が機関車課よりも大所帯で、運転部門の中心だとの話も繰り返して聞かされた。高槻電車区、宮原電車区、向日町運転所へ実習に出向いたときも各区で同じ話を聞いたから、電車と機関車のなわばり争いなのかも知れない。蒸気時代に特急列車を独占していた機関車勢には昔の夢が忘れられないに違いない。

　添乗実習ではブレーキ扱いに驚いた。機関車と電車は同じ自動ブレーキでも、機関車は最大ブレーキの2/3程度を常用して、フル使用は緊急時のみというのが常識であった。電車

夕陽を浴びて右からクハ86、交直流形急行クハ455、クモハ51が並ぶ。岡山（写真・藤山侃司）

"山陽"と共通運行の急行"やしろ"(165系7両、広島〜下関)。1965-5, 広島 (写真・手塚一之)

ではフルブレーキを各駅で常用していて、おそろしい運転だというのが第一印象である。彼らにいわせると、持てるものを使用しないのは無駄です、ということになる。

相違点ははっきりしている。機関車は客車編成のパターンが一定でなく、機関士は用心しながらブレーキを使用するので、フル使用までは踏み切れない。また、空走時間が大きく応答速度が遅いので、大きいブレーキのときは補正する操作が難しい。電車はすべて反対で、運用面も画一的であり、機構上からも応答性が優れている。

高速度で駅に飛び込み、ダイビングブレーキと称する、限度いっぱいのブレーキ操作で鮮やかに停車するのは、マジックを見ているような思いであった。もし効きが不足したら？との質問には、行き過ぎて停止したら直ちに後退する訓練もしています、との返事だった。ジョークにしても、背水の陣での真剣な乗務に圧倒された。

修了式は7月19日、わずか1か月の勉強で80系と165系をマスターしたことにされた。先述のとおり、電気機関車と基礎原理は共通というのが理由で、まだ頭の中ではドア回路や電気ブレーキの配線がからみ合ったままである。

■電車に魅せられて

翌日から糸崎でさっそく見習い乗務が始まった。最初は1967年7月23日。1348M(三原1441→岡山1655)、80系6両。先頭車はクハ86363であった。この日から2か月は、80系電車の運転で足を突っ張ることになる。足を突っ張るとは、ブレーキの効きが良くないために思わず身構えることの表現である。

電車のノッチ扱いも慣れるまで不気味であった。左手でフルノッチにしておけば黙って加速して行くのは、どうも落ち着かない。EF65と一緒だともいうが、EF65には電流計、ノッチ進め表示灯、進段の衝動、機械室の動作音と、実感するものが多くあるのに、クハ86の運転室はまことに静かで、速度計だけがスルスルと上昇して行く。

ブレーキ扱いについても、ブレーキ開始地点が電柱間隔よりも短い精密さで指定される。グーッとくる減速度を味わってから、停止位置に合わせて衝動を起こさず停止する。これが電車の醍醐味だと感じ始めるのに長くはかからなかった。見習期間はまさに電車に魅せられた思いだった。

途中で、クモニ83(荷物車)の講習を岡山運転区で受けた。10月のダイヤ改正で運用開始になる新形式である。ただし新形式といっても、正式にはモハ72を種車とする改造車である。通勤タイプの先頭であるが、高運転台と機器配置がすっきりして好ましいイメージであった。用途は、客車列車をそのまま電車に置き換えるためで、広島〜大阪の80系10両編

開業を待つ山陽新幹線高架の手前を80系6連と581系寝台特急電車がすれ違う。1975-2、庭瀬〜中庄(写真・藤山侃司)

成の下り方に連結されることになる。

　これら80系電車は中距離輸送のみでなく、在来の客車列車の使命を受け継いで長距離運転もあった。例を挙げると1448Mは三原1148→大阪1649を各駅停車の運転であり、翌1968年になると1338M、広島1449→大阪2219、編成は80系10両＋クモニ83の11両という電車が登場する。まだフリークエントサービスは眼中になく、普通列車は特急・急行や貨物列車のダイヤ間合いに押し込まれて設定されるのが常識であった。

　受持ち列車の中に1本だけ165系（急行"山陽"7両、岡山〜広島）があり、最高速度の110km/hを出すのがうれしかった。私にとっては、高速貨物で100km/hを出して以来の乗務最高速度の更新である。165系はあっさりと110km/hを出して、拍子抜けの感じだった。

　車両の実習は岡山運転区で行なった。故障現象が出たとき、まずどの車両か？という意識をたたき込まれた。1両のみの機関車にはない発想である。ついで処置可能な場所か？という判断を求められる。機器が床下にあるのは不便なものだ。さらに故障の種類によっては、処置するのと、このまま運転継続するのと、遅れはどちらが大きいか？と質問される。

　いずれも学園の授業で聞いた話ばかりだが、当事者になると機関車流にまず点検して故障復旧と考えるから、発想の転換というのは時間と訓練が必要なことがよく理解できる。教育担当にとっては、新規登用する若手より手がかかったに違いない。

　電車の床下にもぐって機器箱のふたを開け、機器を見上げながらの点検はくたびれる。電気機関車の機械室にゆったり配置された機器が本当にうらやましい。

　登用試験は1967年9月18日。349M(岡山1107→下関2002、80系6両)の福山〜糸崎。不器用な性格であるから、短い見習い期間で電車の勘をつかみきれなかったので、あまり良い成績とはいえなかった。その代わりに、一人前になって元を十分取ることになった。

　発令は1967年9月27日。職名は、機関士兼電気機関士兼電車運転士という長いものになった。27歳の電車運転士の誕生である。そうして、1967年10月1日のダイヤ改正から、ホヤホヤの電車運転士としての乗務が始まった。

■80系を手足のごとく

　80系は、長編成電車の嚆矢として1949年に登場した形式で、湘南形の名で有名である。山陽本線の優等列車は新型電車一色であったが、普通列車は80系が主力となっていた。な

お、◯系という呼び方は101系以降の3桁形式のものであるが、旧い2桁形式でも総称として便利なので、現場でも非公式を承知で使用している。

私の電車乗務の開始と同時に、581系寝台特急電車"月光"(新大阪～博多)が営業運転を始めている。この581系が毎日のようにブレーキ故障を起こした。区間は決まって八本松～瀬野の22‰下り勾配、ブ

山陽本線瀬野～八本松間を行く80系10連の上り列車。先頭車は正面3枚窓の初期形。1974-5　（写真・鉄道ファン）

レーキが効いたままゆるまなくなる故障である。ブレーキはフェイルセーフ機構だから、故障したときにゆるまなくなるのは当然であるが、原因がわからず毎日発生するのが不思議であった。

調査の結果、故障の原因は電気ブレーキであった。電気ブレーキはモーターを発電機として作用させることでブレーキ力とし、発生した電力を床下の主抵抗器で熱として放散している。その主抵抗器の冷却排気の熱風が自動ブレーキの補助空気だめを直撃していたのだった。

短時間なら問題は起きないが、この区間では連続ブレーキとなるために、空気だめは十分に加熱されて空気圧力が高くなる。相対的には、ブレーキ管の減圧と同じ現象となって自動ブレーキが作用する。冷却排気の温度は最高400℃になったそうで、フィンを付けて排気方向を変えることで解決した。

そんなトラブルの記憶もあって、581系は私の電車生活と同時にスタートを切った記念すべき形式である。3年後に自分がその581系を駆って、東海道・山陽の幹線を往来することになろうとは想像もできないことだった。

電機・電車混合組の乗務区間は岡山～広島、電車は各駅停車のみ、形式は80系のほかに、51系のゲタ電が加わった。1932年に初製造の古豪だが、岡山地区のローカル用として宇野線と赤穂線に使用されていて、山陽本線にも顔を出していたものである。51系など80系登場以前の形式は、車体重量によってブレーキ力が逆転するため、本当に神経をつかう形式であった。

岡山運転区配置の51系クモハ51075。1975-4, 大元　（写真・手塚一之）

ブレーキ力の逆転とは、多客時には重量増加でばねのたわみが増して、タイヤと制輪子の相対位置が移動し、このためブレーキシリ

ンダーのストロークが伸びて、ブレーキ力が低下することをいう。車両が重くなるとブレーキ力が減少するのは、運転士から見ると無茶苦茶な話だが、これは電車に限ったことでなく、旧形の客車と貨車すべてに共通した矛盾であり、それをカバーするのが乗務員の腕だとされていた。

　大阪の実習で大阪駅から72系に添乗したとき、最初の塚本駅に90km/hで飛び込むブレーキ扱いを神業だと感嘆して見ていたのが、他人事ではなくなってきた。80系は中継弁を装備しているので、ブレーキシリンダー容積が変動しても逆転現象は起きないが、中継弁が介在することによる精度低下が勘を狂わせる。大阪での実習のときに聞いた、72系の方が効きが悪くても安心してブレーキを使えます、という運転士の談話は本当である。

　ともかく、ブレーキ開始位置を少しずつ詰めていって、自分なりの究極の形を完成させることにした。編成と進入速度と乗車率によるブレーキ使用時機のデータ表を作って使用開始位置を電柱1本ずつ詰めていく。この作業は他人のデータでは駄目で、自分が体験したものでないと役に立たない。最後にこれが限度だという極限ブレーキを完成するまでに、1年を要している。

　管理者や指導担当が添乗してきたとき、極限ブレーキを使用して、彼らが顔色を変えて腰を浮かすのを楽しんだのもこの頃である。おかげで管理者の間では「宇田のダイビングブレーキは要注意だ」という評価が固定したようだ。本人が自信に裏付けられて涼しい顔をしていたのもマイナスになっている。

　もっとも、停止位置を行き過ぎて停止する事態は発生する。少々の行き過ぎは非常ブレーキを使うなよ、というのが当時の常識であった。停止後の緩解に時間が掛かり、後退するのが遅れるからである。停止位置を行き過ぎるのは相当手前で判断できるから、あわてないことが第一だ。まず車掌にブザー合図"停止位置を直す"を送る。車掌から承知の合図が返ってくる。

　まず側窓を開ける。後退のとき後方を見るための準備だ。ついで、マスコンの逆転ハンドルのロックを解いて、後進ノッチの準備をする。あとは、停止間際に余裕を持ってブレーキの一発ゆるめを行ないフンワリと停車。左手は直ちに後進ノッチを投入、電車は停止と同時にスルスルと後退を始める。停止位置をねらってブレーキ、低速だから停止位置を外すことはない。停止と同時に車掌がドアを開ける。この間は10秒ほど。

　乗客がアレ？と思ったときは、すでに所定位置に停まってドアが開いている。少しでも手前に停まろうとしてガックンと停止するのは下策で、行き過ぎが増えても衝動なく停止するのがミソである。帰着して助役に報告することもあるし、車掌と共謀してダンマリを決め込むこともある。指導助役が、お前らは大阪でこんなことばかり習ってきて、と渋面を作るのももっともであった。

　車掌との連携も機関車時代には考えられなかったことで、ドアの開閉にも車掌の性格が現われる。1秒の無駄も惜しむタイプと、停車した後も慎重に確認してドアを開ける方針とでは大きな幅がある。運転室まで届く車内放送も個性と努力がうかがわれて、サービ

クハ85は80系の中間車に運転室を取り付けたもの。高運転台が採用された。1974-10、西広島　（写真・手塚一之）

の限りない深さを感じたことだった。
　80系は6両の基本編成と4両の付属編成があり、組み合わせで4・6・8・10両の列車があった。最大編成は10両で、クモニ83が付くと11両になる。もっとも多かったのは基本の6両で、本当に自分の手足のように操るのは毎日が興味津々の世界だった。余裕ができるとホームの乗客が目に入るようになる。
　電車の運転室が低く、今まで機関車から見下ろしていたホームの乗客を見上げるようになった。これはありがたくなかったが、停車回数の多い列車では速度感と距離感を得るのに、運転士の目の位置の高さは重要なファクターである。速度感のためには低い方がよく、距離感には高い方が優れている。
　運転室の高位化は1961年のクハ153から始まったが、その後に登場した新形式の103系に取り入れられなかった。いろいろな形式と列車を経験してみると、115系に代表される近郊形の高さが、運転操作のためにもっとも自然であった。特急形式は停車回数が少ないので、視界を重視した現状スタイルが妥当であろう。
　80系の異色として、クハ85があった。編成短縮にともなってサロ85に運転室を取り付けたもので、運転室は通勤形に準じた構造だが、高位運転台でコンパクトにまとまっていて私の好きな運転室の一つである。クハ86の運転室はゆったりしていても、肝心の座席まわりは窮屈で、ひざと爪先がつかえて閉口していた。もっとも見方はさまざまで、広い運転室が良いという意見も強かった。広い座敷が良いのか、効率的なビジネスルームを求めるのか、後者の私の考え方は異端のようである。

■80系の一区間スケッチ

　ある日の上り80系6両をスケッチしてみよう。
　340Mはただいま松永駅に停車中。編成は3M3T、広島運転所の所属。旧形電車は転動しにくいため平坦線で発車待ちのときはブレーキをゆるめている。ドアの閉じるゴロゴロという音が止むと、計器盤のパイロットランプ(運転士表示灯)が点灯した。全部のドアが閉じたことを示すもので、電車ではこの点灯が出発合図となる。
　「発車。出発進行」と定型の指差と喚呼を行ない、左手はマスコンを3ノッチに投入する。フワッと表現したい柔らかな起動はCS10A形制御器の弱め起動の特色である。定時の喚呼が済むと、運転士の操作はなくとも加速していく。30秒後には速度がいくらで、場所はこのあたりというのは意識しないと覚えられない。機関車では自然と身についていたことでも、必要ないとなれば無関心になれるものだ。それだけ電車の操作が自動化されている証拠である。

平坦区間で80km/hまで加速したところで、上り10‰が始まり、速度制限がないので3ノッチ投入のまま加速をつづける。旧形電車はノッチ戻しができないので、速度をセーブするときはいったんノッチオフし、再びノッチ投入とすることが正統流の運転である。ノッチ戻しがまったくできないわけではなく、3ノッチで速度向上後に2ノッチへ戻せば、並列全界磁運転となって2・3ノッチの中間位置が可能である。

他の区間で制限個所をクリアするのに、この戻し2ノッチを使用したところ、添乗していた指導から「何をやっている？」と咎められた。「並列全界磁運転です」と答えたら、「誰に教えてもらったのか？」という。いささかムッとしたので「電車の回路図を読めば誰でもわかることです」と返答したら、しばらく口をきいてもらえなかった。こんな工夫をしなくてもオフと再ノッチで支障はないのだから、生意気な奴だと思われたのであろう。

10‰勾配を90km/hでバランスしたあと、備後赤坂までの残り時間が2分15秒あることを確認して、ヤクルト工場の前でオフする。サミットを72km/hで越えると、備後赤坂まで10‰の下り勾配となり、速度はジリジリと上昇して駅進入時には80km/hとなっている。あとは電車の命であるブレーキ扱いだ。6両編成、乗車率は定員以下、今までの効きは普通、速度は定型パターンと、頭の中がフル回転する。

7号電柱で1.2kg/cm²減圧を行なった。引通し回路により全車が同時に減圧するから、ハンドル扱いが終わったときにはブレーキの効きがグーッと座席を通して全身に感じられる。長い排気が終わってから、やっと効いてくる機関車のブレーキと大違いである。あとは、速度の落ち具合を見ながら階段ゆるめのタイミングを絞っていく。場内信号機で時計を読んで、残り時間が40秒であることを確認する。定時到着だ。速度は滑石踏切で70km/h、ポイントで62km/hと順調に低下している。停止位置を行き過ぎる場合は、このあたりで見当がつくので、そのときはあわてずに後退準備にかかる。

ここと思った個所で大きめの階段ゆるめを1回行なうと、バスッというゆるめ電磁弁の音が運転室に響く。ホームの始端で47km/hに落ちた。ここまでくると、ブレーキは済んだも同然、停止目標を見ながら2回ほど階段ゆるめを行なって停止する。停止間際の直前ゆるめは重要な操作で、停止と同時にゆるみきると理論上の衝動はゼロになる。現実には転動しないよう少し残すことになるが、ブレーキ弁をゆるめ位置として、ゆるみきる直前にフンワリ停止するのが腕の見せどころである。

停止位置が3.3‰勾配なので、転動しないよう直ちにブレーキを使用し、出発合図があってからブレーキをゆるめる。続いて、パイロットの消灯を指さして、ドアが開いた確認をする。これを怠るとドア開きが遅れたときに、ドアが閉じたと勘違いして発車する"カンヅメ運転"の原因となる。あとは、基本どおり出発信号機確認から始まる出発連動の扱いを確実に実行して、発車合図を待つ。

次の運転目標は1段ブレーキ1段ゆるめである。これは1段最大ブレーキを使用したあと、停止直前に1段ゆるめを行なうのみで、衝動なく停止位置を合致させる操作をいう。本当に余裕ゼロのブレーキで、効きが不足すると直ちに停止位置行き過ぎになる。その確率は

当然50％である。

　さすがに用心して、行き過ぎてもトラブルの起きない駅と列車を選定して行なう。真剣にやると精神統一ができるのか、停止位置が10mと違わないように上達する。しかし、ひとしきり行なって自信がつくと、あまりやる気がなくなった。同僚に暴走族の心理と同じだなと笑われた記憶がある。

　自分が完成したパターンのとおり、電車が意のままに従うのはやりがいのある仕事である。1967年から1968年へ掛けての1年は、私にとって電車にのめり込んだ、有意義な年となった。

　また、1967年4月10日は、国鉄の電車両数が10,000両を超えた日である。この日の早朝に長女が生まれて、私にとっても記念すべき日となった。

■岡山運転区へ

　1969年10月1日、赤穂線の全線電化が開業した。担当する岡山運転区に電車運転士の増員が必要となり、岡山局管内から募集することになった。山陽本線に長く乗務してブルートレインまで制覇してみると、次は電車特急だとの思いを持っていたので応募することにした。

　電車特急の最高速度は、120km/h、機関車は110km/h、この一事だけでも今後の旅客輸送の主力は明白である。このとき応募を考え直せと先輩からアドバイスを受けた。「電車の隆盛は一時のものであってまた機関車の時代がくる、EF66を見ろ、試作中の新系列客車(12系など)を見ろ、国鉄を支えるのは将来も機関車だ」という説得である。

　しかし、雑音に耳を貸さずに出願して、希望者へ加わった。電車職場への転勤なので、

赤穂線は10年の間に、C11→キハ25→80系電車と変化が大きかった。最も海に近い日生駅に停車する上り80系電車。(写真・藤山侃司)

以後は機関車へ乗務の機会はなくなる。最後の電機乗務は9月17日の216列車（寝台急行"つくし3号"13×51.0、博多1913→新大阪0633）カマはEF58114〔関〕であった。216列車は13両のうち6両が荷物車で、寝台車が荷物列車に便乗した感じである。

1969年9月20日付で"岡山運転区電車運転士を命ず"の辞令を受け取った。機関士の職名がなくなるのは寂しかったが、目前に見る181系をはじめとする優等電車群の姿は、それを吹き飛ばしてあまりある新鮮な刺激であった。

岡山運転区は電車と客車を共管するため運転区と称していたが、実質は電車区であった。電車運転士180名と電車・客車の配置を有する岡山局の中心基地である。乗務はまず未経験線区の線路見習から始まった。

最初は9組の乗務になった。岡山運転区の乗組は1組から9組まであり、1〜5が特急組、6〜8が急行組、9組がローカル組となっていた。特急組といっても、特急専門ではなく特急を受け持つという意味であるが、上位になるほど特急の比率が多くなる。急行組も内容は同じである。

■宇野線と赤穂線

ローカル組は宇野線の列車が主体になる。宇野線の平均駅間距離は2.3km、典型的な電車区間である。しかし、輸送内容を見ると四国連絡の幹線であって、電車急行"鷲羽"と貨物列車が主体であり、晩秋にはみかん満載のワムを連ねた列が重々しげに上って行く。幹線とはいうものの、岡山〜宇野33kmの線路は旧態依然であって電車時代にそぐわない姿であった。

まず駅構内のポイント速度制限がある。"うずしお""鷲羽"などの特急・急行電車が主体なのに、35km/hでソロソロと通過しなければならない。長い貨物列車のためにポイント位置はホームからはるか彼方となり、まったくじれったい限りである。

海を渡って四国に行けば、単線区間でも通過駅の直線ルートを95km/hでとばせる1線スルーの配線が多いが、その喉首である宇野線がこの姿では、四国の快速ぶりを相殺してしまうのは明らかだ。しかし、地元の岡山局にとって宇野線は末端支線であり、経費投入をためらうのも当然であろう。

岡山地区のローカル列車に活躍した51系。2両目は2ドアのサハ48。1975-9、岡山（写真・手塚一之）

1969年10月7日、538Mは宇野を定時に発車した。編成はクモハ51・サハ57の4両の下り方にクモユニ81を連結という出で立ちである。荷物扱いは各駅で行なうし、四国からの連絡船を受けて直通客も多く車内販売が乗っている。ローカル列車といってもガラ空き電車ではないのだ。

　糸崎機関区での乗務は、先頭がクハ86で静かな起動であったが、ゲタ電では先頭が電動車なので機関車の感覚がよみがえり、ゴツンと起動するのはやはり頼もしい。

　走り始めるとクモハ51もクハ86も大した差はない。乗り心地は製作年の差を感じさせるが、運転士の基本操作は同じと言ってよい。一番苦になるのは運転室が狭いことと、風通しの良すぎることである。冬の隙間風はひどいもので、暖房効果はまったく感じられない。列車の正面にあたる風圧が飛び込むのだから想像していただけよう。

　速度80km/hでオフ、ちょうど2年前まで折返しに入区した岡山機関区宇野支区の真横であるが、D51は去り、入換機8620の姿はDD13に代わっている。入換機に9600やDE10が見送られたのは、宇野構内の急曲線に入線が困難だったのが原因である。

　備前田井に60km/hで進入、普通列車だが通過する。宇野線の普通列車には半数の駅を通過するものと全駅停車の2種類がある。電化以前には、中間駅通過のD51牽引の客車列車と各駅停車の気動車とがあって、ともに電車になっても前身を引き継いでいる。乗客は普通と表示してあっても油断できない。

　538Mは備前田井をポイント制限を超えないように惰行して通過する。D51で圧縮引出しを行なったのが夢のようだ。ポイントの60km/h制限を超えないように再ノッチ、児島トンネルに飛び込む。下り10‰を降りきったところが八浜駅。本来なら制限いっぱいで進入してブレーキの腕を見せるところだが、進入のポイント制限が55km/h。広々とした駅だから、ポイント改良をできないかと通るたびに思う。

　八浜を出ると次の常山を通過、迫川へ80km/hで進入する。初めてブレーキらしいブレーキ扱いができる。客室の乗車状態を勘案しながら目標を定めて一気に減圧、ブレーキの効きは上々だ。クハ86のブレーキ音はガーッと騒々しく響くのに、クモハ51はいたって静かだ。制輪子の取付け構造の差だろうか。

　停止位置を行き過ぎないと判断できたら、あとは基本扱いで停止位置に合わせて衝動なく停めるのみ。電車の経験2年ともなれば慣れたものだ。51系は停止間際のデリケートなブレーキ扱いができるので80系よりも静かな停止が可能である。

　岡山に近づくにつれて、荷物の積込みが手間取る。荷物室が荷物の山になるのだからやむを得まい。空いている郵便室も荷物室に流用する。荷物車の予備として一時クモニ13を借り入れて運用したことがある。弱め起動のないクモニ13の乗務は私にとって貴重な体験となった。

　もう一つのローカル線である赤穂線は、四国連絡の歴史を持つ宇野線と異なり、1962年に全通した新線である。山陽本線の難所である上郡〜三石間の船坂峠を避けるための、バイパス線を見込んで建設されたもので、線路規格も良く、距離も山陽本線より短い。同じ

目的で建設された東北の丸森線と同じく勾配10‰以下、曲線R800以上なので、将来のスピードアップが楽しみだ。

車両は宇野線と共通で80系の6両と4両、51系の4両であった。荷物車として、1形式1両の珍車クモハユニ64が運用されており、51系に連結されて5両編成で走っていた。

もう一つの特徴は、地形上からトンネルの多いことである。岡山・兵庫の県境地区に集中しており、相生〜伊部の34.5kmに13本ある。伊部〜天和は総延長の40%を超えるため、背後カーテンを降ろす特認区間になっていた。

クモハユニ64は1形式1両しかない珍車で、赤穂線で活躍した。1975-9、吹田工場　　（写真・手塚一之）

また、電化の工事費を節約したようで、変電所容量が小さいことも運転士を悩ませていた。行違い駅で同時発車ができず、1〜3分の間隔が義務づけられていて、列車が遅れているときは本当に歯がゆい思いがした。自分が力行したために架線電圧が降下して、電車の低電圧保護回路が動作してノッチオフになるといった現象も日常のことだった。

こういうローカル乗務の日を過ごしながら、特急乗務に備えて交直流電車の勉強も進めていた。当面の夢は、未知の区間である向日町へのロングラン（long run 長距離乗務）である。

乗務距離が月までの距離380,000kmを視野に収めるようになると、アメリカとソビエトが計画している月への有人宇宙船とどちらが早く到達するかと興味がわいてきた。ところが、宇宙計画の方がはるかに早く進み、1969年7月21日にアメリカのアポロ11号の乗員2名が月に着陸してしまった。私の乗務距離はまだ300,000kmにも及んでいない。これから追い付くのは大変だ。

■ 機関車1人乗務の波紋

1967年、合理化の一環として機関車を1人乗務とする計画が出されて、安全確保から譲れないとする労働組合と話がこじれていた。廃止される機関助士の処遇がどうなるのか、立場上から労働組合が対立するのは当然であった。

ストライキ騒ぎまで発展したが、やっと1970年から開始された。それまでに1人乗務の各種試験が行なわれ、試験線区には全国の平均的な条件を持つとして、岡山機関区が指定された。試験機関士は、医学検査機器をハリネズミのように付けて乗務していた。電車が1人乗務なのだから結果はわかっていたが、問題解決の手順だったのだろう。

むしろ、問題は意識面と設備面にあった。機関車は蒸機以来2人乗務だったから、頭の切換えに手間取った。設備面はもっと厄介で、電機でいえば機関士が席に着いたままでは前灯スイッチを扱えない、パンタ降下ができない、など機器配置の改良が山積していた。駅

でも出発合図器などの機器を機関士から見えるよう左側に移設する必要があった。
　構内での後進運転のとき、2人が進路確認をすることで後位運転室乗務が許容されていたが、1人では前位運転室乗務が必須となる。したがって、運転室を交換する折返し操作を頻繁に行なうことになった。着運転室では、次のような繁雑な作業となる。
①ブレーキ弁を切換えるコックを扱う。
②パンタ弁を閉じる(空気供給が途切れるが短時間では降下の心配はない)。
③ATS前後切換スイッチを扱う。
④HB(主回路電源)を切とする。
⑤ブレーキハンドル2本とマスコンのハンドルを抜き取る。
　発運転室へ移動して同じ操作を行なうが、ブレーキ作用試験などが余分に加わる。
　逆転ハンドルとブレーキハンドル2本は、携帯を考慮していないために重い金属製である。これらを持って反対運転室への狭い機械室を通るのは面倒な作業だった。50cmほど手を延ばせば高圧1500V機器に触れて、すべてが終わりとなる通路である。
　運転室交換は基地で行なうのが前提で、乗務途中の操作を想定していないため、これらの機器は場所が不便で操作も重く、大きな負担増であった。機器の機能ではなくシステムの問題だから、おいそれと改造できることではない。この折返し操作は解決されることなく現在も続いている。電車から見るとうんざりする機器操作である。
　さらに、廃止となる機関助士の処遇として、機関士への昇職を保証し、そのために機関士・運転士科の入学試験を行なって全員を合格させ、順番を決めて入学を待つことになった。結果としては、動力車職場の特色といわれた、機関士科受験のための日常の勉強意識が薄れたのは否定できない。
　東京、大阪など大都市圏では、彼らの多くが電車運転士に登用されたため、電車区の雰囲気を変えてしまったといわれている。割りをくったのは、機関士・運転士を希望していた検修職で、機関助士を優先したために、しばらく足踏みさせられることになった。

3-2.向日町へのロングラン

■都へ上る
　1970年の正月明けから急行組へ入ることになった。ローカル組を3か月で卒業し、糸崎での経歴を考えれば当然ともいえるが、風当たりも相当あった。こちらも新入りだから低姿勢でいるが、経歴では負けないと自負していたせいか、プロパーの目についたのだろう。
　急行組は新大阪行の列車を受け持つが、さらに回送列車として足を延ばし、岡山～向日町212.9kmのロングランとなる。当時の国鉄では、広島～下関223.4km、上野～郡山223.1kmなどと並ぶ長距離乗務であった。この距離では労使協定にしたがって2人乗務となる。担当する急行列車は次のとおり。

　　　303M　ながと2号　新大阪1408→下関2239　153系10両

第3章 電車運転士時代

306M	宮島	広島0800→新大阪1258	153系10両
316M	とも4号	三原1505→新大阪1923	153系12両
604M	鷲羽2号	宇野0517→新大阪0912	153系12両
613M	鷲羽9号	新大阪1805→宇野2150	153系12両
1313M	とも2号	大阪0940→三原1347	153系12両

153系には165系が混結されていた。広島以遠に行く列車の編成が異なるのは、瀬野～八本松の22‰を登るのに6M6Tでは無理なため、T車を減らして6M4Tとしたためである。無理というのは、前にも述べたように登坂は可能であるがモーターの温度上昇が限度を超えるからだ。同系列ながら出力増強された165系はMT同数で運転可能だった。

6M4Tとは、電動車6両、付随車4両の10両編成を意味する。Mはmotor car、Tはtrailerの略号である。Mの割合が多いほど強力な編成となる。

線路見習で向日町までの乗務は胸おどるものだった。天下の大道、東海道本線の複々線を110km/hで疾駆し、内側線の快速113系や各停72系をごぼう抜きにするのは他線区では経験できないことである。須磨・芦屋・高槻と覚えのある駅を、いずれも通過して向日町を目指す3時間の乗務だった。

大阪局の電車ダイヤがきついのは聞いていたが、時間帯によってはまったく余裕のないスジが組んであり、出力の小さい153系では力行の連続が多かった。このころの電車のモーターはMT54(120kW)が主流で、特急から快速まで使用されており、MT46(100kW)を装備したのは153系・111系・101系などで、他形式よりもハンディがあった。

153系急行「宮島」。運転開始時は瀬野～八本松で補機を使用した。1962-6 (写真・手塚一之)

福山駅を発車する急行「ながと1号」。下関発新大阪行き。1968-10 (写真・岡藤良夫)

急行「とも」は153系12連。先頭は運転台の低いクハ153。1972-3、倉敷 (写真・手塚一之)

大阪局では運転士の所属を示すために、仕業カードを前面窓へ置いていた。裏面には区のマークが描かれていて、外から一目で区名が判別できる。ナンバーワンの宮原電車区は白地に赤丸で、もっとも目立つ存在であった。
　明石以東の電車区間途中駅は、優等列車はノータッチだが駅名は覚えなければならない。このために駅名を連ねた歌があった。"明石海峡・朝霧深く・舞子さん・垂水の駅で……"と詠み込んでいる。山手線一周を唄った"上野オフィスの可愛い娘・声は鶯谷わたり・日暮里わらったあの笑顔・田端ないなあ好きだなあ・駒込したこた抜きにして……"と双璧だろう。
　向日町操車場は京都駅の7kmほど手前、正面に伏見城をのぞむ地にある。回送列車が到着すると、最初に乗り込んで来るのは清掃会社の社員で、このオバサマたちの都なまりを聞くのは無性にうれしかった。ある日「おかえり、寒うおしたろ」と言われて舞い上がった記憶がある。

■複々線の並走

　1970年3月4日、私は昼過ぎの向日町操車場にいた。これから303M（急行"ながと2号"新大阪1408→下関2239、153系10両）に乗務する。岡山から早朝の604M（急行"鷲羽2号"宇野0517→新大阪0912、153系12両）で上ってきて、一休みしたところである。
　向日町操車場の出発線は11番線まであり、優等列車が顔を揃えているのは壮観である。主力は電車で583系、485系、475系、181系、153系が並び、所属も南福岡から新潟まで多彩である。気動車も特急から急行まで揃っている。
　ブルートレインは西鹿児島行と青森行が並んでいて、ここは本州の中心だとの思いを深めるのだった。近ごろは機関区の方が形式統一されて、味気なくなったのと対照的である。その機関車基地は京都寄りに梅小路機関区向日町派出所があり、EF58がたむろしているが、隅の方へ遠慮している感じがする。
　わが303Mは153系の10両、所属は宮原電車区なのに、運用は向日町へ回送するスジが多く、いつネグラに帰るのかと心配したくなる。清掃や仕業検査は他区でも行なうが、故障個所は原則として所属区で修繕するので手配が大変だろう。

東海道本線複々線区間の外側線を下る宇野行181系特急「うずしお」。1969-3、甲子園口〜西宮　　（写真・手塚一之）

出区点検は2人が分担して行なう。ローカルに比較すると洗面所と便所の水確認、温水器の始動が加わる。また、グリーン車は冷暖房回路が独立しているので、別に扱わねばならない。最後に起動試験を行なって点検は終わりとなる。

回送なので出発合図は車掌からブザー合図。10両編成は連続するポイントに身をくねらせて回送線へ出る。補助運転士は後部を振り返ってパンタの確認を行なう。異常なし。

神足の場内信号機で停められて本線列車を1本やり過ごす。続いて"ながと"の出番、制限40km/hのポイントを渡れば東海道本線、複々線の架線ビームのトンネルをフルノッチで飛ばし始める。京阪間はいずれも曲線がゆるくて申し分のない線路であり、R1600という曲線が多いのは単位がヤードポンド法なのだろうか。惜しむらくは構内の制限が点在することで、山崎の80km/h、摂津富田の90km/h、茨木の90km/hといずれも後天的な人工制限なので、歯がゆい感じがする。

新大阪まで回送なので気が楽である。列車の安全を預かる以上、差はないのだが、乗客を乗せればより緊張する。新大阪ではホームの行列を乱さないよう、ゆっくりと停止位置を合わす。新幹線からの乗換えがほとんどで、いつも団体客が目につくが、日本人の団体行動好みはなぜだろうか。その割に団体マナーが上達しないのも不思議だ。

新大阪を出て上淀川橋梁を渡る。列車密度から見ると当然なのだろうが、信号機の多いのには閉口する。岡山付近では信号機が来ると確認するのに、このあたりは信号機を越えないうちに次の信号機が見える。信号機を見っぱなしで、田舎者は本当にくたびれる。

大阪は4番線に3分停車、大阪駅の特徴として全部のホームが直線であることを挙げたい。見通しが良いので、15両編成の様子が一目で把握できる。計画担当の先見の明であり大阪流の合理性だろう。東京駅の東海道本線ホームが、これと良い対照である。

右隣りホームの6番線には72系の各停が停車中、その手前の5番線に入ってきたのが113系の快速。わが303M"ながと"と快速781M(京都1338→上郡1633)は大阪を同時刻の14:15に発車する。

出発信号機は進行、ベルが鳴りやみドアが閉まる。遅れずに発車した。快速も停止位置

153系準急「鷲羽」。このころは特急・急行の下に準急があった。阪神間の外側線を新大阪に向かう。1966-1、立花〜尼崎(写真・手塚一之)

の分だけ後方にいて、同じように加速してくる。3ノッチに抑えて60km/hでオフ、後部が制限を通過すると4ノッチへ。快速は落ち着いて追ってくるが、これには理由があり、甲子園口まで先発の各停が逃げるので追いつかないよう足踏みをしているためだ。

下淀川橋梁を渡り塚本を過ぎると、宮原操車場への回送線の陰になって内側線が見えなくなる。制限をかわすため90km/hで流していたら、貨物線の向こうにヒョッコリと快速のクハ111が顔を出してきた。急行が快速に遅れをとるわけにはいかないと4ノッチ投入、速度計が90km/hからジワジワと上がり始める。

快速は7両で出力1920kW、こちらは10両で2400kW、1両あたり出力では負けるが、これは先述のMT46とMT54のモーター出力差によるもの。その代わりギア比の差によって、定格速度は113系の49〜74km/h、153系の57〜80km/hとわずかに水をあけている。また、最高速度は100km/h対110km/hと、こちらに有利である。一方で、線路の速度制限はこちらの外側線がきびしい。総合すれば互角の勝負なのだ。

追いついたクハ111の前頭がついに横に並んだ。快速の運転士がこちらを見てニヤリと笑う。こちらも今に見ていろとニヤリ。しかし、尼崎の福知山線分岐のポイント制限90km/hで手加減している間に、快速がスルスルと前へ出て1両また1両と追い抜いて行く。モハ113のブロワーの音がブォーッとやかましい。負けるなとマスコンの左手に力を込めるが出力の差はどうにもならない。それでも少しずつ速度が上がってきた。

4両ほど先行した快速の動きが鈍くなり、やがて速度差がなくなった。速度は100km/h、外側線と内側線で車体は1mと離れずに走っている。乗客は本当に手の届く距離で見合っているはずである。110km/hまで加速したいが、武庫川橋梁への10‰上り勾配に妨げられて、まったく同じ速度で駆け登る。橋梁では、並行する列車の轟音が武庫川の河原に響いているはずだ。

武庫川を渡ると下り勾配、甲子園口のポイント制限のために抑えていた速度計が110km/hを目指す。100km/hを超えてもオフすればこそ、左手と前方に注意を集中して突っ走る。快速の窓が後ろへ流れ始めた。初めはゆっくりと、そして歩く速度、小走りの速さと1両ずつ移動してゆく。抜くときは平然としていても抜かれる立場になると、乗客がいずれもオヤという表情でこちらを見る。子供の顔はもっとオーバーだ。

再びモハ113のブロワーの音が聞こえ、後方へと移動していく。次がパンタのついたモハ112、それから先頭のクハ111、ここで残念ながらオフ、阪急今津線の下あたりである。西ノ宮のポイント制限は外側線が95km/h、内側線は制限なし、なんで急行がブレーキを使って快速がそのまま通過するのかと、うらめしい。複々線の建設当時には内側線を高速列車が使用し、外側線は低速列車用であったという。建設意図と現在の使用法が異なっているわけだ。

ブレーキハンドルを30°位置へ、最小限のブレーキだ。直通ブレーキ表示灯が点灯して、直通管圧力が1.0kg/cm²まで上がる。一息おいて軽い衝動とともに電気ブレーキ表示灯が点灯、編成全部の電気ブレーキが正常に動作した表示である。95km/hになるようゆるめて、

「万博号」のヘッドマークを付けた113系。1970、京都
(写真・平野唯夫)

　足音も荒くポイントを通過する。並行していた快速がサーッと離れていった。西ノ宮のホームを挟んでの競走である。

　ホームが終わって、手の届くところに来たとき、快速は3両目のモハ113のブロワーの音を三たび聞かせてくれたのだった。こちらはすでに4ノッチ投入、マスコンハンドルについ力が入る。快速が再び後方へ流れ始めた。100km/hからしだいに上昇する速度計の頼もしさ、103、105。快速の運転室に向かって、こちらがニヤリとする番だ。

　左へカーブして切取り区間へ入れば芦屋駅が目前である。やっと前頭が並んだと思ったら、快速は失速したようにスーッと後ろへ落ちていった。ノッチオフしたのだ。芦屋に停車する快速はこれ以上の力行は無理だろう。そんなことを考えている間に芦屋を通過する。定時だ。ホームの乗客には、自分が待つ電車と目の前を通過する急行が並走して来たとは想像できないだろう。

　並走といっても、運転士が勝手に競争しているわけではない。以上の走り方で303Mは各駅をやっと定時に通過している。快速も同じだろう。よくもまあ、限度いっぱいのダイヤを組んだものだ。

　兵庫を過ぎると、複々線は方向別から線路別になって並走はなくなる。線路増設のとき国鉄本社の意向でこうなったそうだ。須磨や明石での乗換で迷惑しているのは乗客である。また、西明石での合流は平面交差でダイヤ構成のネックになっている。

　岡山までまだ160kmあまり、休む間もない信号確認は複々線の終端、西明石まで続く。二人の運転士がほっと一息つくのは、複線区間に入ってからになる。

　1970年は、153系に乗務して岡山～向日町の往復で明け暮れた。大阪で万国博覧会が開催された時期と重なっていて、大阪駅の優等列車ホームはいつも人があふれていた。多客に対応して、東海道新幹線が"ひかり"編成を12両から16両に増強したのもこのときである。

■素直で扱いやすい153系

　急行型として新電化区間の象徴でもあった153系は、私にとって新型電車の初体験であり、同時に以後の各形式を語る場合の基準にもなっている。それだけ素直で扱いやすい形式であった。

　CS12制御器、100kWのMT46モーター、ギア比4.21という組み合わせが使用目的に合致したのだろう。後になるとモーターは120kWのMT54が近郊から特急までの、110kWのMT55

山陽本線上り急行153系「山陽」。広島から岡山へ走る。1974-10、西条〜西高屋(写真・藤山侃司)

が通勤形の標準となり、153系は非力を託つことになったが、これは車両の責任ではない。

ブレーキの俊敏性が特徴だった。これは、電気ブレーキの効きと立ち上がり時間の短さで、制御器とモーターの特性、それに、ブレーキ指令に対する応答速度で決まる、運転士のブレーキハンドル扱いから編成全車のブレーキが応答するまでの空走時間は153系がもっとも短く、101系とともに最優秀であることはすべての運転士が認めている。

システムとしてはフェイルセーフの建前から空気ブレーキが主で、電気ブレーキは補助の立場となる。したがって、ブレーキ開始時には空気ブレーキが作用し、電気ブレーキが立ち上がると、空気ブレーキは最低値までゆるんで待機する。速度が低下して約15km/hで電気ブレーキが失効すると、空気ブレーキが復活して作用する。何かの原因で電気ブレーキが機能を失っても、直ちに空気ブレーキが復活する。

問題は空気と電気の相互移行であり、電空切換と称する衝動を防止するのが最大の課題となっている。ブレーキ開始時の電気ブレーキの立ち上がり(主回路電流がゼロから増加して所定値に達すること)のとき、電流の増加分に応じて空気圧を減ずれば衝動は起きない。モーターの特性や予備励磁で立ち上がりパターンが異なることと、当時のカム軸駆動式の制御器では、そのような巧妙な機能は無理なので、国鉄標準タイプでは主回路電流の100Aまでの上昇を検知して切換えを行なっている。

主回路電流100Aで空気→電気の切換えを行なう場合、実際には電流増加が空気排出より早いことと、ブレーキ力絶対値が空気より電気が大きいことから、客室でもブレーキ開始後に一息遅れて電気ブレーキ立ち上がりの衝動を感知できる。乗客に不快感を与えない範囲であれば問題ないが、俊敏すぎると放置できないことになる。優秀な制御器が不利になるのだから皮肉だ。

103系のCS20制御器とMT55モーターの組合せではとくに衝動が激しく、山手線に投入さ

れたときに大きな問題となった。これは、池袋電車区の運転士・検修の合同研究によって要因が解析され、対策として電空重複の間は制御器の進段を遅らせる機能が付加されて解決している。他の形式では、CS43制御器の動作が鋭く、117系や381系では、客室にいても衝動がわかるが、許容範囲としてそのままとなっている。くり返すが、これは指令に対する応答動作が早く、制御器として優秀であることを意味する。

顔を揃えた153系急行「安芸」。広島から電化後の呉線経由で岡山まで結んだ。岡山　（写真・藤山侃司）

冬の寒さは欠点であった。前頭風圧を受けると貫通ドアから音がするほど隙間風が入ってくる。設計のとき、110km/h走行による外的条件の把握が難しかったのであろう。

先頭車客室では暖房アンバランスが問題になっている。原因は前頭負圧で、前頭部が空気の流れを振り分けると、その直後は流れが車体周囲にフィットできず、空白域となって負圧となる。この部分では窓やドアの隙間から室内の空気が吸い出され、その補充は室内後部からの移動である。

さらに、その補充は外気からの換気となる。したがって、1両の室内で後部の暖房効果が少なく、前部とは体感できるほどの温度差が生じたという。どんな対策が施されたか記憶にないが、そのうちに聞かなくなってしまった。

機構面では、101系とともに登場した最初の新形電車であるために、試行錯誤的な要素がいろいろあった。MGが停止すると主回路のHBがオフになるといった例で、運転士の取扱いには関係ないが、故障のときの対処が異なるので余分の気遣いがあった。

山陽本線では新大阪を起点として、宇野行の"鷲羽"を筆頭に、三原行の"とも"、広島行の"宮島"、呉行の"安芸"、下関行の"ながと"と、合わせて18往復が上下して153系急行列車の花盛りであった。下関行と広島行には5号車に半室ビュッフェのサハシ153が組み込まれて、これらの急行列車は、後の新幹線に相当する任務を果たしていた。

■ブレーキ電空切換

電気ブレーキは、モーターを発電機として作用させ、発電機を回転させる力をブレーキ力とする方式で、電車の必需品となっている。方式によって発電ブレーキ・回生ブレーキに分類されるが、総称として電気ブレーキを用いる。このように動力装置をブレーキとして使用する方式を、ダイナミックブレーキと総称する。

機械式ブレーキでは摩擦力が速度で変化することが大きな欠点で、低速度でオーバーしないよう設定すると、高速度でブレーキ力が不足する。増圧などの対策によっても完全にカバーするのは無理である。

電気ブレーキは主回路の電流値がブレーキ力であり、制御器が指令された電流値を維持するので、速度に関係なくブレーキ力を確保できる。この確実性は運転士にとって何ものにも代えがたい。また、電気ブレーキは摩擦ブレーキよりも滑走しにくい特性がある。その理由を説明せよと言われると困るが、経験者として間違いなく証言できる。
　ブレーキ開始のときは、まず空気ブレーキが作用し、電気ブレーキが立ち上がると空気ブレーキがゆるむ。停止寸前には、電気ブレーキが失効するので、空気ブレーキが復活する。この切換のとき、両者がバランスよく増減しないと衝動が発生する。
　特に停止前の衝動は乗り心地に大きな影響がある。制御器が最終段まで進むと以後は速度低下につれて主回路電流が減少(ブレーキ力は低下)し、100A以下を検知すると空気圧が一気に復活する。この一時的なブレーキ力不足に対して補充が行なわれないため、空気圧復活による衝動は避けられない。通勤形式では切換速度が10km/h以下と低く、停止直前の衝動防止扱いに紛れて目立たないが、特急形式では20km/h付近となるので不快感が小さくない。乗務経験では485系がもっともはなはだしい。新幹線では初期の0系で大きなドン突き衝動を記憶されている方も多いと思う。
　この電空切換えは運転士が衝動防止に、それぞれの知恵をしぼっている。2段操作などの工夫があるものの、総合ブレーキ力の低下になるので痛し痒しである。まったく無関心でも運転に支障はないので、運転士の考え方一つであり、客室にいるとその差が明瞭に分類できる。
　後年のチョッパ制御の201系と添加界磁制御の211系以降の形式は、制御方式がカム軸による機械式から半導体による連続制御に移行した。このため、空気動作が追随できるよう電気動作をゆるやかに変動させることが可能になった。電気・空気を常時併用することと相まって、電空切換えによる衝動の心配は解消している。

3-3. 特急組へ

■特急のボンネット運転室へ

　1970年9月下旬、指導助役に呼ばれた。呼ばれるのは苦言がほとんどだから、心配しながら出向いた。ところが、特急組に乗れという。「私はまだ特急形式と交直流形式の講習を受けていません」と返事したら、「そうか、いつまでローカル組に乗ってもこっちは一向にかまわんよ」とニヤリとする。このタヌキオヤジめ、部内通信教育で私が交直流特急電車をマスターしたのを知ってのことだ。正式の講習を受けずに乗務させるのはおかしいとくい下がったが、押し切られて承諾せざるを得なかった。もっとも自分を評価してくれたのだから、怒るのが間違いかも知れない。
　線路は知っているし、車両の勉強は済んでいる。すぐ乗務可能だというわけで、181系、485系、583系へ待ったなしの乗務が始まった。担当列車は次のとおり。特急組の最下位である5組は特急と急行が半々であった。

9M	きりしま	京都1700→西鹿児島0819	583系12両
10M	きりしま	西鹿児島2050→京都1135	583系12両
17M	金星	名古屋2252→博多1005	583系12両
1009M	しおじ5号	新大阪1825→広島2320	181系11両
1010M	しおじ1号	広島0710→新大阪1140	181系11両
304M	ながと2号	下関1155→大阪2030	153系10両
401M	しらぬい	岡山0830→熊本1702	475系10両
420M	山陽4号	広島1935→岡山2212	165系 7両
610M	鷲羽5号	宇野1238→新大阪1549	153系12両
6203M	つくし2号	新大阪1010→博多2010	475系10両
	べっぷ1号	→大分2135	

特急形式が他形式と異なる点は、装備が編成単位で構成されることにある。他の急行・近郊・通勤形式では、長編成になっても電動車ユニットまたは付属する付随車が電源・空気源を持っている。したがって、ユニットの集合ともいえるし、運転室の有無を別にすれば、いつでも最小単位に分割が可能である。

特急形式は1956年に登場した151系から編成単位で構成されている。両端のクハに電源のMGと空気源の圧縮機を装備しており、中間車にはない。食堂車は自車用のMGを別に持つ。したがって、食堂車の連結位置は編成の真中となる。サービス電源は室内灯から冷暖房まで三相交流440Vに統一している。編成の構成図を見ると非常にすっきりしているが、反対に分割ができない不便さがある。故障したときの影響も大きい。

120km/h運転のためにブレーキに増圧機構が付加された。注意信号を見てから45km/hに落とすために最大ブレーキ力を増加したもので、常用するものではない。ブルートレインでは高速域でブレーキ力を無条件に増圧していたが、特急電車は最大ブレーキ時(直通75°)のみ増圧して、それ以下の通常使用する範囲では作用しない。デリケートな操作を失わず、最後に増圧が控えているので、乗務員から見るとこの方が優れている。

増圧は最初150%の設定であったが、使用開始後に衝動と滑走のトラブルが多発したことから、低めに変更されている。しかし、ブレーキ力の強化を単純増加でねじ伏せようという発想は、もうひとつ工夫が足りない感じがする。

181系のボンネット運転室に座ると、レール面から4mの高さで視界が格段に開ける。その代わり1067mmゲージが狭く見えて、高い車体が今にも転倒しないかと錯覚しそうだ。運転中は速度感が違うので、速度計か

181系「しおじ」は新大阪～広島を結ぶ特急で、新幹線開業前は山陽路の看板特急だった。
1969-3、甲子園口～西宮 (写真・手塚一之)

123

ら目が離せない。その速度計は160km/h目盛なので、今まで120km/h目盛の指針の位置で速断していた勘は通用しない。

1970年10月10日の1時すぎ、私は大阪駅3番線で列車到着を待っていた。列車は17M（寝台特急"金星"名古屋2242→博多1005、583系12両）。大阪0114→岡山0328のノンストップ2時間14分の運転で、私の電車特急の初乗務となった。

運転速度は、前後を雁行するブルートレインに合わせてあるので、電車特急としてはもの足りない運転となった。余裕は衝動防止に回せばよいが、EF65のような細かいノッチ扱いができないので難しい。ノッチオフも機関車の絞りオフに及ばない。星空を仰ぎながら、夢路の乗客とともに岡山までたんたんと走破して、電車特急の初乗務は無事に終わった。

最高速度120km/hの電車特急で、向日町～岡山～広島の373.0kmを走破する毎日が始まった。軽快な181系、少し足が重い485系、重量が大きいのに485系に遜色を見せなかった583系、と3系列の乗り分けである。31歳の誕生日は、こういう状況で迎えた。

■特急型の理想181系

1009M（特急"しおじ5号"新大阪1825→広島2320、181系11両）は定時に岡山を発車した。1970年10月24日、編成は大ムコ（大阪局向日町運転所）の181系11両、全区間を乗り通す乗客には新大阪から広島まで4時間55分の旅程である。

岡山までの新幹線開業を1年あまり後に控えて、岡山駅は外観・内部とも足の踏み場がない感じだ。岡山以東の優等列車にとっては、最後の華舞台といえる時期であった。

岡山進出の50km/h制限を過ぎると、直ちにマスコンを5ノッチに投入、岡山機関区を左に見ながら機関区通路線をまたぐ10‰上りを加速して行く。定格速度69～101km/hという速度特性のために、100km/hまでの加速は難なく

岡山と兵庫の県境、船坂峠へ向かう181系上り「しおじ」。最後尾はパーラーカーのクロハ181。1971-9、吉永～三石（写真・野口昭雄）

こなしてしまう。岡山操車場のポイント制限100km/hを超えないよう見越してオフ、ポイント通過後に再び5ノッチに投入する。

　特急形式には電動車ユニットの動作表示灯があり、3ユニットを持つ181系編成では表示灯が1・2・3と点灯する。3基のCS15制御器と24基のMT54モーターが正常に動作している証明である。力行・ブレーキとも異常があれば点灯しないから、故障発生が直ちに判明する。

　曲線制限105km/hを抜けて、さらに加速して120km/hでオフする。はるか前方に輝いているのは庭瀬駅の場内信号機だ。

　ポイント制限の100km/hに備えて、ブレーキハンドルの右手を持ち替える。まず、直通ブレーキ1.0kg/cm²を使用、表示灯の"直通"が点灯、直通管圧力計が1.0kg/cm²まで上昇し、続いて電気ブレーキ表示の"発電"も点灯、ブレーキの正常動作を示している。また1・2・3のユニット表示も点灯して、全ユニットの異常なしを示している。

　電気ブレーキが立ち上がると、空気ブレーキは0.4kg/cm²まで緩解する。0.4を残しておくのは低速で電→空と切り替えるときの空走時間の短縮のためである。ハンドル角度を2.0kg/cm²まで上げて速度計を注視し、105km/hで1.0kg/cm²まで戻し100km/h寸前でゆるめる。制限一杯の100km/hで進入したとき、すでにマスコンは3ノッチに進めて力行を開始している。これらは運転操作の一部であり、その間も信号機の指差しと喚呼、時刻の確認と全身が忙しい。

　ホームに立つ列車看視の助役の敬礼に答礼する。ボンネットの運転室では総ガラス張りの部屋にいるようで、いささか気恥ずかしい。運転室から見下ろすと周囲が丸見えなので、そう錯覚するのだろう。前面のパノラマ窓は視界の点では最良だが、実際には曲面部での透視が微妙にひずむのと、夜間は凹面鏡となってまわりの光を集めて注視の妨害となる。ユーザーの運転士としては平面の組合せの方が好ましい。

　制限95km/hの曲線を過ぎて5ノッチ投入、120km/hでオフ、中庄通過のポイント制限のため100km/hまでブレーキ、再び5ノッチ投入と目まぐるしいが、一見単純な操作の繰り返しが続く。貨物列車時代のように、運転時間から平均速度の計算は可能だが、電車特急は制限いっぱいで走っていれば間違いない。

　最後の120km/h力行を終わると、倉敷の場内信号機の注意現示が見えてきた。基本どおりのブレーキ扱いで45km/hまで減速する。走行中のブレーキ緩めも衝動防止をあれこれ考えると、工夫の奥行きが深い。

　ブレーキをゆるめるとき、空気ブレーキは空気排出に時間がかかるためゼロまで連続的に移行して、衝動とは感じない。衝動が発生するのは車両間の不揃いが原因であって、空気ブレーキ自体ではない。ところが、電気ブレーキは電流を絞る機構がないため、電流値が即時にゼロとなる。衝動が発生するのは当然である。

　衝動を防止するためには、ゆるめる前に電流値を絞ることが必要であり、運転士の操作で可能である。ゆるめに先立って、ブレーキハンドルを最小位置(1.0kg/cm²)まで移す。ブレーキ指令値が下がったのだから、ブレーキ力も低下するはずだが、制御器はカム逆転が

できない機構のため電流値は下がらず、ブレーキ力も低下しない。このままゆるめると大電流を遮断して衝動となる。

電流値を下げるには、速度が落ちて発電機として作用しているモーターの発生電圧が下がるのを待つほかはない。直通ブレーキを1.0kg/cm²まで低下した後に速度を5km/hほど下げると、電流は1/2に半減して回転力は1/4となり、衝動も1/4になる。この5km/h低下を待つ時間と距離の余裕を持てば、衝動は回避できるのだが、時間に追われていると難しい。通勤線区で常用するのは無理であろう。

特急では、食堂車テーブルのビールグラスを想定して運転しろというのは鉄則である。5km/hより多めに余裕をとったら衝動ゼロのゆるめとなった。自己満足にすぎないが、腕でメシを食っていると自称する手前、完璧を目指した仕事を全うしたい。

ホームに1/3ほど入ってから停止ブレーキを使用する。特急形式はブレーキ初速45km/h程度では電気ブレーキが立ち上がらないこともある。停止位置を見ながら右手がブレーキハンドルを少しずつ操作して行く。下り列車では降車が主のためホームの乗客は少ないが、デッキを乗客の正面にピタリと停めたい。

停止直前に電空切換えの準備をする。現象としては、ブレーキの効きが一瞬甘くなった後にグッと効いてくる。その効くタイミングに合わせてブレーキハンドルをゆるめ方向に動かし、衝動が去った後にまた所定位置に戻す。空気復活でブレーキ力増加の電動車と、対策操作でブレーキ力減少の付随車が突き合ってゴクゴクという衝動が出るが、生のままの切換え衝動に比較すればはるかに軽い。

停止直前に衝動防止を行なうと、停止位置合致にとってじゃまになるが、そこがプロだと張り切って1mと違わないように11両編成を持って行く。停止回数の少ない特急だからこういう微小調整が可能で、各駅停車では時間の余裕が少なくて難しい。

停車すると、まず時刻を確認。続いて定例の「消灯」「本線1番出発進行」の確認を行なって待機する。「本線」の喚呼は1番線から水島臨海鉄道への進出ルートとの区別で、岡山局の貨車の1/3は水島からの発着であり、水島臨海鉄道は下に置けない貨物の大口得意先である。

1009M"しおじ5号"は、広島までに福山、尾道、三原と停車する。広島まで各駅で理想のブレーキを目指してベストをつくすことにしよう。

■特急の主力となった485系

485系は私にとって初めての交直形式である。直流区間のわれわれにとって交流機器は使用しない機器であり、交流区間を乗務する運転士には失礼ながら、トラブルの原因が増加しただけというのが本音である。これらの機器は直流区間では動作していな

直流区間のみ運転の「しおじ」も、交直流485系が進出した。1974-9、庭瀬～岡山　（写真・手塚一之）

くても保安回路に組み込まれている。

　もっとも恐れたのは屋根上にあるABB（空気遮断器）で緊急時の交流20000V遮断が目的であるが、投入条件が複雑で、直流区間でも保安機器の本領を発揮しての気まぐれ動作に泣いた例がいくつもある。直流区間では回路から外せばよいのだが、交直境界での交流冒進の可能性を考えるとそれもできない。私が通信教育で交直流電車を受講したのも、交直機器に対するこれらの不安をなくしたいのが理由だった。ABBとは Air Blast circuit Breaker の略で、アベベというフランス読みが通用していた。

　運転士としての感想は、走行性能は変わらないというものの、走りっぷりは181系に一歩譲るところがあった。交流機器による重量増加があるから当然であるが、脈流対策としての主回路の界磁分流などによる牽引力の減少も加わっていると思われる。同じダイヤで走ると181系との差は明らかだが、両形式を同時に乗り始めた私には苦にならなかった。181系に慣れた後に485系に乗務した先輩たちは、扱いにくい形式という印象を持っている。

　ブレーキも力行と同じで、181系に比較するともの足りない感じだった。ブレーキ機器のユニット化と床下機器の輻輳で配管の長さと屈曲が増えて、ブレーキの俊敏性が低下するという経過をたどったのも他の系列と同じである。

　特急電車の客室配置を見ると、181系から485系に至るまでの座席車はデッキと便所を一端にまとめたために、他方は車端まで客室となっている。車端部は横揺れが大きく乗り心地に大きなマイナス要素であり、ここを客室に充てたのは間違いという批評もある。

　客室換気は、急行形や近郊形と同じく屋根の通風器から走行風による押し込み給気であるが、特急形は固定窓のため排気通路となる窓の隙間がなく、車端に換気扇の装備があった。したがって、停車中でも換気扇からの排気に応じて通風器から給気され、換気が生きていることになる。特急形では天井の通風器にヒータを内蔵して冬季は給気加熱を行なっている。

　山陽本線の特急電車は181系、485系が主力であったが、昼夜に両用できる583系の増備が続けられて、485系をしのぐ勢いとなった。しかし室内装備を見ると、ボックス席の583

左から181系「うずしお」、485系「北越」、583系「はと」、153系「とも」、165系「ながと」が並ぶ。1970-8、向日町操車場（写真・野口昭雄）

系が山陽本線代表列車であると胸を張るのはためらいがある。寝台列車の置換えが終わると、再び485系が増備され、特急の主力となったのは当然であろう。以後は列車増発のたびに、485系の新車に乗るという幸運に恵まれることになった。

■寝台電車583系の登場

　私の電車乗務と同時に登場した583系は、運転する立場から見ると485系と変わらない。581系として登場したが、両数では583系が多くなったので、全体を583系と総称している。寝台設備で重量は増加したのに編成は6M6Tと、485系の6M5TよりもM車比が少なくなった。性能も当然485系に及ばないが、停車駅の少ない特急なので同じダイヤで運用されていた。停車駅の多い列車では無理な話である。

　運転室は、貫通扉設置のために運転士席を左右外側へ移動している。そのため、車両限界に抑えられ低くなり、485系よりも押しつぶされた感覚となった。運転室が広くなったので気分も落ち着く。ボンネットの運転室はコックピットの雰囲気であり、独特の緊張感を強いられていた。

　前窓が曲面ガラスをやめて平面ガラスの角窓になったが、前方注視の目的に絞ればこの方が曲面ガラスに勝っていると思う。とくに夜間は、曲面部に写る雑影でパノラマ効果が相殺されているのが現実であった。

　485系で指摘されていた車端部客室の乗り心地は、デッキと便所が車両の両端に振り分けられたので解消した。新幹線色に似たブルーとアイボリーの583系は、赤系統の485系に混じると清新なイメージだった。

　特急で高速運転を経験すると、改善してほしいことが目につく。たとえばワイパーもその一つで、窓に付いた雨滴の流れに合っているとはいいがたい。動力源が圧力空気なので、高速で走行風圧を受けると、緩速動作などデリケートな操作は不可能だった。

■475系の乗務

　特急に乗務することは交直形式を担当することで、475系も乗務することになった。特急では交直形式の性能に不満はなかったが、急行形式では実感することになった。定格速度が特急より低いので、高速運転のときは交流装備の重量増と脈流対策の電流分路が大きく影響する。発車時だけでなく、制限通過後の加速は本当に歯がゆい思いだった。また、停車駅が多いので、加速・ブレーキとも運転士の苦労は格段に増えてくる。

　ブレーキの効きが甘いのは、力行以上に運転士に負担を感じさせた。電気ブレーキのみでなく、ディスクライニングや制輪子の種類なのかも知れない。ブレーキ応答の空走時間が大きいのは485系と同じく、床下配管しか原因が考えられず、機器の多さからやむを得ないことだろう。

　編成では各ユニットが運転室を持つので一見複雑になるが、システムとしてはわかりやすい構成であった。McM'にTcまたはTsTbを付けた単位の組合せで、トラブルが発生して

第3章 電車運転士時代

新大阪と博多を結ぶ475系急行「つくし」。5両目は半室ビュッフェ車サハシ455。1970-8、大門〜福山(写真・鉄道ファン)

も処置範囲を間違うことはない。編成分割が簡単に行なえるので、東北・北陸・九州では行先が複数の列車が活躍していた。

■呉線の電化

　1970年10月1日、呉線の電化が完成して、私の故郷である糸崎機関区から蒸気機関車が消え去った。機関区の後は早々に整地されて電車留置線と貨物ホームになり、昔日の面影はなくなってしまった。また、呉から西のトンネル区間は複線化用に建設された新線に切り替えられ、増設線は建設から25年後に世に出たことになる。

　投入された電車は旧形の72系で地元の反感は大きかった。東京・大阪地区へ新車103系を投入した玉突き配転なのは明らかで、電化の利用債(地元からの資金)を負担した立場としては、われわれの資金で新製した103系が、東京圏の客を乗せるために使われた、という論調であった。

　データイムには72系をフル運用して、広島口の通勤ラッシュはEF58牽引の客車列車が担当していた。乗客の立場から見ると逆にしろという要望は当然である。この矛盾が解消されるのは2年後であって、客車列車の電車化のため80系が増備されたとき、72系は朝夕のラッシュ時のみの運用となった。今度はオハ35からモハ72に代わった通勤客から苦情が出たから勝手なものだ。

呉線電化を控え、C6217とC59164重連のお別れ列車が岡山〜糸崎間で運転されることになった。糸崎から岡山への回送場面。1970-8、庭瀬〜岡山　(写真・鉄道ファン)

　電化によって舞台から去る蒸気機関車のうち、いくつかに保存の声がかかったのはうれしいことだった。C59164は京都の梅小路蒸気機関車館へ、C59166は吹田の関西鉄道学園へ、C6217は名古屋の東山公園へ、C6226は大阪の交通科学館へ、それぞれ雄姿

129

を残している。また、小樽築港機関区へ移ったC6215の動輪は、東京駅の動輪広場の主役となっている。いずれも、私が糸崎機関区で煙と汗をともにした仲間である。

1970年11月6日、乗務距離が300,000kmを突破した。場所は山陽本線の三石〜上郡にある、単線時代の梨ヶ原信号場のスイッチバック跡を過ぎたところ。列車は610M（急行"鷲羽5号"153系12両、宇野1238→新大阪1549）であった。

3-4. 新型式に次々と

■見習を育てる

1971年を迎えて間もなく、指導助役から見習養成を担当するように指示があった。見習を同乗させて5か月かかって育てるもので、部内では教導運転士と称する。

まったく白紙で絶対服従の若者に仕事を教えるのはやりがいのあることだった。最初は近まわりの各停で基礎をたたき込み、後期には急行組で高速運転とロングランを経験させるという順序である。それまでの見習乗務は各停のみで行なっていたが、われわれ教導運転士一同が強硬に上申して、急行組への乗務が実現した。マスターする時間はなくとも経験させておく方がよい、というのが教える側の主張であった。

この考え方はその後も採り入れられて、岡山運転区の見習養成モデルパターンとなった。彼ら見習にとっても良い励みになったようである。

私の教育方針は"目的意識を持て"であった。例として、信号機は600m手前で指差して喚呼し、信号機を過ぎるとき再確認の喚呼を行なっている。再確認の目的は何か？　信号機は確認したあとでも状況によって現示が突然変化する可能性がある。したがって、自分が信号機を通過するまで現示が変わっていないかのダメ押しを行なうのが再確認であり、そのためには直前でやらないと意味がないという理論づけである。

岡山から熊本を結んだ475系急行「しらぬい」。
1972-3、倉敷〜西阿知　（写真・手塚一之）

5か月の見習が終わり、彼は登用試験に無事合格して、晴れて岡山運転区電車運転士となった。しかし、怖いもの知らずの生意気盛りが宇田流の理論武装をしたものだから、管理者や指導を困らすことがあったという。あやふやな注意を受けると、宇田さんか

らこう教わりましたと反発をして譲らなかったそうだ。
　そのためかどうか、その後は教導担当に指名されることはなかった。けれども、私の一番弟子である彼は、現在に至るまで無事故で電車・電機・気動車に乗務を続けている。私の信念を吹き込んで育てた唯ひとつの"作品"である。

■バージンレールを踏む

　レールが新しく敷設されたとき、最初に通過するのは工事車両や試運転であって、営業列車がいちばん乗りすることは少ない。その中に本線のレール交換がある。列車の間合いに施行して直ちに列車を通過させるから、文字どおり新しいレールを踏むことになる。名付けてバージンレール。
　1971年9月13日、401M（急行"しらぬい"岡山0830→熊本1702、475系10両）に乗務するとき、点呼照合で福山～備後赤坂に45km/hの徐行があった。徐行区間が400mと長く、ロングレールの交換と予想できて、列車順序からわれわれの401Mが最初に通過することがわかる。今までの記憶をたどってもバージンレールを踏んだことはなく、初めての経験である。
　残暑があるものの朝の空気は快い。徐行現場は芦田川橋梁を過ぎた直線区間であった。徐行予告信号機から軽いブレーキを当てて減速して行くと、工事関係者がずらりと退避してレールと列車を見守っている。取り外された古いレールが両側に並んで、2本の新レールはまだボルトが仮締めのままだ。
　10両の475系は、ためらうようにバージンレールに乗って行った。ギシギシと聞こえるのは表面の錆を踏む音らしく、先頭車輪のタイヤは明褐色の錆の色に染まっているだろう。使用後に発生する赤黒い錆と異なり、新品レールの錆はサラサラとした粉末で、指先に付けても不快感はない。
　南福岡電車区所属のクハ455の運転室で、私は新しいレールの音に聞きほれていた。列車回数の多い山陽本線でも直線のロングレールの寿命は10年以上というから、次の交換までに何本の列車がこのレールを通過することだろうか。その真新しい設備を最初に使う幸運が当たったのはうれしい。
　40秒あまりでバージンレールの徐行区間は終わった。幸せな夢から覚めたように急行"しらぬい"は熊本めざして再び速度を上げて行った。その後も、ここを通るたびに初通過のささやかな感激を思い出している。

■岡山操車場の世代交代

　岡山運転区に隣接した岡山操車場では、1969年からDE11がエンジン音を響かせていた。私が6年前に入換で駆けまわった舞台であるが、やっと主役が交代して車齢50年を超えた9600が勇退したことになる。入換速度が向上したのはよくわかるが、方向転換でモタモタするのは見ていて歯がゆかった。蒸機の場合は、停止直前に逆転操作を済ませ、停止の瞬間にはすでに反対向きの蒸気がシリンダーに入っており、ボールが跳ね返るような逆転が

16気筒2000馬力の機関を搭載したDE50。伯備線の貨物列車を牽いた。1976-5、岡山機関区(写真・手塚一之)

可能であった。

DE10系列の運転室が横向きなのは解せなかった。入換は前後の走行距離が同じとはいうが、作業時間で前後を分ければ9:1以上の差がある。重要方向の作業を重視して運転席を向け、総合して作業効率の向上と乗務員の負担軽減を図ろうという論である。

また、本線列車では、横向き運転席はマイナスが多く、計器一つ見るのにも横を向く必要がある。後期の増備車は本線列車用が多かったので、なおさら前向き運転台にするべきだったと思う。これは1970年に登場したDE50で実現している。

■485系100番台の登場

特急の485系に新バージョンとしてクハ481の100番台が登場した。新バージョンというだけで講習が行なわれたが、ボンネットにあったMGが210kVAと大容量になって床下に移っただけで、運転士にとって変更といえるほどのものではなかった。

ボンネットの内部は圧縮機だけでMGがなくなり、空間が広がっていた。車両のスペース利用についてはシビアなのに、こんな無駄を残しているのは愛嬌である。

100番台は向日町運転所に配属となって九州特急に使用されたので、早々に乗務する機会があった。運転室暖房の強化はありがたかったが、性能面と機器取扱は同一なので、特別な印象が残っていない。

クハ481系100番台を先頭に上り特急「はと」が22‰を上る。1974-5、瀬野～八本松(写真・鉄道ファン)

■クハネ583の登場

増備が続く583系は、1971年後期分から先頭車にクハネ583が登場した。新製車は耐雪装備が向上したので、青森運転所に集中配置となり、押し出されたクハネ581が向日町運転所へ転じた。青森の全車がクハネ583に置き換えられると、向日町へも2両配属されたので乗る機会があった。

クハネ583は当時向日町に2両配置され、山陽本線では珍しい存在だった。1979-7、徳山（写真・手塚一之）

MGは出力210kVAに増強されたが、小形となって床下に装備されたので、機械室を客室スペースに転用できて定員が増えている。MGの出力増強は15両化を想定したもので、山陽本線では九州での編成分割を考えていたようだ。前面貫通扉もMG増強も生かす機会がないままに終わったのは、苦労した設計担当者にとっては残念なことだろう。

機械室の廃止で、圧縮機は客室床下を避けて運転室の乗務員席下に移設され、運転士は圧縮機のドドドドという轟音を壁一重離れて聞くことになった。動作が間欠運転だからよかったが、そうでなければ乗務員から苦情が続出したに違いない。

運転室はわずかに前後が広くなり、ワイパーなどの細かい造作が改善された。いっぽうで、計器盤など前面機器は相変わらずで、クハ103のデザインが採用されないのは何故だろうか。

運転面では、先頭車が代わっても操作に変わりはないが、新しい車両に乗務できることがうれしかった。山陽本線という幹線を受け持った役得であろう。また、車両増備が続く良き時代にめぐり合わせたことにも感謝するべきである。

■乗務距離が月へ到達

1972年3月10日に山陽新幹線の新大阪～岡山が開業した。岡山運転区の向日町乗務は減少したが、岡山乗換えを避けて直通列車も残された。宇野からの"うずしお""鷲羽"と広島・下関からの"しおじ"である。岡山と新大阪での乗換え時間を考えれば、新幹線を利用しても大阪都心までの時間は、ほとんど短縮できないのは事実であった。

いっぽう、広島方面は特急のオンパレードとなった。このころから優等列車の主力は急行から特急に移りつつあり、急行は特急を補完するわき役にまわった感じであった。また、交直形式が増加したのが目立っている。山陽新幹線の全通を3年後に控えているため、以後の転用を考えて増備はすべて交直形式で行なわれ、新潟地区の増備は山陽本線から直流形式を転用することでまかなわれた。そのおかげで次々と新製車に乗務できたのだから、私は新潟に足を向けて寝られないことになる。

高い運転台での新発見に濃霧の見通しがある。霧が地表に広がるものとは承知している

が、霧の状況によっては目の位置が1m高いだけで視界が格段に開ける。目の前の線路が見えないのに、信号機と運転台のみが霧の海に浮かんでいるという情景を見たことがある。

この夏に私の乗務距離が月へ到達した。天文データによれば、月までの平均距離は384,417.6kmとなっていて、1972年6月12日の203M（急行"つくし・べっぷ1号"大阪0842→博多1810大分1926、475系10両）で、西阿知駅を90km/hで通過中のことだった。有人宇宙船アポロ11号の乗員2名に遅れること、2年11ヵ月であった。

組乗務の合間に予備担当もまわってくる。予備員は毎日が臨時ダイヤといえるので、効率的な勤務を組むのは無理である。結果として、組乗務より仕事量が少なくなるが、不規則さが増すので疲労感はより大きい。当事者としては予定の立たない勤務として敬遠する者と、仕事量が軽くなるのを歓迎する者と二色に分かれる。問題は仕事量減少による給与の諸手当の減少で、これの緩和操作を労働組合が行なっていた。

■485系200番台の登場

1972年には、増備の続く485系に200番台が誕生した。中間車は屋根上のクーラが集中式になったのが目立つが、先頭車がクハネ581形に準じた貫通形になったのが大きな変化である。ところが、運転室については運転士からブーイングが出た。限られたスペースで貫通式運転台を設けた苦心はわかるものの、クハネ581と比較すると、狭くて勝手が悪いものだった。その代わり計器盤が103系に準じたタイプになって、計器注視の負担が軽くなった。

運転室は後部が開放タイプとなったため、暖房不足の苦情が出た。運転室の容積を計算すると想像以上に大きな部屋であることがわかる。それに対応して客室なみの暖房を設置してほしいという要望であった。

編成はそのうち崩れて、200番台が揃った編成はなくなった。車両のやりくりに追われる検修担当から見れば、編成統一など無理な話に違いない。

■181系さらば

増備される485系に押されて、山陽本線から181系の転出が続いていたが、最後の181系が向日町から新潟へ転出した。1972年10月21日の1039M（特急"はと3号"岡山1735→下関2230、181系11両）の岡山〜広島が私にとって最後の乗務となった。乗務したのはわずか2年間であったが、181系の駿足との別れは残念であった。新しい職場の上越線で新潟〜上野を結ぶ"とき"での活躍を祈るのみである。

181系の1編成には、1959年7月31日に金谷〜島田の高速度試験で記録された163km/hの記念プレートが取り付けられていた。クハの正面のほか運転室にもプレートがあって、目に入るといつも120km/hを超えてみたい誘惑にかられた。

私が181系にひかれた理由は、軽快さと素直さだった。もっとも単純なものが優れている、というのは正解であり、交直機器を積んだ形式は大きなハンディを負っていることに

正面非貫通の485系300番台の上り「つばめ」が行く。1974-5、瀬野～八本松（写真・鉄道ファン）

なる。181系は加速・ブレーキを主とする運転操作から見て、運転士にとって最高の形式であったことは間違いない。

■485系300番台の登場

　山陽本線の輸送量増加にともなって485系の増備が続けられ、1974年には300番台が登場して、運転台は再び非貫通式となった。正面貫通式の200番台の所要が揃ったからという理由であったが、200番台の運転室の苦情が届いたからではないかと、われわれは思っていた。

　貫通路をつぶすと運転室は広々となり、前後方向の寸法も少し増加して座席や機器配置もゆったりした。デッキと運転席に仕切が復活した。これで運転室の基本スタイルが完成した、というのが運転士サイドの感覚であった。

　ボンネットより少し低い座席と角窓の前面は、今まで乗務した各形式の中で最高のものと言える。まだ本数の少ない300番台に当たる可能性は低かったが、毎日特急に乗っていると思わぬ回数を重ねている。

　このころの担当列車は次のとおり。山陽本線は新幹線の博多開業を控えて特急電車の最盛期で、昼行21往復・夜行7往復を数えている。

列車番号	列車名	運転区間	編成
13M	明星2号	新大阪1958→熊本0709	583系12両
32M	日向	宮崎0930→大阪2243	485系11両
33M	みどり1号	大阪0823→大分1753	485系11両
1004M	つばめ6号	西鹿児島0645→岡山1731	583系12両
2022M	金星	博多1853→名古屋0610	583系12両
3001M	しおじ1号	大阪0615→下関1330	485系11両
3013M	しおじ5号	新大阪1725→広島2139	485系11両
3027M	はと4号	岡山1713→下関2210	485系11両
3030M	はと1号	下関0555→岡山1050	485系11両

205M	玄海1号	岡山1321→博多2015	475系10両
206M	玄海2号	博多0942→岡山1642	475系10両
302M	山陽1号	広島0606→岡山0848	153系10両

　1974年10月30日に乗務距離が500,000kmを超えた。場所は笠岡〜大門。205M(急行"玄海2号"岡山1321→博多2015。475系10両)であった。記録を読み返すと、特急電車の乗務が始まって以降の距離の伸びが著しい。

3-5. 電車の故障あれこれ

■主抵抗器の溶断

　車両故障は、乗務員にとって一番嫌な現象である。最大の理由はリアルタイムの対処を要求されることにある。自分が1分モタモタすれば列車が1分遅れるのだ。相談する相手はいないし、処置した内容については全責任を負わねばならない。信号機のトラブルや踏切障害の方が精神面ではずっと気楽である。

　1970年7月6日、317M(急行"とも4号"新大阪1758→三原2216、153系12両)に乗務中、発車の時に突き上げるような衝動が感じられた。どの停車駅でも同じように発生するので、力行関係の異常と判定できる。3ユニットなので、1ユニットにトラブルがあっても運転には支障はない。点検すると列車を遅らせるので、そのまま終着まで運転して糸崎で留置するときに調査することにした。

　動力ユニットの3組のうち、2組を解放して各ユニット単独で起動試験を行なった。最後の第3ユニットのときノッチ投入しても起動せず、事故表示灯が点灯した。これで主抵抗器の部分断路と推定できる。起動のとき、主回路電流が流れず、制御器のカムが進段して断路位置を過ぎると力行開始したが、電流値が過大のため主回路を事故遮断したのだろう。本線では残りの2ユニットが力行して速度が上がるため、過大電流が限度以内で収まり、衝動発生で済んでいたらしい。

　以上は、すべて私の推定にすぎないので、当直助役に状況を報告しておいた。翌日の朝、

新幹線博多開業が間近に迫り、山陽線の特急は全部交直流型式となった。485系の「しおじ」。1974-5、向日町操車場 (写真・鉄道ファン)

当直助役から「やはり申告のとおり主抵抗器の溶断でした。よく見つけたなと検査掛が感心していました」との伝言もあった。列車を遅らせる心配がないから手落ちなく点検できたので、列車の遅れに直結するとき、同じように落ち着いてできたかどうか疑問である。

■元だめ管の破損

　1972年暮のある日、1022M（特急"しおじ2号"下関0530→新大阪1238、485系11両）は広島を発車して快調に運転していた。ペアを組むのは天皇のご乗用列車の運転士を務めた先輩で、この10月から特急組でずっと同乗している間柄である。

　松永を定時で通過したとき、先輩が心配げにいった。「圧縮機が連続運転している」。そういえば何かおかしいと思ったら、助士席の下から聞こえる圧縮機の動作音がさっきから途切れずに続いているのだ。圧縮機の連続運転は30分が限度とされていて、超過するとピストンの潤滑と冷却が間に合わず煙を吹き始め焼損に至ることになる。

　圧力計を注意して見ていると、元だめ圧力計がいつまで待っても9.0kg/cm²まで上がらない。空気系の漏れであることは明らかだ。あと7分ほどで福山に到着するので、そこで点検することにした。

　車掌に点検することを電話しておき、福山に停車と同時に私が線路に降りて点検に歩いた。こんな作業を先輩にさせるわけにはいかない。3両ほど歩くと後部寄りから空気の噴出音が聞こえてきた。どこだろう？ 手に負えない個所だと、遅れが大きくなってしまう。

　現場は6・7号車の間で、漏気個所は連結器のパッキンだと判明した。手を当てて下側の元だめ管であることを確認する。連結器には元だめ管、ブレーキ管、直通管と3本の空気管を内蔵しており、漏れる空気は目に見えないから、その区分は手の感触に頼ることになる。元だめ管なら漏気個所を締め切れば、以後の運転に支障することはない。

　連結部両側車両の元だめ管のひじコックを閉じると、漏れは止んだ。前へ帰る時間が惜しいので、ドアコックを開けてグリーン車へ乗り込む。車掌室から運転室へ電話して、処置が済んだので発車できることと、後部圧縮機の動作確認を済ませて帰ることを伝えた。車掌も承知で、列車は1分遅れで直ちに発車した。

山陽本線を行く485系「しおじ」。1975-1、中庄〜庭瀬　（写真・平野唯夫）

編成全車に引き通している元だめ管を途中で締め切ったので、後部の圧縮機の動作確認をする必要がある。最後部まで遠いなと考えているうち、食堂車の簡易運転台に圧力計があることを思い出した。隣の食堂車に入ったところ「いらっしゃいませ」の声に迎えられた。客でないことはわかるはずなのに、訓練による反射動作なのだろう。
　サシ481の下り端の業務用室にある運転台をのぞくと、元だめ圧力は正常範囲にあり、指針が上昇しているのが圧縮機が生きていることを物語っている。まずは一安心。全身の力がゆるんでしまったようだ。
　車掌室で一休みして帰ったら「帰りが遅いから別の故障が発生したかと心配した。一休みするのなら電話連絡を入れろ」と注意された。まったくそのとおりで、故障が直って安心していたのは私一人だった。やきもきして待つ立場に気がまわらなかったのは私の独りよがりに違いない。先輩に思わぬ心配をかけてしまった。
　助士席に座って少し姿勢を崩す。高梁川を渡った485系11両は次の倉敷へ向かって120km/hで走っている。岡山までに遅れを回復できるかどうか微妙なところだ。

■MGが止まる！

　1972年1月17日、17M(寝台特急"金星"名古屋2242→博多1005、583系12両)に乗務した。乗務区間の岡山→広島は2時間10分のノンストップで走破するが、岡山～糸崎は必死に走らねば遅れるし、糸崎～広島は間延びしたダイヤである。列車設定のとき、本社会議で管理局境界の授受時刻が先に決まり、管内の配分はその後になるので、境界ではこのような矛盾が発生することになる。
　2人乗務なので、補助担当のときは点検と称して、中間車の機器配置スケッチに行くことがあった。ふだん見ておかないと、トラブルのとき、時間がかかって不首尾に終わることが多いからである。客室を通るときは足元注意が必要で、脱いである靴が婦人用のときはとくに注意を要する。列車の動揺でベッドに手をついたら、大騒ぎになること請け合いだ。
　広島までの半ばを過ぎて本郷を通過したとき、相棒が「ありゃ！」と声を上げた。運転士席をのぞき込むと、制御だめ圧力計が所定圧力5.0kg/cm^{2}を割り込んで、4.4kg/cm^{2}を示している。制御だめはブレーキ以外の圧力空気源で、ドア・水揚げといったサービス関係を主に受け持つ空気源である。
　圧力が低下してもドアなどは大丈夫だが、問題なのは補助電源であるMGの高圧回路スイッチが空気動作で、圧力空気を制御だめから供給していることである。保安上の理由から3.5kg/cm^{2}以下になると、オフとなってMGが停止する。先頭車のMGは編成の前半分の負荷を担当しており、停止すれば走行用の制御器が起動不能となるほかに、冷暖房や照明のサービス電源がすべて失われる。ブレーキやATSなどの保安電源は、残ったMGとバッテリから供給されるので支障はない。
　制御だめの空気源が絶たれたのなら圧力は下がる一方だが、圧力計は4kg/cm^{2}付近を上下している。これはC6がねぼけているなと判断がつく。C6とは元だめの高圧空気を5kg/cm^2

に落とす圧力調整弁の機器名である。そのC6の場所は床下にあって走行中は手が出せない。

列車を遅らせてまで処置することはないので、行けるところまで行こうと腹をくくり、車掌には前半車両が停電する可能性があることと、広島で復旧するので心配不要と電話しておく。指令への通報は駅にメモを落とすことにして西条駅を徐行する。

制御だめ圧力計指針に一喜一憂しながら各駅を通過して広島へ近づく。いっとき$3.5kg/cm^2$を割ってあわやと思ったが、MGは無事であった。

広島駅手前の第1閉そく信号機の減速現示(黄・緑の2灯)で速度を落とし、場内信号機が見える地点にくると、所定の1番線に代わって2番線に警戒現示(黄・黄の2灯)が輝いている。運転線路の変更だ。理由は明白で、クハネ581のC6は床下左側にあり、処置のためホーム左側の1番線を避けて2番線へ変更したものだ。さすがに指令の対応は見事だった。

停止位置には検修担当が二名待機していた。停止と同時に一人は「下へもぐります」と声をかけ、一人はすでに機器箱に取り付いている。われわれ二人が乗継のため運転室を降りるより早く、キューとC6独特の鳴き声(給気音)が尾をひいて制御だめ圧力計指針が上昇した。$5kg/cm^2$より相当高めだが、そんなことをいっている場合ではない。

2分停車で乗継を済ませ、「床下作業終わりました」の連絡を受けて、17Mは何ごともなかったように定時に発車した。検修担当の限られた時間での作業手順の鮮やかさに改めて感心する。作業余韻を残して弾む息が寒気に白い。

1時間に及んだ心配はこうして2分で解決した。当たり前のことができない例をふだん目にしているだけに、指令と検修との連携とタイミングの良い仕事ぶりを見て、プロの集団が国鉄を支えていると実感した出来事であった。

この日の17Mで乗務距離が360,000kmを超えた。その場所を調べて祝いの準備をしていたのに、MGの心配でドタバタしているうちに過ぎてしまった。浮かれすぎるなと天が戒めたのかもしれない。

■ドアが閉まらない

1973年の早春の日、快速3125M(岡山0936→宇野1009)は定時で快調に運転していた。編

153系12両の山陽本線普通列車。急行「鷲羽」の間合運用によるもの。1975-2、庭瀬〜中庄(写真・平野唯夫)

成は153系12両。クロスシートで冷房完備、グリーン車も連結して新幹線と四国の連絡列車なので、快速とはいえ実質は優等列車である。

宇野までのほぼ中間である茶屋町に定時到着、発車時刻になったとき、車掌から電話連絡があった。「全車両ドアが閉まりません」と。そんな馬鹿な？と思いながら、一瞬頭の中が真っ白になる。ホームを振り返ると、"ドア開"を示す車側の赤ランプがずらりと点灯したままだ。

ドアはフェイルセーフの考え方から、編成引通しのドア回路を加圧すると開指令で、無加圧になることが閉指令となっている。回路にトラブルがあれば無加圧になってドアは閉まるので、ともかく乗客の安全は保たれる。それが閉じないのは、車掌が閉扱いを行なってドア回路を無加圧にしたのに、どこからか電源が入って加圧状態になっていることを意味する。

とりあえず後部へ行く。客室よりホームを走る方が早い。駅助役が心配そうに付いてくるが説明する時間が惜しく、5分ではっきりするから待ってくれと、走りながら息を切らして依頼する。

後部運転室では車掌も心配顔で待っていた。この列車は連絡船を通じて四国各線の特急や急行に連絡している。遅れると案内方に気をつかうのだという。型通りの点検を行なってみるが、異常なし。決められた点検で解決しないときは運転士の技の見せどころだ。

次の停車駅は終着の宇野だ。ともかくドアを閉じて宇野まで行こうと判断する。ドアを閉じるにはドア回路の電源を切ればよく、編成引通し回路から各車への分岐回路のスイッチを扱うことになる。

後部運転室で自車の"戸締め右"のスイッチを切としたらドアが閉まった。車掌に全車を閉じたら発車するといい残して前へ走る。2両目モハ153の上り方デッキの配電盤を開いて、スイッチを切にすると、これも閉じた。外に出られないので客室を通るが、ちょうど座席定員ほどの乗車で助かった。外のホームを駅助役が一緒について走っている。

12両の処置が終わったのは発車時刻を7分過ぎていた。こんなときこそ落ち着けと自分にいい聞かせ、駅助役に指令への速報を依頼して発車した。宇野まであと15分、制限のきつい線路なので回復は難しい。モハ6両が力行すると、架線電圧ドロップも大きく、速度向上が歯がゆいかぎり。八浜で交換する上り快速はひとつ手前の迫川で待っていた。どのくらい遅らせたかなと、そちらも気になる。単線のつらいところだ。

遅れを1分回復して、わが3133Mは宇野駅の4番線に滑り込んだ。ホームは右側なのでドアの支障はなく、乗客が急ぎ足で連絡船へ去るとホームは静けさを取り戻し

宇野と高松を結ぶ宇高連絡船「伊予丸」。1973-10、（写真・手塚一之）

宇野港で連絡船と結んだ可動橋。連絡船内では貨車は3線に分かれて収容された。1988-3。（写真・手塚一之）

た。ホームが左だったら、また走り回って1両ずつドアを開ける事態になっていた。

　4番線の左はすぐ岸壁で、目の前に"土佐丸"の紺碧の船体がそびえており、貨車20数両をのみ込んだ船腹は重そうだ。列車が6分遅れなので、乗船後すぐ出帆すれば遅れはわずかで済んだことだろう。船長の話では連絡船は潮流の影響が大きく、定速でも5分早着することがあり、また最大速度でもやっと定時のことがあるという。今の潮流はどちらだろうか。

　宇野駅では折返し時間が30分ほどあった。指令に電話で一報を入れたあと、駆けつけた検査掛と点検に取りかかる。まず、各車のスイッチを入に復帰すると、全車のドアが開いて故障の状態に戻った。最初に編成を半分に分けて、連結部床下にある6号車と7号車の間でドア回路を内蔵する制御ジャンパ（電気回路連結器）を引き抜いた。この処置で下り方6両のドアが閉まった。

　この現象で故障個所は、上り方6両であることが判明した。この6両を細分化して、同じように点検を繰り返し、8号車の故障と突き詰めた。発車時刻が迫るので8号車ドアを締切とするべく上り下り両側のジャンパを抜いたところ、ジャンパの接触部が焦げているのが見つかった。雨が浸入したらしい。

　故障原因が見つかったので気分は軽くなった。少なくとも運転継続は可能だと再び指令に報告する。このまま岡山へ帰らせるか、遅れても宇野で処置を済ませるか、指令の判断のしどころである。すでに3130Mとしての発車時刻が迫り、連絡船からの乗客が殺到している。指令の指示は「2モハで岡山へ帰ってくれ。主抵抗を溶断させないように注意すること。岡山までの遅れはどの程度だろうか」であった。

　この快速が遅れると、指令は接続のために新幹線を待たせるかどうかの判断を強いられるが、そんな計算ができるわけはない。こっちは気が立っていてそれどころではないのだ。5分の見込みですと根拠のない数字を挙げるしかない。

　車掌と打ち合わせをする。8号車はドア締切。1〜7号車のドアは車掌が扱い、9〜12号車

は運転士が前から扱う。ドア確認のパイロットが死ぬので、ドア閉は車側灯で確認して出発合図はブザーで行なうこと。岡山までに遅れが発生すること。

　宇野を4分遅れて発車した。モハ6両のうち生きているのは2両のみ。2M10T編成となったので、加速がまことにスローモーだ。後部モハが不動となったのは制御ジャンパを抜いたので、運転士からの力行指令回路が通じないためだ。

　勾配区間は宇野〜八浜の10‰3kmのみ、3ノッチで50km/h出ないときは主抵抗器が抜けないと判断して、2ノッチ運転によるノロノロ運転を行なう必要がある。幸い、上り勾配入口で52km/hを確保したので、そのまま峠までがんばることにする。正確にいうと、このMT比では上り10‰区間は運転禁止となるのだが、指令もこちらも目をつむっている。

　備前田井を50km/hで通過、いつ通ってもD51での圧縮引き出しを思い出す10‰勾配の駅だ。今日は所定の1/3の出力で153系12両を牽いての力闘となった。児島トンネルの下り勾配に入ってホッとしたのも、あの日と同じである。

　八浜に運転停車して下り快速を待つ予定だが、下りが先に到着したので通過扱いとなって3分回復した。以後は制限通過後の加速不良が響いて、ジリジリと遅れが増大する。茶

名古屋発の583系寝台特急「金星」。夜明けの瀬戸内海に沿って博多へ向かう。
1980-5、戸田〜富海
（写真・平野唯夫）

屋町に停車すると前からもドア開を扱う。車掌が閉じたのを確認して前も閉とする。ここもブザー合図で発車、遅れは4分になっていた。

　岡山へは7分遅れで到着した。検査掛ら4名の出迎えがあり、状況を話して引き継ぐ。下り列車は4M8Tとなるので、このまま運転して宇野で処置するとのことで、列車は2分であわただしく折り返して出発して行った。

　なんとかボロを出さずに切り抜けたが、こういう応急処置は後から手落ちを指摘されると赤面することが多い。机上の勉強だけではマスターできず、経験がものをいう。こういうトラブルのとき、2人乗務だと落ち着いた処置が可能で、ロングランの2人乗務は列車遅延防止にも大きな効果を発揮している。

　故障の原因は、雨水浸入によってジャンパ内のドア回路がショートしたことで、走行中ならドアが開いて乗客の転落事故に至ったかも知れない。走行中にドアが開かないようにする戸閉め保安装置は、急行以上の形式には装備していない。

　戸閉め保安装置は速度4km/h以上で動作し、国鉄で採用した方式は電源回路をカットするとともに、ドア回路をアースしておくシステムである。ドア回路が異常加圧されても、アースによりその電源がトリップする。小田急では、アースの代わりにドア回路のマイナス側もカットする方式だと聞いた。

第4章　指導担当時代

4-1. 指導担当

■指導担当へ

　1975年3月10日、新幹線の岡山～博多が開業した。この山陽新幹線全通により、山陽本線の特急電車群は激減し、夜行の583系を残すのみとなった。それまで岡山運転区の乗務は特急や急行を主体に受け持ち、ローカルは隣接の中間基地に任せていたが、そのローカルが仕事の中心となった。

　いっぽう、私個人としても大きな変化があった。指導担当への登用である。管理職のアシスタントとして教育・管理を担当することになる。

　最初は辞退した。指導担当は煙たい存在であったし、ふだんから理屈ばかり吹っ掛けていた私に務まるとも思えない。また、運転という仕事がおもしろい盛りであったから、まったくその気はなかったが、周囲の事情から断れなくなってしまった。

　ともかく1975年6月1日付で指導担当を命ぜられた。区長から「厳しい仕事なので、不適任と判断したら即座に辞めてもらいます」と静かな口ぶりでの発令の言葉であった。

　運転士としての最後の乗務は、1975年6月8日の赤穂線の229M(80系4両、姫路1001→岡山1210)であった。乗務距離は528,710.6kmを記録していたが、スタッフへ移ることで一応打ち止めということになる。

　指導の仕事の中で、最も興味があったのは電車の講習である。運転士は、乗務する車両をマスターしているのが前提であるから、新形式が登場すればもちろん、新機構の採用や改造があると、運転士への教育を行なっていた。

その中でも、特殊なものとして回送要員の養成がある。転属などによって移動する電車は自力運転が原則であるため、臨時の回送といえども運転士の教育が必要となる。回送要員が選ばれて講習を受けることになるが、順序として、その前に教える側が指導者講習を受けなければならない。山陽本線を受け持っていると回送される車種と回数は多く、電車の指導者講習に出かける仕事が途切れることはなかった。

■耐寒耐雪の485系1000番台

　初めて受けた指導者講習は、1976年に登場した奥羽本線秋田電化用の485系1000番台であった。交直流特急形の485系を徹底した耐雪構造に改良したもので、形式こそ485系のままだが、新機軸が多いことから新形式と同じ講習会が開催されたものである。こういう例は以後もしばしば登場する。

　1976年2月4日、場所は山口県下松の日立製作所笠戸工場である。今後の標準となる装備ということで、出席メンバーは鹿児島運転所から青森運転所まで、北海道を除く全国から集まった。中心となるのは、配置される秋田運転所をはじめ車両検修関係者であり、運転士サイドは、運転するために必要な機構を理解するのが目的なので、傍流の立場にあり気分的には余裕があった。

　485系1000番台はたしかに画期的なシステムで、耐雪耐寒に万全を期すとともに、雪害によるMG故障が続いた対策として、予備1基を加えて編成に3基のMGを搭載し、1基が故障しても冷暖房サービスの給電を保証できる、といった改良が興味を引いた。留置するとき、水配管の水抜きを自動的に行なって凍結を防ぐ構造も、この485系1000番台から採用された。

　指導者講習の講師は、本社直属である車両設計事務所の担当なので、部内誌や趣味誌で名前に覚えのあるメンバーが多く、初対面とは思えない親近感があった。また、秋田をはじめ各地からの出席者との雑談も楽しかった。

　この初体験を無事に務めたためか、以後は指導担当の中でも敬遠される、新形式の指導者講習のお鉢が回ってくることが多くなった。

485系1000番台の「つばさ」は、奥羽本線の豪雪に耐えて秋田〜上野を走破した。1978-6、大沢（写真・手塚一之）

指導者講習を受けた443系電気検測車。構造は485系1000番台と同じ。1978-10、向日町操車場（写真・手塚一之）

あとは運転士への教育である。覚えなければならない点、理解しなければならない項目と、整理して現場用のテキストを作るのも楽ではない。内容を欲張ると読む意欲が落ちるし、簡単すぎると実体がつかみにくくなる。受講者は少人数なので、相手の理解の程度を把握しながら講習を進めるのは、なかなかおもしろい。受講者からの反応も良かったようだ。

　485系1000番台の現車が最初に回送されたのは、1976年2月19日。回送運転士のやりくりがつかず私が乗務して、国鉄本社やメーカー社員10名ほどを乗せて大阪まで快走した。回送列車の典型として、繁忙期用に設定された臨時客車列車のスジを利用したので、速度は高くないが、最新装備の電車を運転しているという満足感に浸るには十分であった。

　大阪で乗継した宮原電車区の運転士は、湖西線を経由して敦賀までの乗務だという。踏切なし120km/h以下の速度制限なしという湖西線と、敦賀までの深坂トンネル越えを見たくて、このまま添乗して行きたい思いであった。この夢ははからずも17年後に実現する。

■キャリアの教育

　本社採用のキャリア(幹部候補生)が全国に分散して実習するのは、官庁と同じシステムであり、岡山局へも毎年5名あまりが配属されていた。専門如何にかかわらず、全系統の職場を経験させるのが目的である。

　この実習生も毎年のように担当させられた。彼らの話では、どこでも父親のような年齢の幹部が出てきて、我が職場の歴史と実績をぶつのに辟易しているとのことで、私に対してこんな若い方に担当されるとホッとします、とさすがにそつがない。

　岡山運転区でのスケジュールは2週間。うち10日ほどが乗務実習となるが、電車運転士見習が発令されるので、ハンドルを持たせても違法ではない。運転士の責任と苦労を理解させるのが目的なので、乗務はいちばん眠くてしんどい組を選んで充てた。覚悟していても、乗務員勤務の不規則さは骨までこたえたようだ。仕事から寮に帰って、真昼間こんなに熟睡したのは初めてですとの感想もあった。

　勤務ダイヤは、休日を除いた勤務日の9日間に、6勤務というのが岡山運転区の平均であっ

岡山に初めて近郊型の新製車115系1000番台が配属された。1982-2、岡山(写真・手塚一之)

た。長い勤務は20時間を超えていて、深夜乗務のある勤務は、連続させないよう努めて組まれている。

　電車の現車説明は、難しい話は抜きにして身近な雑談ばかりしていた。最も彼らの興味をひいたのはドアである。電車のドアが閉じる力は約60kgであること。60kgなら手で開けられそうだが、手を掛けるところがなくて無理であること。ドアが閉じてからこの圧力になるのは、衝動緩和のため2秒かかること。したがって、連れの女性がコートを挟まれたとき、抜き取れるかどうかは何分の1秒の差であり、助けるのは寸秒を争うこと。物を挟んでも2cmまでは緩衝ゴムが受けるので、ドアが閉じたことになり、電車は発車することなど、ドアを目の前にしての雑談が印象に残ったようだ。

■115系の講習で小山電車区へ

　1976年5月6日、東北本線の小山電車区へ115系の指導者講習に出かけた。山陽本線の岡山と広島に配属されるので、運転士全員の講習が必要となり、その指導者講習である。山陽本線に投入する直流近郊形としては、一番に113系を想定するが、運用区間に瀬野～八本松の22‰勾配があるために、抑速ブレーキを装備した115系に決まった由であった。

　往路は、上野から小金井まで運転室に添乗して、首都圏のスケールに圧倒された。15両編成の115系が7分間隔で都心を目指しての疾走、速度は最高の100km/hを保ったまま、たんたんとした関東平野をぶっ飛ばして行く。これでは運転士が線路と時刻によって、電車の運転方法をあれこれ考える余地はないという印象である。

　車両の講習は順調に進んだ。ただ、早朝の小山電車区から、始発の15両編成と増結の8両編成が、7分ごとに出区して行くのには驚いた。区の留置線に長編成を2本収容できるのも、首都圏以外では想像できないことである。小山電車区へは、冷房装備の115系300番台が新製投入されていて、トコロテン方式で古い115系が岡山へ回されることもわかってきた。これで冷房率が何％に上がります、という区長の笑顔がいささか妬ましかった。

　出張から帰ってまもなく、7月のダイヤ改正を控えて115系は順次回送されてきて、5月19日の最初の編成は、私が姫路～岡山を乗務した。東北本線のサボを付けたまま到着したので、記念に1枚譲り受け、いまも"上野―小金井"のサボはわが家の玄関で来客を迎えている。

　運用を始めた115系の運転は好評であった。むしろ乗客から、座席数の減少と、冬のドア開け放しについての苦情が出てきた。デッキ付きの80系から3扉の115系になれば当然のことで、12年前に大阪地区で、80系に代わって113系が登場したときの繰り返しである。

　編成は80系3M3Tに代わって115系4M2Tとなったので、性能も格段に向上した。発車時の加速力は103系2M2Tを上回るので、ずいぶん強力な編成である。山陽本線の80系は宇野線や赤穂線へ回って、駅間距離の短い線区で性能を持て余していた。また、その押し出しで、老雄51系が廃車されることになった。

　岡山運転区の運転士は、ほとんどが特急・急行で新形電車の乗務経験があるので、115

系も違和感を持つことなく受け入れられた。性能がアップしただけ余裕があり、クセのない車両という評価であった。

■ 事実上の新形式115系1000番台

1977年11月28日、国鉄本社で115系1000番台の指導者講習が行なわれた。設計変更が大きいために本来なら新形式となるところだが、種々の事情で115系の

回送要員として指導者講習を受けた417系。配属は仙台運転所。1978-3、大井町（写真・手塚一之）

新系列を名乗ったという。新形式として使用開始すると、監督官庁と内部労使関係の折衝に大変な時間と労力を要するのは事実であった。

このころは、各地へ東京のお古を回すことへの批判の声が大きくなり、線区に適した新製車をという方針が具体化してきたときであった。その第一陣として、岡山・広島・長野・新潟を対象とする新形式が計画されて、115系となったのは上記のとおりである。

耐寒耐雪装備が1000番台、装備なしが2000番台と区分された。広島は2000番台なのに、岡山は長野・新潟と同じ1000番台となった。理由は伯備線の電化による米子方面への運用が予定されたからである。広島は岡山より降雪回数は多いのに？と、一見不思議な現象に感じられた。

このように115系1000番台は、これから岡山地区の主力として活躍するので、私も力が入っていた。この後も、115系1000番台と長い付き合いが続くことになる。

受講メンバーは、配属される岡山・広島・長野・新潟の各局が中心であった。また、西は下関、東は新潟までの、直流電化線区を持つ全部の局からきており、伯備電化を控えた米子局の顔も見えた。

講師は、車両設計事務所の技師が担当して、電車設計のベテランから若手まで揃っていた。この講習は全国規模となったので、現車とは切り離して東京駅前の国鉄本社で行なわれた。本社へ入ったのは初めてであるが、建物内部が質素で、ギッシリと机が詰め込まれているのは意外であった。

現車講習は年が明けて1978年3月14日に、川崎重工兵庫工場で実施された。ヘルメットに携帯電灯の出で立ちで、床下や配電盤のスケッチに走り回った忙しい1日だった。図面があるものの、こういう資料は自分のスケッチに優るものはない。電車の床下スケッチは昼間でも照明が欠かせない、というのも経験から生まれた知恵である。

碓氷峠の67‰で、EF63と連結するための横軽装置は、山陽本線用にも装備されていた。横軽装置装備車は、側面のナンバーの前に○が描かれているので判別できる。どう間違っても碓氷峠を通らないのに、全車に取り付けたのは標準化の方針であろう。これなら岡山から長野への転属も即日可能である。岡山へ配属後は、無駄な保守箇所を減らすために使用停止処置が行なわれて、回路配線も封印された。ただし、使用法の注意掲示がそのまま

残っているのはご愛嬌だった。

　運転室は在来車よりも広く快適になった。マスコンとブレーキ弁は15度傾斜して、使いやすさでは申し分ない。前面計器盤も計器6基が一列に並ぶ標準スタイルとなった。他の機器も系統立ててカバー内に収納されたので、室内に機器の露出が少なくなってスッキリしている。この整頓も後から取付・搭載する機器などが増加して、10年後には元の面影は無くなってしまった。

　運転室の最大の贈り物は、正面貫通戸のシールゴムだった。隙間風を防止するため、ドア全周の車体との間に、ゴムチューブを置いて空気圧でふくらます。これで隙間風は完全にシャットアウトされて、寒い運転室は解消した。冷房機器は統一のために屋根上になったが、重量が700kgもあるので、電動車以外は床下に設ければ重心低下にプラスと思われる。現行タイプの採用は、形式の統一と空気ダクトの取付けを考慮したものであろう。いっぽうでは、重心低下という明確な目的のために、床下装備を採用した381系がある。

　室内は長大トンネル線区に運用できるよう、不燃化構造となった。さらに消火器も各車2本搭載し、緊急時のための非常灯やハンドマイクを搭載するスペースが確保された。むろん、必要のない線区では付加部分の搭載が省略される。当時該当したのは品川～錦糸町の地下ルートだった。岡山では瀬戸大橋を渡る運用が始まったとき、初めてフル搭載となっている。

　水配管は、485系1000番台と同じ凍結防止が施工されたほか、便所も電気回路が組み込まれて、水洗ペダルはスイッチを押すのみで、水弁の開閉は電磁弁が行なうことになった。したがって、電気故障でも水が出ず、便所が使用停止になる。

　川崎重工兵庫工場では、115系と並んでEF65の1000番台が製作中であった。115系と同じ新バージョンを期待して、艤装場で運転台をのぞいて見たら在来のままであった。標準化を優先したのであろうが、登場から15年になる形式なので、革新があっても良いのにと思う。

　115系1000番台の第一陣は、1978年7月に6両編成で岡山に到着した。運転士の講習は車両到着後に予定されたので、回送列車には私が乗務することになった。回送は例によって

115系1000番台から耐寒耐雪設備を省いたのが、2000番台。1984-1、大野浦（写真・手塚一之）

夜間となったが、将来の山陽本線の主幹形式となる、真新しい第1編成を意気揚々と岡山へ持ち帰った。

　到着した編成は、運転士の講習が済むのを待って順次運用に入った。当面は80系を単純に置き換えたため、最初の恩恵に与ったのは宇野線と赤穂線だった。真夏のこととて冷房装備の新形式は注目の的となっていた。

　1978年12月3日のダイヤ改正から、本来の運用として山陽本線に登場した。第一印象は、在来の115系よりもブレーキの効きがやや落ちることであった。苦情が出ても当然なのだが、旧形の80系から115系への置換えなので、表立った声にはならなかった。

　ブレーキには応荷重装置が装備された。乗客の変動による車両重量の増減に応じて、ブレーキ力を自動的に加減するもので、通勤形に装備されていたが、近郊形では最初の装備となった。ところが、各線区とも応荷重装置を使用停止するところが多かった。旧形との混結を考えるともっともだが、編成が揃っても使用しない線区も残っている。

　改良された点を、同時期に製作を続けた103系と比較しても差が大きく、配電盤ひとつを見ても、103系は簡素化を優先する姿勢が見え見えであった。

　機構面からながめると、補助電源の給電回路が在来形に合わせたために複雑になっている。暖房電源は架線からの直流1500V回路、冷房などは三相440V回路、照明などは交流100V回路と、それぞれ平行して引き通している。しかも1両ずつ区切るスイッチ類を完備しているので、大変な過剰設備である。これらすべての回路を特急形式のように一本化すれば、大幅な簡素化が可能となる。

　もともと別形式として企画されたのなら、編成単位で運用するという前提を立てて、在来形と連結運用が可能なら、他の相違点はお構いなしと割り切るべきだった。そうすれば、編成内部は思い切った新機軸の採用が可能だったのにと思う。現状は、1両ずつバラしても混結が可能で、編成が自在になる長所がある。しかし、検査や工場修繕は、既に編成単位に移行しつつあったので、このバラシが可能という長所が生かせる状況はなくなっている。

■さらば80系

　115系の1000・2000番台の投入で、岡山・広島地区から80系が姿を消すことになった。1963年に登場して以来、活躍期間は15年に及んでいる。お別れ列車が計画されて、岡山〜糸崎で80系12両が最後の力走を見せた。

　少し時期がずれるが、広島局では呉線の72系の置換えとして、新潟から115系旧形を受け入れた。新潟地区の115系を、耐雪タイプの1000番台に統一するのが目的である。呉線の72系置換えは改善ではあるものの、新潟のお古を押し付けられた感じがした。

　1978年10月1日ダイヤ改正では、東北本線の電車特急スピードダウンという、前例のないことが実施された。1968年以降に開始されたパターンダイヤが、列車回数の増加でパンクして、残る手段は列車の速度差を縮小するしか方法がないのだという。

　運転士の乗務については、ロングラン(長距離乗務)が廃止された。ロングランは乗務員

運用効率の向上が目的であるが、労使協定によって2人乗務となるため、目的を果していないのが実情であり、すべての列車が1人乗務となった。

　岡山運転区の守備は東は西明石まで、西は三原までと半減して、大阪の複々線への乗入れや、瀬野〜八本松越えも受け持ち線区から外れてしまった。全国的に見れば乗務員交代のための停車も増加して、東北本線の宇都宮のように、全特急の停車が復活した例もある。要員合理化のためにはなりふり構わず、という雰囲気が拡がってきていた。

115系の進出により、岡山・広島地区からは80系の湘南形電車は姿を消した。1974-5、八本松〜瀬野（写真・鉄道ファン）

■鉄道労働科学研究所の見学

　指導担当は、運転士からいろいろな質問を受ける。ささいなことから運転規程や車両の構造まで、広く深くならざるを得ない。私の目標は、指導室を誰でも何でも相談できる窓口にすることと、あらゆる資料を整理した図書室に仕上げることであった。したがって、スタッフは威厳ある態度が必要だという考えと、真っ向からぶつかることになる。

　いろいろな質問があるので、必ず返答することを心がけた。即答できないことは資料を当たって、翌日に回答メモを質問者のロッカーに入れておく。そのうちに最終的にはハードもソフトも、目的を理解していないと返事ができない、と思わざるを得なくなった。"規程にこのように定めてあるから"という回答では不十分で、"こういう危険を防ぐためにこの手段がとられている"と説明するのがベストである。

　車両の構造や動作などハード面は資料調査で何とかなる。わからない点は検修担当に教えてもらう。しかし、運転士の操作に関しては、末端の規程を読むだけでは釈然としないことが多かった。この話を聞いた同僚が、区長の推薦を取りつけて、鉄道労働科学研究所の見学を企画してくれた。

　1979年7月6日に、東京の国分寺の中央鉄道学園に隣接する研究所を二人で訪れた。鉄道労働科学研究所は、長い歴史を持つ鉄道技術研究所のハード面に対して、人間のミスによる事故防止の研究機関として、三河島事故後の1963年に開設されたものである。後にJR発足のとき、両研究所は統合して鉄道総合技術研究所(鉄道総研)となった。

　運転士に起因する事故があったとき、現場での原因調査も指導担当の仕事のうちなので、この見学は有意義であった。ふだんの疑問点を解析して整然と説明されると、基礎理論の重要さがよく理解できた。運転室の人間工学についての資料は、まさしく我が意を得たり

古い電車ばかり回されていた福塩線に初めて新車が投入された。転出する70系300番台(左)と105系が回送途中で顔合わせ。1981-2、西阿知　（写真・藤山侃司）

の感があった。

■夢のチョッパ制御201系

　チョッパ制御の第1陣となった201系は、試作車が三鷹電車区で営業運転を行なっていたが、改良を加えた量産車は1981年の初夏に登場した。指導者講習には行けなかったので、資料をもとに自習するしかない。旧来の抵抗制御に代わって、今後の電車はすべてチョッパ制御だとPRされていたから、機構と機能についてマスターしなければ、という思いは強かった。

　モーターに加える電圧を制御するのに、在来の抵抗制御が直列に挿入した抵抗を変化させて行なうのに対し、チョッパ制御は、電流を断続して入時間と切時間の比率配分で電圧を制御する方式である。電力を抵抗器で無駄遣いしないことと、ブレーキ時の電力回生が容易という長所が魅力である。

　最初の回送が1981年6月にあり、指導にかこつけて糸崎から姫路まで添乗した。本音は現車をじっくり見たかったからである。新しいシステムとして、ユニット開放・MG開放・電源誘導が設けられ、運転士はスイッチ一つで処置ができる。"電源誘導"とは補助電源であるMGが故障したとき、他のMGから給電できるように回路を変更する作業である。在来はどれも10分以上の時間を要する処置なので、故障が発生したとき列車の遅れ防止には大きな効果があるだろう。

　前提として日常の訓練を充実させて、本番のときに落ち着いた処置をする必要がある。新しい機構の取扱指導に追われている現状を見ると、この点ではやや疑問があり、ソフトがハードに追い着かない状態を打破できるかと、心配でもある。

　横軸マスコンは新幹線の気分だ。ばねが硬いのでは？と気になっていたが、いざ握ってみると柔らかくて、左手でノッチ投入を続けていても苦にならない。ハンドル操作方向が前後に逆転したのも気にならなかった。力行操作はそれだけ気持ちに余裕があるのだろう。ブレーキ操作は直感による反射的な動作であるから、操作方向が反対になったら誤扱いの原因になる。

チョッパ制御第一陣の201系。新システムもいろいろと装備している。1981-6、日本車輌豊川工場(写真・鉄道ファン)

　再力行のロスタイムが無いのも新鮮であった。抵抗制御では高速走行中にノッチ投入しても、制御器は起動と同じ動作を行なっている。したがって、加速を感知するまで5秒を超える空走時間があって、運転士はそれを見込んで早めにマスコンを扱っていた。チョッパ制御では時間遅れがなくグッと加速衝動がくる。運転士にはありがたい機能であった。

　運転士としては、マスコンのノッチ指令が電流制御にならないかという夢がある。在来の抵抗制御は、モーターに加える電圧を指定する電圧制御であった。電圧を指定しても、速度によって電流は大幅に異なるので、運転士は速度を勘案しながらノッチ扱いをしていた。電流制御とすれば、速度に関係なくノッチ指示の電流がモーターに流れる。電流値はそのまま回転力であるから、運転士の速度制御が容易かつ的確になるのは間違いない。それまでの電気車が特別な世界だったのだ。チョッパ制御車は、半導体制御なので電流値指令が可能であり、201系には電流制御が採用されるものと期待していたのに残念であった。

　ノッチオフ時の衝動も無くなった。今までの国鉄電車は、通勤形から特急形まですべて2段オフの方式であった。減流抵抗を挿入して電流を半分に減らし、1/2秒後にオフする構造である。2段に区切るものの電流を直接遮断するために、電流値が大きいときはかなりの衝動が発生していた。

　機関車の制御器は順次ノッチ戻しを行なうので刻みは多段となり、衝動の問題は発生しない。電車の場合もノッチの順次戻しは不可能ではないが、制御器が大形複雑となるため国鉄では見送られてきた。私鉄では、加速力の大きい形式の衝動防止のため、近鉄のラビットカーを嚆矢として広く採用されている。

　201系では、チョッパによって電流値を自由に調整できる構造のため、ノッチオフのときもゆるやかに電流を絞って、電流値をゼロとした後にオフする方式である。したがってオフによる衝動をゼロとすることが可能となった。ポイントなどの制限によって、40km/h付近でノッチオフするとき103系と比較すると、その差は歴然としている。

　ブレーキハンドル関係は在来と変わらない。しかし、ブレーキが電気→空気と切り替わるときの、電空切換の衝動は完全に無くなった。主回路がチョッパによる回生ブレーキなので、ブレーキ使用中に電気ブレーキ力が変動する。このため、電気と空気を常時併用と

して、電気ブレーキの不足分を空気ブレーキが常時補足するシステムとなったものである。そのとき空気の給排が追随できるように、電流変化をゆるやかに抑えて衝動原因を除いている。

　走行性能は、通勤形であるから115系と比較するのは無理であるが、101系や103系が201系に置き換われば、スピードアップと輸送力増強になることは間違いない。チョッパ制御の特急形がどんな形で出現するのか楽しみであったが、以降の制御方式は経済性から添加界磁制御に移り、さらにVVVF制御へと進んだため、国鉄のチョッパ制御は201系・203系の通勤形とEF67で終わってしまった。

　折返し操作が自動化されたのも国鉄最初であった。編成の各運転室は、位置に応じた機能(前頭・中間・後部)を持たせるための切換作業が必要である。前頭はマスコンなど運転士関係の電源が生きるし、後部はドアなど車掌関係の電源が生きることになる。この切換の取扱いは運転士の担当であり、前頭・後部とも時間に追われて、忙しい作業となることが多かった。東京地区では、10両編成の折返しを4分で行なっているというから、切実な問題だろう。

　自動折返しの機構は次のとおりである。
①前面に連結相手がいれば無条件に"中間"となる。
②連結相手のいない編成端は"後部"となる。
③"後部"でブレーキハンドルとマスコンキーを装着すると"前頭"となる。
④折返しのとき、ブレーキハンドルとマスコンキーを、着運転室で抜き取り、発運転室で装着する、という通常の機器操作によって②と③の操作が完了する。

　自動的に前頭・中間・後部が設定され、時間に追われる運転士の負担は大幅に軽減された。採用した発端は、折返し作業の簡素化を求める乗務員サイドの要望だったそうで、資料の説明にも、運転士の作業効率向上が目的で設計屋の道楽ではありませんと断りがあった。

　岡山局の電車修繕の担当は、1979年4月に吹田工場から鷹取工場に代わった。電車の増加と機関車や客貨車の減少という車両の変遷にともなって、鷹取工場が新しく電車修繕を開始したものである。地理的に岡山局を担当するのは当然であるものの、岡山運転区の検修担当はぼやくことしきりだった。

　近畿地区の電車増備によって、岡山地区の電車を担当する工場は、さらに米子の後藤工場へ移ることになる。検修担当のぼやきを、もう一回聞くことになった。

■クモニ83のブレーキ読替システム

　宮原電車区の荷物電車クモニ83は、運用範囲から見て、大阪地区の113系と岡山・広島地区の80系との連結が必要となる。連結そのものは電気回路を支障のないよう接続すればよいが、問題はブレーキであった。

　80系などの自動ブレーキは、ブレーキ管の減圧をブレーキ指令として、運転士の繊細かつ空走時間に対処したハンドル扱いを前提としている。113系などの直通ブレーキは、ス

ピーディかつダイナミックな動作が長所であり、空走時間は気にしなくてよい。
　113系は直通ブレーキ、80系は自動ブレーキ。この異なるブレーキシステムに連結するため、工夫が凝らされた。結果としては、クモニ83のブレーキは直通ブレーキ方式として、自動ブレーキの80系に対しては、ブレーキ指令を伝えるのに読替え機構が設けられた。
　このため、113系と連結したときのブレーキ扱いは、113系と同一なので問題は起きない。80系との連結では、クモニ83が前頭となったとき、運転台で扱った直通ブレーキを、読替え機構でブレーキ管の減圧に換算して、後部の80系の自動ブレーキに指令する方式となった。
　その結果は、失敗であった。俊敏な直通ブレーキの指令に緩慢な自動ブレーキが追随できるわけがない。システムを反対にして、緩慢な自動ブレーキの指令を俊敏な直通ブレーキに読み替えるのなら、対応が可能だったと思われる。
　このため、80系の前頭にクモニ83を連結した下り列車は、乗客に不快な感じの乗り心地になった。運転士も、それぞれに工夫を凝らしていたが、その程度のことではカバーできないシステムの欠陥であった。マサカリを使ってエンピツを削れというに等しい。そのうちに80系が姿を消して問題そのものが消えてしまった。

4-2. 伯備線の電化など

■鉄道学園講師に

　伯備線・山陰本線の倉敷～出雲市の電化が決定して、乗務員の転換養成が必要となった。吹田の関西鉄道学園は各地からの教育が輻輳して余裕がなく、岡山と米子で実施することになった。その要員として、1979年11月19日付で岡山鉄道学園の講師兼務を命ぜられた。講師兼務とは本籍が現場のままで、学園講師を兼ねるという意味である。
　岡山鉄道学園は、主に営業と施設を対象とした小規模な学園なので、運転担当の講師がいない。そこで、講師を現場から出せということになった。乗務員指導から2名と検査指導から2名の4名で、車両と運転の両面を教えるための構成である。
　講師としての教育を吹田の関西鉄道学園で受けた。カリキュラムの組み方から始まって、必要なことを2日間で詰め込まれた。兼務発令の11月19日は電化記念日（1956年の東海道本線全線電化完成の日）であり、電化のための辞令にはふさわしい日だった。
　学園は管理部門と同じ位置づけなので、講師の服装は制服でなく私服となる。つまり、スーツを着なければならず、ホワイトカラーの仲間入りをするとは夢にも思っていなかった。その後に、兼務講師は現場実習と掛け持ち勤務になることから、制服でよろしいと特認された。
　岡山機関区からの機関車組4名と合流して、8名の兼務講師だけの職員室に納まった。正規講師と別室になったのはスペースの都合だが、電車や機関車について自説を譲らず、口角泡を飛ばして議論する雰囲気は、学園の中では異色の雰囲気だったようだ。
　授業は電車の構造と取扱いを4名が分担して行なう。担当授業は責任を持ってこなすと

しても、単調な授業を引き締めるワサビである目玉授業を何にしようか、と思案した。選んだのがSI単位の話である。

従来のMKS単位系からSI単位系に移ることは、国際的に決定されており、その実施を待つ状況であった。ただし、現場では遠い将来のこととして現実感が湧かなかった。鉄道車両で最も身近な圧力はkg/cm²からPa(パスカル)になります、牽引力のkg(後にkgf)はN(ニュートン)に変わり、熱量のcalはJ(ジュール)ですよ、といった例を挙げて説明する。

私たちの年代は"鉄腕アトムの腕力は100万ダイン"というCGS単位系でスタートした。流れとして、ダイン→kg→Nと説明されれば理解できるが、関心のない人にとって単位の変更は面くらうことだろう。それが狙いである。

1980年2月8日に入学した第1期生は、新見機関区と新見客貨車区の12名、平均年齢は私よりずっと高かった。ありきたりの授業では生徒のパワーに負けそうだが、ここで単位系の目玉授業が生きた。みんな興味と警戒の表情をあらわにして聞いている。それでも新任講師にとって、授業中に"先生"と呼ばれると、大砲を撃たれたようだというのは実感であった。質問を受けても、相手に理解できるように、言葉を選びながら返事を考えるのも慣れるまで大変だった。

初の振り子式電車381系は、特急「しなの」として線形の厳しい中央西・篠ノ井線に投入された。1977-4、姥捨（写真・鉄道ファン）

電気車両の走行動力である、直巻モーターの特性の説明も工夫がいる。ディーゼル機関は能力以上の仕事はできないが、直巻モーターは過負荷をかけると、我が身を焦がしてやり遂げます。したがって、温度上昇が限度を超えないよう、運転士がノッチ扱いを抑えて保護しますと説明をしたとき、嫁さんにしたいようなモーターですな、と返ってくれば成功である。

1962年の広島電化で、151系特急と153系急行が投入されたとき、瀬野～八本松の22‰を登坂する能力はあるが、モーターの温度上昇が限度を超えるためにノッチ制限を行ない、補機としてEF61を連結したと、実例を説明するのが特性理解に最も効果があった。

伯備線に投入の決まった381系についても、振子構造のために曲線の速度向上ができる、という単純な誤解説明がまかり通っていた。自然振子の機構では、車体が遠心力で曲線外側に振子して、重心が外側に寄るので速度低下の必要がある。つまり、振子機構は乗

り心地改善であって、速度向上にはマイナス要素であることを、理解する必要がある。
　381系による曲線の速度向上は、徹底した軽量化と重心低下によって可能になったもので、それから振子のマイナスを差し引いてもなお速度向上できる、と納得させるのは時間がかかることだった。しかし、理解した者は熱心な説明係に転身するから、講師の時間節約に役立つこと大であった。
　授業の中に所外実習の時間がある。ひらたく言えば修学旅行のことで、第1期生は381系の実習見学を選んで、日根野電車区と紀勢本線の"くろしお"を見ることになった。第2期生は、同じく長野運転所と中央本線の"しなの"を選んでいる。1980年7月1日に、塩尻駅の方向転換、潮沢・羽尾・姨捨・桑ノ原、などのスイッチバック信号場と、冠着トンネルを出た景観などを実見した。
　この講師業務は、2期ほど勤めて後任者に引き継いだ。ただし講師兼務の職名はそのままとなったので、予備軍として置かれたことになる。各地へ出かけたとき、学園講師の身分証明書を示して「授業の参考に見学させて下さい」と丁重に依頼すると、大抵のところはフリーパスとなった。お陰でふだんはできない経験をさせてもらった。いちばんの思い出は、東北本線の485系特急"やまびこ"の運転室へ、上野～盛岡を添乗したことである。
　大宮までの過密区間、関東平野のたんたんとした線路、黒磯を通過中の交直切換、白河までは線路改良前の旧ルート跡を眼下に眺め、郡山前後のタスキがけ複線化や、金谷川から頭上を行く上り線を目の当たりにし、越河の山越えに蒸機の苦闘をしのびながら、盛岡まで興味津々の6時間を過ごした。
　仙台から盛岡へかけての雄大な線路設定にも圧倒された。海と山に挟まれた瀬戸内海沿岸とはスケールが違うというのが実感である。複線化のとき曲線緩和も行なわれて、線路条件が格段に向上している。山陽本線は勾配緩和を第一に建設されたことと、複線化が早かったことから、線路改良の機会が得られず、急曲線が多く残っているのは残念なことだ。
　また、新幹線に添乗して200km/hで走る0系の運転士席に座ったときは、13年前に断念した新幹線運転士への夢が実現した思いであった。

■米子から実習生を
　岡山鉄道学園を終えた生徒は、電車運転士見習として岡山運転区で乗務実習を行なう。電車の実習は、営業運転で乗務する115系をマスターすればよいが、岡山機関区で実習する機関車組は電化後はEF64に乗務するのに、現車がいないためEF65での実習となった。
　実習生の見習乗務で多忙を極めているとき、さらに新しい仕事が加わった。米子学園は電車の実習場所がないため、岡山で乗務実習をすることになった。それも岡山局では米子局の全員を受けきれず、岡山・広島の2局に分散して乗務実習をするのだという。
　第1期生は米子運転所と出雲支所の12名で、実習は1980年6月30日から始まった。初めてハンドルを握ったとき、115系の加速ぶりに「電車はおそろしい」という感想がもれた。13年前の自分とまったく同じだ。

実習生は、気動車を知っているので、機関車からの転換組が最も苦手としている、総括制御やドア回路について経験があった。これは教室では理解していても実習でまごつく部分である。まして特急"やくも"で181系気動車の経験があれば、セルフラップブレーキも三相電源回路も説明は一言で済む。
　最後に、登用試験を運転・点検・故障処置と3科目に分けて行なうのは、正科の見習と変わらない。全員の合格点が出揃うと修了式が待っている。伯備線の電化開業でまた会いましょうと、2年後の再会を約束しての別れであった。

■485系1500番台

　交直流特急形の485系1500番台が、山陽本線を走ったことがあった。北海道の"いしかり"で闘雪のあと、交流特急形の781系の投入で、1980年の秋には青森運転所へ移っていたが、運用の都合で、向日町運転所への一時移管があったものと想像する。
　運転室は暖房器で埋まっていた。485系や583系での乗務員からの苦情と、北海道の厳寒に対処して、幾重もの暖房を装備したものであろう。運転室の暖房不足をぼやいていた我々も、これには脱帽した。客室やデッキ回り、床下の機器保温に至るまで、全車が耐寒耐雪の重装備であった。運転面ではとくに変わった点はなく、走行性能も在来形と同様であった。
　肝心の主回路や高圧補助回路が、雪の浸入でトラブルが続いたのは不本意なことに違いない。北海道の気温と雪質を考えれば、裸の高圧1500V回路に冷却風を当てる方式が、無理なことはわかっていたという。北海道の電化区間に特急電車をという、政治圧力が優先して485系を投入したことも伝えられた。
　雪の多い地区から、電気機器の雪対策として、電車の編成転向の要望が出たことがある。雪は日本海側から吹きつけることが多いのに、電車の機器配置基準によって、弱点である高圧回路機器が風上側に集中している。編成転向して、この機器が風下になるようにすれば、雪害は大幅に減少するという論であった。電車の機器配置を決めた50年前の先達たちも、雪の方向まで考えなかったと苦笑していることだろう。
　たしかに名案であったが、大阪から青森までの全車を対象にするのは無理である。また

485系1500番台は北海道向けの耐寒耐雪仕様だが、北海道での任務終了後は大阪と青森を結ぶ特急「白鳥」として活躍した。1974-8、京都　（写真・手塚一之）

設備面・営業面に及ぶために見送られたという。しかし碓氷峠の67‰区間では、重い電動車を勾配の下側に置く目的で、115系の編成転向が実施されている。

■支線区近代化の105系

1980年12月25日、105系の指導者講習が東京で開催された。支線区の標準車として登場した新形式であり、各地の電化支線にとっては朗報であった。

簡素化が基本方針とされて、台車や主要機器は103系と同じであった。すでにチョッパ制御の201系が登場しているのに、抵抗制御とは後退ではないかという声もあった。しかし、今まで旧い形式ばかり回されていた該当線区にとっては、技術上のことよりも、新製車の配属を受けることが夢のような出来事に違いない。岡山局では府中電車区のメンバーが、我が区の明治維新ですと大張り切りだった。

このとき受入れ側から、耐寒耐雪装備がない、抑速ブレーキがない、冷房準備工事がされていない、などの問題が指摘された。これに対しては"使用線区でそういう問題が発生するとは想定されないので、簡素に（言葉に出せないが費用をかけずに）造る"という回答が繰り返されたのみであった。担当者としても返事に困るのはよくわかる。

現車講習は、翌26日に金沢八景の東急車輛へ赴いた。簡素化と強調しながらも、客室の深いシート、洗練された運転室機器配置、ドア回路の新しいシステム、折返し操作の自動化などには目をひかれた。床下では本当にコンパクトな主制御器、自然冷却の主抵抗器などの中に、廃車部品を流用したMGが目立っていた。台車は新製だが、残念ながら空気ばねの採用は見送られた。

新装備として補助電源システムがある。在来は補助電源のMGが故障すると、交流100V電源が無くなり、制御器と主抵抗冷却ブロワーが機能を失って運転不能となる。この対策として非常電源が組み込まれた。予備電源であるバッテリーからの直流100Vを、交流100Vに変換して制御器を動作させる方式である。また、主抵抗器を自然冷却としたのでブロワーは不要となった。

このシステムをMG故障時の緊急用とせず、常時使用することも新しい発想であった。バッテリー負荷は増大するが、バッテリーの充電はMGが行なうので、結局、平常

造りは簡素だが、各所に新機軸を導入した105系。1981-1、東急車輛（写真・鉄道ファン）

シンボルの福山城をバックに福塩線での運用を開始した105系電車。1981-9、（写真・手塚一之）

時にはMGが制御器を動作させることになる。したがって、MGが故障した場合は、そのままバッテリー電源に切り替わる。運転士が気付かないと困るので、運転台にMG故障表示灯が新設された。

運転台では限流値減のスイッチが目をひいた。変電所の弱い線区で、架線電圧の降下が激しく所定のノッチ扱いが困難なとき、主回路の電流値を減少させるもので、当然ながら加速力も低くなる。赤穂線の電圧降下に悩んだ身にとっては、その重宝さがよく理解できる。運転士席の背後は、仕切窓がつぶされて配電盤などが収められた。

年が明けて1981年の早々に、最初の編成が回送されてきて、山陽本線を乗務したが、そのとき加速の悪さに驚いた。100km/hを出すためには平坦線でも1駅間くらいの助走が必要だ。通勤形だから低速域の加速は良いのだが、私たちは山陽本線で100km/hまでの加速を想定して評価するから無理もない。

府中電車区に配属された105系は、1981年2月から4両編成で営業開始され、乗客と関係者の期待に応えて好評を博している。30年間は新車のままのピカピカで使ってみせる、という府中電車区の意気込みは壮とすべきだろう。2両運用を可能にするため、数年のうちにモハとサハの全車が、運転室取付け改造を受けるとは想像できなかった。

■阪和線で381系に乗務

伯備電化の花形となる381系の指導者講習は、1981年10月27日から5日間、鳳電車区と日根野電車区で行なわれた。

鳳電車区は、車両基地機能を日根野へ移したので、乗務員と電車留置を主体とする区になっていた。以前は電車の他に電機も配置されていた由で、検修庫にその面影を残している。

新形式の講習ではないので、テキストなどで予習する余裕があり、机上講習は、国鉄特急電車としては在来の方式を脱した、新しい発想を理解することがメインであった。機器配置が特急形式の基本であった編成単位でなく、3両をユニットとする前提で、3両ですべての機能を完結させることと、トラブルに対して、自動処置またはワンタッチ対応ができるシステムである。

振子の機構はテキストのとおりで、運転士サイドに直接関係はない。最大の特徴は総括指令器による故障処置で、検知と処置を運転室からワンタッチで行なうのは、気苦労が多いことだろう。「実はこんな経験が……」と苦笑いしながらの話では、故障そのものより、故障対応システムの扱いに時間をとられて、列車の遅れ防止にはマイナスの場合がありました、ということだった。もっともな話

中央本線「しなの」は貫通型であったが、紀勢本線「くろしお」は非貫通となった。1976-12、鳳電車区（写真・手塚一之）

で、他人ごとではない。故障した電車の運転士は、落ち着いてマニュアルを読む心境ではないのだ。

　車両実習で訪れた日根野電車区は、大阪湾が臨めるタマネギ畑の中にあった。ゆったりとした基地は将来の発展を考えると楽しみだが、区の南端に留置してある実習車まで、歩いたら遠かった。381系の他は113系と103系を主力とした通勤線区の基地であった。

　乗務実習では、和歌山〜天王寺で381系のハンドルを握る機会が与えられた。列車は9M（特急"くろしお9号"381系9両、白浜1309→天王寺1508）、クハ381の運転士席に座って、和歌山から天王寺まで運転した。阪和線の雄ノ山トンネルの前後は、鉄道誌に写真が出たこともあって見知らぬ線区ではなく、複線トンネルを潜りながら、往時の快速ぶりを想像するのは楽しい実習だった。

　阪和線の前身である阪和電鉄が、理想的な線路を敷設したのは知っていたが、和泉鳥取を過ぎると直線の連続に感嘆した。やはり鉄道は線路が第一だと思う。速度を110km/hに保つようにと注意されるが、起伏が多くて予測がむずかしい。線区として当然ながら信号機の多いことと、駅間の短いことに目まぐるしい思いの44分間であった。とくに天王寺に近い通勤区間の110km/h運転では、何区間も先まで見える信号機を目が追って、右手はしびれるほどブレーキハンドルを握りしめていた。

　岡山運転区の運転士は、翌年から伯備線で特急"やくも"として乗務しなければならない。帰ってからの講習が大変だ。

■下り勾配恐怖症

　伯備電化の転換教育に多忙な日々が続いたが、いっぽうでは指導の日常業務として、正規登用の運転士養成も途切れずに行なわれていた。運転の仕事は教導運転士が教えるが、指導は養成の企画・現車実習・登用試験までのすべての世話役となる。見習の技量向上を見るための添乗も、ふだんの仕事であった。

　ある日、練習運転の帰り道に、見習グループが模範運転を見せて下さいという。毎日の乗務から外れていても、経験と研究がものをいうから、なんとか様になった運転をして見せた。

　口の減らないガキがいう。「宇田さんのブレーキは下り勾配恐怖症ですね」。登用試験までは無駄のない極限ブレーキを練習させるから、私のブレーキを観察して、どこに余裕を持たせているか見抜いたのだろう。さすがにプロの卵だ。

　何をぬかすか、お前らに旧形車のブレーキや、鋳鉄制輪子の恐ろしさがわかるものかと反論したが、若い彼らには通用しない。51系で述べたとおり、車両重量が増加するとブレーキ力が減少するという、自動ブレーキの逆転現象（106頁参照）を想定すれば、足がすくんで転げ落ちるように感じる下り勾配でも、彼らは敢然と限度いっぱいブレーキのダイビングを行なってゆく。ダイナミックブレーキと応荷重システムに守られて、ブレーキは性能どおりに効くという、メカニズムへの信頼があるのだ。私も電車乗務を始めて、ダイビング

では負けないと思っていたが、しょせんは機関車から見たレベルに過ぎず、蒸機時代に覚えた基本は体に染みついているようだ。

■岡山電車区となる

　1982年6月25日、岡山運転区は岡山電車区となった。伯備線電化にともなって電車基地の増強が計画され、方策として客車設備を岡山操車場構内に新設して移転し、空いたスペースを電車に転用したものである。このために電車専用区となって、晴れて電車区を名乗ることになった。我々の意識では、雑貨屋から専門店へのグレードアップだということになる。移転した客車設備は岡山貨車区と合併して、岡山客貨車区となった。

　また、伯備線電化に便乗して、庁舎の増築などいろいろな設備の増強や改良が実施された。まさに伯備線電化は福の神である。この電化で、岡山気動車区の業務は大幅に減少することになったが、それまで手狭な基地で無理を重ねていたので、気動車設備の削減はなかった。

■伯備電化の準備あれこれ

　伯備線電化の準備として、運転士向けの運転資料の作成に追われる日々が続いた。また線路見習のために気動車の運転室に添乗して、懐かしい伯備線を16年ぶりに見ることになった。陰陽横断ルート増強のため、備中高梁までの複線化が完成して、増設線が新ルートを通る箇所が多く、上下線とも新しいトンネルに切り替えられたところもある。

　ある日の運転士が、岡山鉄道学園の電車転換クラスで受け持った2期生であった。純然たる線路見学なのに「今日は私が先生で、宇田さんに気動車を教えます」と、無理やり運転士席に座らされて、キハ20の6両編成を新見まで運転した。手を添えての教示と遠慮のない叱責に「厳しいなあ」とぼやいたら、「2年前の学園の恩返しです」と切り返されて、身に覚えがあるだけに閉口した。

　電車に比べて、気動車の運転操作は、変速・直結の切換など運転士の判断による取扱いが多く、それなりに新鮮であった。加速は電車とは比較にならないし、ブレーキは自動ブレーキだから、13年前の80系での緊張を思い出しての操作であった。ノッチ扱いでは直結段での走行ぶりが印象に残っている。ノッチ指令がディーゼル機関の燃料噴射量であり、それが機関の回転力すなわち動輪回転力となる。運転士にとってこの方式が最も扱いやすい。

　新しい電化区間では電車の試運転が行なわれる。計算どおりの走行とブレーキが可能であることと、勾配区間でのモーターの温度上昇が、限度以内に収まることの確認が主である。381系の試運転ではキロポスト係を担当した。車内の測定陣に対して正確な位置を放送するもので、500mごとにキロポストを読むことになる。ふだん見ているようでも電柱の陰になったりして、正確な場所を確認するには戸惑うことが多かった。

　キロポストのために線路見習をさせろとはいえないから、休みを返上して添乗勉強することにした。その甲斐があって、キロポスト放送は一回もつまずくことなく無事に終了し

た。本社の担当から「トンネル内のキロポスト放送は見事でした」とほめられて面映かった。もっとも線路のプロである保線担当は、闇夜の試運転でもキロポストを正確に読んだという実話があるから、それに比べれば足元にも及ばない。

■381系で伯備線へ

　伯備線の花形となる381系の講習は、全員を対象とせずに当面乗務するメンバーに限定された。構造と取扱いは教えるが、実際の運転操作は練習運転で体験して会得するより他はない。私は1981年の実習で阪和線の"くろしお"に乗務しているが、参考にならない。どこまでも直線の阪和線と山越えの急曲線が連続する伯備線では、比較にならないのは当然である。

　鳳電車区と日根野電車区の実習経験を頼りに説明するが、受講側はワンタッチでの故障処置に面くらっている。MGが故障したときの自動電源誘導などを、一人ずつ体験してもらうのは大変なことだった。故障そのものよりも、故障に対する自動復旧システムの誤扱いの方が、心配と頭痛の種になりそうだ。鳳電車区の指導から聞いたのと同じことを、私もつぶやいている。

　メカの面ではCS43制御器がある。2本のカム軸、抵抗制御を行なうR軸と、界磁制御と前後逆転を行なうK軸に、各単独の駆動装置を設けたシステムを採用して、機能面では最高の制御器となった。在来の制御器は1基の駆動装置で2本のカム軸を駆動していたから、金に糸目をつけずにぜいたくをした制御器だとの評もある。増備が続いている485系にも採用していないのだから、特別な存在であることは間違いない。

　運転面での381系は、加減速の高性能をフルに活かしたものという印象であった。曲線制限の間際まで速度を落とさず、大きいブレーキで急減速を行ない、制限通過すると直ちに急加速、とジェットコースターの気分である。阪神電車の赤胴車の走行ぶりを思い出させる。

　在来形式の電気ブレーキは、使用開始時の立ち上がり遅れが難点とされていたが、カム

381系「やくも」は曲線の速度向上によって急曲線の多い伯備線で本領を発揮した。1986-9、清音〜倉敷　（写真・藤山侃司）

軸を常にブレーキ段で待機させる機構と、予備励磁の採用によって、時間遅れがなく始動するようになった。先進私鉄では常識のシステムらしいが、国鉄ではやっとスタートラインについた感じである。

ブレーキ時の滑走防止対策として、踏面清掃装置が設けられた。153系以降のディスクブレーキの車両は、雨天のときタイヤ踏面がドロドロに汚れて、滑走を助長する感じさえあった。このタイヤの清掃を目的として、ブレーキ使用時にアルミ制輪子を踏面に軽く圧着させる機構である。滑走防止にきわめて有効であった上に、付加効果として走行騒音の低下も報告されている。タイヤに付いたアルミ粉末がレールとの間に噛みこまれ、接触音の減少に役立つのだという。

また、走行中の再ノッチは、速度に応じた段で力行開始するので、空走時間を考えなくてよくなった。それまでは早めにノッチ投入するのが運転士の技量のひとつであったが、381系では、ノッチ投入すると直ちに加速を感知するほど、俊敏な応答が返るようになった。

振子の機構は自然振子なので不足感があるのは否めない。曲線に入るとカントのために車体が傾斜して、ひと息遅れて振子作用のため車体がさらに傾斜を加える。曲線に入ると安定するが、この曲線入口の2段動作は不快感の元になりそうだ。究極の振子は、線路情報を先読みしてバランス良く傾斜させることにある。将来への課題である。

車長の21.3mという端数は軽量化が目的であろうが、現場では困ることが多い。とくに停車駅の案内担当は、デッキの位置を示すのに大変な労力を要して、しかも乗客からは苦情ばかり受けている。国鉄の旅客車を全部20mに揃えたら、どれほどのマイナスを生じるだろうか。

■出雲市まで電化開業

1982年10月1日、伯備線・山陰本線の電化が完成して、381系特急"やくも"が岡山〜出雲市を走り始めた。ユニークな駅名略号として有名な"米イモ"という標記が381系に描かれて、岡山で読むことができるようになった。

初日には、あちこちで花束行事があるのは恒例だが、岡山電車区は、初めて特急が停車する井倉で花束贈呈を受けた。花束要員として指導添乗するのも毎度のことである。こんな添乗は大歓迎であるが、電化開業初日の突発救援要員も兼ねているから、いつ呼び出しがあるかわからない。

1013M"やくも3号"は9両編成で岡山を発車した。米子局の意気込みで全列車9両で発足したが、中央本線や紀勢本線ほどの需要を望むのは無理のようで、後年は高速道路の開通もあって編成短縮に向かわざるを得なかった。こうなると、3両固定のユニットを組み合わせた編成は応用が効かない。運転室とグリーン車は欠かせないから、7両・4両の変則編成が発生し、故障の自動復旧システムの例外扱いがそれぞれ指定されて、運転士の頭痛の種が増えた。

曲線の速度向上により、R400へ90km/hで飛び込むのは勇気が要るが、いざ進入してみる

115系3000番台の試運転。115系を2扉とし、転換クロスシートとした。1982-9、鷹取　（写真・鉄道ファン）

とレールに吸い付く感じで安定している。ただし曲線では見通し時間が短くなって、慣れて恐怖感が薄れるまで時間がかかる。見通し時間とは、ある地点が見え始めてから到達するまでの時間であり、この時間が最も短いと感じたのは、新幹線の200km/h運転のときであった。

1013Mは花束の待つ井倉へ定時に到着。行事の時間に余裕を持つべく早着に努めたが、慣れぬ線区と形式では無理だった。運転士は運転士歴11年になる岡山電車区の中堅である。遠慮するのを押し出してホームに立たせ、私が代わりに運転士席に座って発車の準備に専念する。振袖のお嬢さんから花束を受け取って、握手も済ませた運転士が、運転室デッキに乗り込んだのを確認して、発車の操作にとりかかった。

新見で米子運転所の運転士に引き継いで、1時間10分の緊張から解放される。詰所で新見機関区の運転士に「伯備線に初乗務の岡山運転区と違って、新見機関区はホームグラウンドだから楽ですね」と漏らしたら、「電車への初乗務の方が苦労します」と切り返された。新見は16年前にD51乗務できたところで、当時の鉱石列車と381系はまさに天地の差がある。

優等列車の"やくも"を受け持ったことで、伯備線は岡山運転区の重要指導線区となった。慣れてくると小刻みな余裕が生まれて、新見～岡山で2分ほどの回復が可能となった。制限に対するブレーキ位置を100m詰めて、5秒の短縮を行なうという積み重ねである。

ローカルの115系は6両編成で出雲市まで運用したが、輸送需要との差が大きく、編成短縮の要望が米子局から上がってきた。岡山局も思いは同じだが、電車は故障時に備えて複数ユニットという原則論が根強く、実現はずっと先のことになる。出雲市への運用は耐寒耐雪の1000番台に限定されたから、山陽本線の冷房なし満員乗車を尻目に、伯備線はガラ空きの冷房編成が走って、地元のマスコミにも物議をかもした。

4-3. 米子へのロングラン

■115系3000番台の登場

1982年9月から広島地区に115系3000番台が登場した。単なる置換えでなく、諸々の編成組替えが行なわれたので、ダイヤ改正は11月にずれ込んでいる。この編成短縮の目的は列車増発のためで、山陽本線の15分ヘッドが実施されて、フリーケントサービスのモデル線

115系3000番台は111系との混結が多く、純3000番台の編成は約半数。1983-10、五日市(写真・手塚一之)

区として注目を集めることになる。

今まで広島と下関の115系・111系は、4M2Tの6両編成に統一されていたが、列車増発に備えて2M2Tの4両編成に揃えられた。この変更ではみ出したMM'に対する先頭車の増備と、廃車となる153系の補充として新製される4両編成が3000番台として新しいバージョンとなった。

減少する乗客を引き戻すためのグレードアップとして、客室は2扉・転換シートという構成になった。これなら117系を増備した方が気が利いているというのが実感である。しかし、117系の新製配置はとても無理なので、形式は115系のままとして、実をとったのだという裏話も流れてきた。

111系と115系は回路が異なるので、111系のMM'と組む115系TCには編成切換スイッチが設けられた。115系のみが持つ機能が死ぬが、ドア半自動・抑速ブレーキ・ノッチ戻しといった項目なので、運用に直接の支障は生じない。

むしろ、1ユニット編成(電動車が1組の編成)に対して故障対策がいろいろと講じられた。1ユニットでは、機器の故障が直ちに運転不能になる可能性が高いためである。

第一に、パンタグラフが2基搭載となった。高速運転の集電確保や寒冷地の霜対策などと異なり、純然たる予備である。平常時は1基のみを使用する。

第二に、空気圧縮機が下りTcにも搭載された。これは1ユニット編成で運転不能になった原因を分析すると、圧縮機故障が最も多いというデータによる。このためかどうか、111系・113系は最初から下りTcにも搭載済みであった。

第三に、補助電源であるMG故障に対して、非常電源装置が搭載された。機構は105系と同じであるが、非常用として装備して平常は使用しない。主抵抗器は冷却不能のまま運転するので、起動は1回のみの制限がある。目的は、駅間で運転不能にならないよう次駅まで走行することであり、そのまま運転継続することが目的ではない。

第四に、MGをBL方式としたことがある。BLとはbrush-lessの意で、直流1500Vを三相交流に変換して交流モーターを駆動するので、直流モーターに不可欠だったブラシなどの整流機器が不要となり、故障の可能性が格段に減少する。

これらの故障対策は、使用した実例を聞いていないが、広島局の1ユニット運転にかける熱意として評価したい。広島局は、こういう独創性において常に一歩先んじており、古くはC59に動力火格子揺を装備して、機関助士の労力軽減をしたことは乗務員間では有名だっ

大阪環状線時代の101系。8両化が始まった頃の編成。1974-8、桃谷(写真・手塚一之)

た。大阪局のC59が最後まで装備しなかったのと対照的である。

運転室では助士席背後の窓が大きくなった。仕切窓はカーテンを閉じているので意味がないのだが、長期展望をにらんでのことだろう。3年後には客室との間にあったカーテンは全開されて、前方展望が可能になったので、この点は先見の明をたたえたい。

目立たない箇所では連結器緩衝ばねの改良がある。ばねが緩衝作用を始める最小荷重値を初圧といい、これ以下の衝動は緩衝せずにそのまま伝えるから、初圧は小さいほど良い。複数のばねを組み合わせて、初圧ゼロの緩衝ばねが開発された。最初の採用は117系であったが115系3000番台も続いて採用している。ドン突きがまったく感じられないソフトな衝動となったので、初期の0番台とは天地ほどの差がある。

■名優153系の引退

1982年11月改正によって、山陽本線のローカル運用で下関に残っていた153系が廃車となった。私にとって153系は1970年以来の付き合いであり、このたび廃車になった顔ぶれも岡山から向日町まで乗務した車両であった。国鉄新形電車のトップランナーであった101系・153系・151系は、後輩にあたる形式に出力で劣るものの、運転士の評価では次の世代に負けなかった。まさに名優の引退であった。

■103系講習で明石電車区へ

1983年11月29日、103系の指導者講習のために明石電車区へ出張した。103系は岡山地区で運用される予定はないが、幡生工場へ入場するための回送が生じて、回送要員の養成が必要となったものである。明石電車区は201系の投入を控えて、意気が上がっているときであった。今回の103系は岡山への受け入れではないものの、新車投入によるトコロテン転属車の講習に行くのは、私の宿命らしい。

103系の印象は、標準化に徹底した車両ということで、複雑さがまったく感じられなくて良い。構造が簡単という意味ではなく、編成全体に対するシステムの統一性に対してである。これなら車両故障のときも運転士が迷うことはない。運転士の処置時間の大半が、例外機構の対応に追われている実態から見れば、標準化の権化といえる103系の機構は大

京阪神間緩行線の103系電車。新車が投入されたが、先頭のクハのみは山手線ATC化のあおりで初期のものが多かった。1983-10、摂津富田（写真・手塚一之）

103系1000番台の運転台。松戸電車区で講習を受けた。（写真・手塚一之）

いに評価できる。
　通勤形電車では、荷重の多少に応じてブレーキ力の増減を行なう応荷重装置は、必須条件である。103系の応荷重装置の動作は、発車でドア閉となったときの荷重を検知して、その位置にロックする構造であった。在来各形式の応荷重装置は常時生きているので、運転中に荷重が変わっても対応できる。運転中に乗客数が変動することはありえないが、動揺による上下動を荷重変化として検知する可能性がある。この対策として、ドアが閉じたときの荷重設定を次の停車駅まで固定しておく、103系の方式は合理的である。
　しかし、この合理的なロック機構は、思わぬ弊害を発生させることになった。各車の応荷重装置の動作を説明すると、
①停車してドアが開くと、直ちに基準位置の空車設定へ戻る。
②バネのたわみを検知して、荷重に応じた設定位置に移動する。
③ドアが閉じると、その時の設定位置にロックされる。
　ところが、都市圏に多い駆け込み乗車に対して、車掌が瞬時に開閉を行なうことが、トラブルの原因となっていた。開の時間が短いときは、①で、空車設定となったときドア閉となり、②の荷重に応じた位置へ移動する時間がなく、直ちに③に移って、満員乗車でも空車設定のままロックされてしまう。このまま発車すると、次の停車駅でブレーキ力が不足して、運転士にとって命取りになりかねない。
　原因不明の停止位置行き過ぎが続発したことから、調査したところ、応荷重装置の動作が原因であることが判明した。対応としては、車掌のドア扱いの指導がされたのみで、構造面では手が付けられていない。
　電車区所在の西明石駅は複々線の終端であって、列車線と電車線の合流は平面交差となっている。完成は1965年と新しいのに、なぜこんな配線にしたのだろう。平塚や大宮では、重要幹線の平面交差解消が進められていた時期である。工事費の節減だけが原因なのか、複々線を西へ延長する計画があったのか、その後もダイヤ構成に障害を与えている。私も交差列車のために、停止信号で何度も停められた経験がある。
　103系の回送は数回あって添乗したが、おとなしい走り方の電車だという感想であった。

第4章　指導担当時代

回送列車では速度も高くなく停車駅も少ないので、加速やブレーキなどの印象も残っていない。まるきり他人事と思っていたのに、10年後に岡山に配属されて乗務することになるとは、予想もできなかった。

■EF58の引退

1984年2月1日に施行されたダイヤ改正は、質的な変化が大きなものとなった。

そのひとつが、貨物列車のヤード入換作業が全廃されて、直行列車のみとなったことである。機関士最初の乗務がヤードの貨車入換であったから、入換に対する私の思い入れは深い。直行方式は順次拡大されてきたもので、このときがその仕上げとなった。ヤードの作業量がゼロになると、仕分線のレールはすぐ錆びて雑草に覆われてしまった。

EF58は下関で奮闘をしていたが、全機がEF62に置き換えられた。今まで残された理由が客車の蒸気暖房のためであ

花形電機だったEF58も最終期は荷物列車の牽引で過ごした。岡山駅旧5番ホームにEF58127が停止する。1983-2、　　　（写真・大賀宗一郎）

EF62は信州の山男から東海道・山陽本線のトップランナーに大変身した。1986-2、新子安（写真・手塚一之）

り、客車（実質は荷物車のみ）の電気暖房が完備したので、暖房電源を持つEF62が後継車となった。このため名古屋・岡山の両駅と、旅客機の基地に設置された給油設備が不要となり、大きな経費節減が図られた。

EF62を東海道・山陽に運用すると、速度特性の問題が発生した。図のように、EF58と定格速度の差が大きすぎる。定格速度とは、EF66で述べたように、最大出力を発揮できる速度で、定格速度を超えると、出力が低下して持てる力を発揮できない。

EF58とEF62の速度特性

旧形客車列車は最高95km/hであるから、EF62では常用速度が定格速度を大きく上回って、息切れするのが読み取れる。速度が低い分だけ牽引力は大きく、瀬野〜八本松の補機は不要となるものの、高速性能ではEF58にはるかに及ばない。牽引力は73km/hで逆転して、

169

90km/hでの牽引力はEF58の75%に落ちてしまう。このため、高速運転区間ではスピードダウンが必要となって、時刻修正が行なわれている。対象が荷物列車なので苦情は出なかったが、矛盾の多い近代化であった。

■583系の撤退と115系の転機

電車では寝台特急形の583系が山陽本線から撤退した。昼間の特急が消えた山陽本線では、運用が夜行列車のみになったので、客車に置き換えるのはやむを得ないことだった。今後は向日町を基地として北陸方面が活躍場所となる。583系は私が電車運転士になった1967年に登場したいわば同期生であり、東海道・山陽本線を駆け巡った相棒でもある。全盛期の記憶をたどれば限りがなく、長距離運用から去るのは、名残り惜しかった。

115系にも転機が訪れた。岡山局でも広島局に続いて編成短縮が進められ、4M2Tから2M2T・2M1Tへの組替えが実施された。山陽本線の岡山〜糸崎は毎時2本の不規則ダイヤであったが、この編成短縮によって20分ヘッドの規格ダイヤが実現した。名付けてサイクル電車。他地区で好評の"ひろしまシティ""するがシャトル""サンシャトル"などに続いたものだが、この愛称はさっぱり根付いていない。

3両化は、6両を2分してMに運転台を新設すればよいが、クモハの誕生によってクハは上り向きから下り向きへ転向が施工され、向きを区別する車両番号の統一が乱れてしまった。4両化はクハが不足するので、他形式から改造編入されている。番号は601〜、651〜が付されて、下り向きに統一された。種車はクハ111を転用したものから、モハ115に運転室を新設したものまで多彩で、機器配置がそれぞれ異なるので、運転士はまごつくことが多くなる。国鉄民営化の声が大きくなるにつれて、すべて効率向上が優先され、悠然と標準化をいう雰囲気でなくなってきた。

■添加界磁制御の205系

1985年2月12日に日立の笠戸工場で、直流通勤形205系の指導者講習を受けた。添加界磁制御と電気指令ブレーキは、興味をひくのに十分であったが、まだ他所の話として受けとめていた。それよりも電車のいろいろな新機軸について、車両設計事務所の意気込みを感じるのが楽しみな講習会であった。

抵抗制御は、201系のチョッパ制御の登場によって終わったはずなのに、復活するとは意外であった。チョッパは高価なので敬遠したといわれれば反論できない。新しいシステムである添加界磁は、半導体回路によって界磁制御を敏速に行なえる長所があるという。運転士の負担が減少するだろうか。

その205系新製車は品川電車区へ配属されるが、回送列車として岡山を通過するので、山手線の運転士より早く乗務することになった。しかし、回送列車はゆっくりしたダイヤが多いので、性能を発揮する場面にはなかなか出会えない。

横形のマスコンは201系と同じなので抵抗は感じなかった。ノッチ式のブレーキハン

ドルも在来と同じ形なので違和感はない。画期的な車両であることはわかったが、性能面ではやはり満員の乗客を乗せて制限いっぱいの運転をしないと、電車としての性格はつかめない。

客室との仕切窓を前窓と同じ高さに、という要望は今度も採用されなかった。前窓と仕切窓は客室から見ると二重窓であり、窓の高さとサイズを揃えるべきだという考えである。205系は在来形の欠点をそのまま引き継いで、仕切窓が前窓より低く、客室から前方を展望すると、うっとうしく感じる原因となっている。運転士も乗客に足元を見られるようで落ち着かない。

■米子へのロングラン

1985年3月14日のダイヤ改正から、動力車乗務員のロングラン(長距離乗務)が復活した。ただし、今度は1人乗務のロングランである。労働組合も情勢を判断して、強硬な方針を変えたものである。

西明石〜大阪と糸崎〜広島は様子がわかっているが、伯備線の新見〜米子はまったくの初乗務区間とあって、資料作成とハンドル指導に忙しい日々が続いた。最初に米子まで見習乗務したのは雪の深い日で、線路がどちらを向いているのか見当が付かず閉口した。レールがすっぽり隠れているところを、雪の塊を押しながら走るのは未経験者には勇気がいる。自動車が線路に突っ込んでいる！とびっくりしたら、踏切で待っているんですと笑われた。白一色の景色のなかで線路と道路の区別が付くのに、相当の経験が必要だろう。

初訪問の米子運転所には転車台と扇形庫が残っていて、ラッセル車が待機し、DD51のエンジン音と暖房SG試運転の蒸気噴出音が響いていた。気動車検修庫は特急庫と一般庫に分かれて、キハ181系やキハ58系の機関調整中との掲示が掛かっている。隣の電機庫にはEF64が憩っていた。電車が見えないのがもの足りないが、大基地の風格十分である。

米子までの受持列車は381系特急"やくも"なので、速度制限はとくに要注意であった。線路図をにらみながら、制限速度いっぱいで走行するのは緊張の連続である。乗務が始まった後も指導として添乗して、速度制限からハンドル扱いまで質問に答えるのは緊張する。むしろ、サミットである上石見付近が、R300曲線が連続して速度の上下が少なく気が休ま

特急「やくも」クハ381の運転室。運転士は筆者。
1984-12、清音〜総社
(写真・岸　信介)

る。ただし、勾配変化が多いのは定速運転の障害になった。25‰とゆるい勾配が混在しているのは、ブレーキの扱いが面倒で効率が落ちる。これなら連続20‰にすれば良いのにと思う箇所がいくつかあり、建設費節約のためにやむを得ないルート選定なのだろう。東海道本線の垂井～関ヶ原もこんな線形だった。周りの景色が目に入るようになって、生山の場内信号機が、桜の花に包まれるのに気付いたのは、しばらく後のことである。

　新見まで16‰だった伯備線は、標高472mの谷田トンネルをはさんで、新見～生山が25‰の区間である。生山には転車台と給水設備の跡が残って、D51の奮闘の碑となっている。それらを横目にして、381系は制限速度のみを念頭において、ひたすら駆けぬけて行く。荒神原という踏切名が目に入れば、神話の国に近づいた感じもする。線路は日野川に沿って下る一方で、江尾を過ぎると再び快走が始まり、伯耆溝口まで下ると制限箇所が無くなって、ホッと一息つくのだった。中国一の高峰、大山の姿を落ちついてながめるのもこのあたりになる。伯耆大山で山陰本線に合流すると複線となり、米子までのラストスパートでは、日野川橋梁から日本海が望める。

　こうして米子までの伯備線・山陰本線は、つつがなく岡山電車区の受持線区に納まった。米子の乗継のとき、岡山へ電車の実習にきた出雲支所のメンバーと顔を合わせる機会もできた。4年ぶりの再会である。

■西武鉄道の見学

　国鉄の後進性を反省するためと称して、「私鉄に学べ」というスローガンが乱立していた。その一環として、経営と労使関係の優等生といわれる、西武鉄道の見学会が企画されて、1985年9月2日に池袋線の保谷乗務区を見学に訪れた。

　西武鉄道池袋線に乗車したのは初めてだが、大変な輸送量だというのが第一印象だった。鉄道経営からは有利な条件であるが、ダイヤの制約が速度低下などの原因にならないかと、要らぬ心配をしてみる。万事が淀まずに動いていると感じるのは、西武鉄道の総合方針なのだろうか。

　保谷乗務区で乗務員の業務内容を説明されると、国鉄よりはるかに厳しいことがわかる。しかし、いろいろな背景を総合すると「参りました」というのが本音であった。「西武鉄道は、運転士に信号の指差しや喚呼を義務づけていません。運転士を信頼しています。信号誤りの事故がないのがその証明です」と淡々と語る区長の言葉は自信にあふれていて、殺気立っている国鉄の管理者と大変な違いだった。

　仕事がきつい反面で、羨望にたえなかったのは乗務区の社員食堂である。小さい食堂だが年中無休で、早朝から深夜まで開いているという。「私たちは食事の確保が大変で、糸崎の食事のために岡山からホカ弁を持って乗務するんです」と話したところ、区長の返答は「昼夜なし年中無休の鉄道現場の社員食堂として当然のことです」の一言であった。付け加えて、「西武鉄道は運転士に空き腹かかえて乗務させることはありません」との締めくくりは、強烈なパンチであった。

帰ってからのレポートに、この食堂のあり方をテーマに取り上げ、「こういう気配りの積み重ねが士気高揚と事故防止の基本であり、トップのやる気ひとつで実現可能なことです」と書いたら、しばらく区長の機嫌が悪かった。

■埼京線の試乗

　西武鉄道を見学した翌日の1985年9月3日、国鉄改革のモデル職場として大宮運転所を見学した。大宮操車場という貨物の基地であったため、操車場の廃止と国鉄の民営化で仕事がなくなっては大変だと、意識も行動も立ち上がらずにはいれなかったのです、という説明から始まった。それらの苦労のお陰で、近く開業する埼京線の乗務は全列車を大宮運転所が担当する由だった。

　帰りに、開業間近の埼京線の練習運転に池袋まで試乗した。大宮の地下ホームから高架へ駆け上がり、赤羽まで東北新幹線に併行して、制限も緩やかで踏切もないうらやましい線路である。編成は103系10両、速度も100km/hいっぱいで飛ばすので、駅進入のブレーキ扱いはスリル満点であった。

　大宮運転所は、仕事の無くなる入換担当を優先して電車へ転換したため、このとき埼京線に乗務している運転士はDE10で貨車入換が専門だったメンバーで、100km/hの速度に慣れるのに苦労していますとのことであった。速度ばかりでなく電車への頭の切換えも大変なことだろう。

　高架なので目標が少なく、一つブレーキ目標を見落としたら停車位置行き過ぎは間違いない。赤羽を過ぎて地上へ降りるとホッとし、池袋の真新しい埼京線ホームに着いて試乗は終わった。指導担当の話では新宿への延長運転の予定もあって、当分気が休まりませんとのことだった。

　東京でこんな刺激を受けたのは久しぶりで、岡山へ帰ってから、自分たちにも採り入れて消化できる項目を考えるのは、よい頭の体操になった。

　電車と気動車は客室との仕切窓カーテンを閉じていたが、民営化の流れに押されて、開放することになった。全国いっせいに実施している。

第5章　JR発足の前後

5-1. 国鉄民営化への準備

■再びブルートレインを

　国鉄民営化の方向付けが定まって、準備対策が次々と実施された。その一つとして、JR貨物へ移行予定の岡山機関区が担当している、客車列車の乗務を岡山電車区に移管することになった。岡山電車区は開設以来電車のみを担当していて、岡山地区の乗務は、機関車は岡山機関区、気動車は岡山気動車区と分担が明確であった。そこへ突然の移管で準備が大変であったが、否も応もいえる状況ではなかった。

　幸いなことに、岡山電車区は寄せ集めと揶揄されたように、いろいろな経験者が集まっている。電気機関士の経験者は私を含めて30名あまりいた。指導者として2名が岡山機関区に出かけて復習し、残りのメンバーを教育することになった。みんな経験はあるのだが、私などは17年も離れているし、国鉄の組織から見て復帰の可能性はゼロだったから、電気機関車には無関心で過ごしてきて、まったくの浦島太郎であった。

　民営移行のためには、あらゆる無理と常識破りがまかり通っていて、内容は机上復習が1日、現車実習が1日、大阪まで見習乗務を6往復して仕上がり、という密度の高い（？）教育であった。

　岡山電車区電気機関士兼務という発令を受けて、ホヤホヤの復活機関士による大阪乗務が、1986年7月20日から始まった。

　電気機関車も新しい機器を搭載していた。非常パン下げスイッチ・EB装置・TE装置・バッテリー・パンタ空気だめ・ブロワー力行連動・切換コック力行連動、と目白押しである。

第5章 JR発足の前後

以前と同じだとなめてかかると、足元をすくわれそうだ。

　岡山電車区の大阪までの受持ちは6本、機関車は全部EF66という豪華版である。最初の夜は手違いやトラブルが起きないかと、指導室で徹夜することになった。いちばんの心配は、全員が緊急の復習をしたのみで練習運転が不十分な点にある。最初の8列車(寝台特急"富士"宮崎1300→東京0959)が異常なく大阪に到着してから、各列車の到着時刻までに電話が鳴らないとホッとし、最終の5列車(寝台特急"みずほ"東京1705→熊本1105)が岡山へ到着すると、やっと緊張が解けて眠気が全身を襲ってきた。この後も指導担当として、復活新米機関士に付き添って大阪へ通うことになった。こちらも同じ復活新米だから、緊張はひとしおである。

1という列車番号を独占して来た「さくら」も、「はやぶさ」との併結によって番号を明けわたすことになった。単独「さくら」の最終日、牽引するEF6648。1999-12、岡山(写真・大賀宗一郎)

　乗務開始して間もないある日、1列車(寝台特急"さくら"東京1635→長崎1115佐世保1059、15両、EF66)に大阪から岡山まで指導添乗した。冗談ではない、こちらが見習だとジョークを飛ばしながらの添乗である。運転士は機関士科の同期で、電車への転換を受けて2か月前に岡山機関区から来たばかり、機関車は知っているが大阪乗務の経験はない。

　彼は昨夜113系で大阪へ上ったのだが、姫路～大阪では線路は初体験で電車はまだ新米、日が暮れて目標は見えず、虎の巻を片手に必死の運転だったという。まさに綱渡りのような乗務である。当時はあちこちで、このような光景があったという。

　私が練習運転のため機関士席について、彼は線路図と信号機表を読みながらという、二人三脚の態勢で大阪駅を出発した。EF66は17年前に糸崎で見ているが、当時は貨物列車専用だったから、私は乗務経験がない。指導添乗とはいうものの、何が起きても初体験である。

　1ノッチで起動するとグーッと感じる客車の重み、長い間忘れていた感覚である。ノッチアップにともなって踊る電流計の指針、足元からは揺するようなモーターのうなり、機械室から届くユニットスイッチの動作音、ブロワーや圧縮機の響き、機関車に乗っているという実感が湧いてくる。

糸崎に停車中の特急「さくら」。最後部は座席車ナハフ20。1962-1

軽く流しながら、尼崎を通過して初めて最終ノッチへ投入する。かつて特急電車で120km/hでとばした区間だが、ブルートレインの110km/hの方が緊張が大きい。EF66の定格速度は電車特急より高く、速度特性でも負けていない。EF66のMT56モーターは、出力650kWで国鉄電機では最高となった。ちょうどEF58のMT42の2倍となる。同じ6軸で速度特性もほぼ等しいから、EF66は、旅客機であるEF58を重連した性能を持つことになる。今まで高性能の機関車というPRが先行して、データ説明が不十分であったが、速度と牽引力については"EF66＝EF58重連"と考えれば理解しやすい。

MT56モーターは、高速で力行すると独特のうなりを発することを、このときに初めて経験した。在来形式の記憶をたどれば、EF58・EF15のMT42（定格回転数800rpm）の重々しい響き、初期EF60のMT49（1200rpm）の悲鳴のような叫び、EF60後期からEF65まで各形式の標準となったMT52（850rpm）の底力のあるうなり、そしてEF66のMT56（1260rpm）は、また新しいモーター音をもたらすことになった。

EF66は定格速度が高いために、100km/h走行でも他形式に比較して電流値が落ちない。これがMT56独特の力強い回転音の源であろう。ウォーンと聞こえる、やや甲高いこのうなりをたとえる言葉として"狼の遠吠え"で二人の意見が一致した。

尼崎から立花への直線区間は、高槻～山崎の大カーブとともに、複々線イメージの典型として私の好きな場所である。

そういえば、1列車というナンバーに乗務するのも、このときが最初であった。この番号はずっと"さくら"が独占している。東京を発つ順序が同じであれば、今後も変わらないであろう。九州に入って長崎行と佐世保行に分割されるので、電源車を持たない15系客車の編成である。この15系は電源セットを客車の床下に分散して、編成の自在化と運用効率の面から、今後の標準タイプになるはずであった。しかし、1972年に発生した北陸トンネルの列車火災事故の教訓から、寝台車の床下にはディーゼル機関を積まない方針が確立され、以降のブルートレイン増備は専用電源車の方式を基本としている。

以前の20系客車の時代には、高速運転に対するブレーキ設備として、電磁回路と増圧機構を持つのがブルートレインの条件であり、機関車に装備された関係機器の取扱いと点検が110km/h運転の象徴であった。14系以降の新系列客車では、ブレーキ性能の向上によって不要となり、機関車に装備されたこれらの機器は遊んでいる。

複々線の外側線を110km/hで走っていると、153系に乗務して内側の113系と並走した記憶が戻ってくる。方向別の複々線は兵庫から線路別となって、列車線・電車線と名称が変わる。かつて181系・485系・583系で走破したこの区間で、今度はブルートレインの乗務という、思いもよらない新しい仕事をすることになった。

久しぶりにブルートレインを運転してみると、惰行が効くのに驚く。前方の速度制限から逆算してオフしても、速度低下が予想より少なく、慣れるまでブレーキで抑えることが多かった。電車は動力装置の数が多いため、惰行時には走行抵抗の大きな要素になっていることがわかる。

姫路は、ホームのない5番線を通過する。通過列車の運転室から見ると、ホームの乗客には本当に気をつかうので、通過列車はホームを避けるという新幹線方式は安全の面からももっと推進されるべきだと思う。

相生構内の90km/h制限を過ぎると、10‰上り勾配が2kmほど連続する。難所というほどではないが、蒸機時代から加速と勾配の勝負箇所となっていた。わがEF66は電流値をいっぱいに保ったまま、狼の遠吠えとともに速度を上げて行く。90、95、100、105と指針が上がるのが頼もしい。3000Aを集電しているパンタが気になって、窓からのぞいて見たが火花は見えず、安定した集電ぶりに安心する。10‰を上り切った終端で速度は110km/hになった。ここからは有年の手前まで直線が伸びて、しばし110km/h走行が続く。それまで客車15両を牽いた機関車列車が、上り10‰を110km/hまで加速する運転を想像できただろうか。EF66は大した機関車だと、改めて感嘆した17年ぶりのブルートレイン乗務であった。

■山陽本線が15分ヘッドに

1986年11月1日ダイヤ改正から、山陽本線の岡山〜糸崎の電車ダイヤが、20分ヘッドから15分ヘッドとなった。乗客心理では"待たずに乗れる"感覚は15分が最大限度というから、やっと電車区間の資格ができたことになる。

民営化の前に新しいダイヤを確立しておくため、各地とも列車の増発要請は熾烈であった。本社からは、車両増備なしで実施するよう条件が付けられたという。編成短縮は1984年に極限まで行なったので、残るは運用効率の向上しかない。岡山電車区の手持ちでは不足するので、府中電車区の105系が応援に出ることになった。福塩線でラッシュ終了後に昼寝していた編成の活用である。速度特性から見て105系を山陽本線に運用するのは無理な話で、乗務する糸崎運転区の苦労が想像できる。

JR移行の3日前に、宇野線快速が新鋭の213系に置き換えられた。宇野では留置中のブルートレイン「瀬戸」と並ぶ。1987-10、宇野（写真・大賀宗一郎）

広島地区の山陽本線は、15分ヘッドから

さらに一歩進んで10分ヘッドになった。各駅ホームの案内表示の画面が、列車ごとの案内でなく"ただいま10分間隔で運転中"というのは、心意気が感じられて微笑ましい。
　岡山駅はホームへの階段減少が図られた。1972年の新幹線開通で岡山駅は本屋前ホームが無くなり、すべてのホームは階段経由となっていた。そこで下り本線をつぶして、中央改札口前となる2番線を新下り本線とし、旧下り本線の両側を折返し線として独立させた。これによって、中央改札から階段なしで行けるホームは3線となった。改札両側の折返し線は便利に見えたが、列車回数の増加につれて、列車着発の平面交差が大きな支障となり、10年後には1本が使用廃止に追い込まれている。
　岡山電車区は1986年11月1日に再び岡山運転区と改称した。民営化準備のために岡山客貨車区の客貨分離が行なわれ、客車部門を電車区が併合したものである。ちょうど4年前の電車・客車の分割を逆コースで戻ったことになる。

■国鉄民営化が決定

　1986年11月28日、参議院本会議で国鉄改革の9法案が可決されて、国鉄民営化が決定した。今まで準備として進められていた諸々の作業が、正式かつ公然と行なわれることになった。
　JRへ移行を希望する者は、国鉄へ退職願を提出することになった。退職願を書くのは気持ちのよいものではなく、拒否した者もいる。西日本旅客鉄道設立委員会からの採用通知は1987年2月12日付で受け取った。これで3月31日に国鉄を退職し、4月1日にJR西日本に新規採用されることが確定した。
　全国的に見ると、JR移行後の人員余剰の多い地区から東京圏・大阪圏へ広域転勤が行なわれている。労働組合も雇用を守るための手段として積極的に推進したので、遠く離れた職場へ異動した者は多い。
　JRに採用されない場合は国鉄に残ることを意味する。日本国有鉄道は国鉄清算事業団と名を変えて残務整理を行なう機関となり、3年間で再就職が決まらないときは解雇が待っている。この選別によって多くの仲間と別れることになった。新しく拡充する物販や飲食関係への異動も相次いでいる。
　こうしている間にも、新しい形式の講習などは休むことはできない。瀬戸大橋の開通を見越して、宇野線快速に新形電車が投入される噂が早くから拡まっていた。

■勾配線装備のEF64

　岡山機関区には伯備線用としてEF64の配置があった。民営化でJR西日本に移行するのは0番台で、新装備の1000番台はすべてJR貨物に移ることになった。機関区の同期に、「JR貨物のやり方は汚いぞ」とねじ込んだら、「旅客列車は暖房が要るんだろう、暖房電源MGを持たない1000番台がJR貨物へ来るのは当たり前だ」とはぐらかされた。定期運用はないので伯備線の専用ではなく、山陽本線の臨時列車や工事列車にも多用されて、岡山運転区の乗務員には身近な存在となった。

伯備線電化で岡山に配属されたEF64。定期運用は貨車列車のみで、旅客列車は臨時列車を担当した。1985-8、石蟹（写真・堀切秀規）

　出雲大社への団体臨時列車を牽くEF64に、米子まで添乗したことがある。民営化を控えてあわただしい雰囲気なので、ふだん煙たがられる指導の添乗も、このときは歓迎された。しかし何が起きても、私はEF64の経験のない17年ぶりの復活機関士で、故障したらマニュアルどおりの点検をするしかない。前の夜には、そらんじるほどマニュアルを読み返している。

　走行性能はEF65と同じだ。12系6両の軽い列車なので、発電ブレーキのありがたみも、もう一つの感がある。重量列車ならば手放し運転の長所が発揮できることだろう。上り勾配も同じで、空転検知や再粘着回路などの急勾配の七つ道具も、活用する場面がないのは残念だった。大社参りの善男善女を乗せて、いささかもの足りない思いが残ったEF64の初乗務であった。

■添加界磁制御の211系

　岡山に213系の配属が決定したので、同系列である211系見学のため、1987年1月29日に新前橋電車区を訪問した。マンモス基地を想像していたら意外にこぢんまりしていて、ここは検修基地であり、所属車両の運用と留置は、関東北部全体をカバーしているという話であった。運転士も新幹線開通までは上野・新潟・長野へロングラン乗務していたが、今は長野ルートを高崎派出に譲って、本区は近郊輸送が主になりましたという。岡山運転区も15年前に同じことを経験している。

　車両のシステムそのものは、205系のときに講習を受けているが、今度は自分たちが乗務するのだから、真面目にスケッチを行なった。新前橋電車区の指導が作成されたものは、現場の活きた資料であり、瀬戸大橋を渡って四国を結ぶ乗務の支えになっている。

■デジタルブレーキの213系

　1年後に開通する瀬戸大橋の看板列車として、岡山に新系列の直流近郊形213系の投入が決定した。指導者講習は1987年2月26日に、片町線の徳庵にある近畿車輛の工場で開催された。

　基本的な機構は211系と変わらないので、新前橋での資料とスケッチを軸にテキストを作成した。運転士への新形式講習は、国鉄からJRへの移行を1か月後に控えた、てんやわんやの時期に行なわれた。主回路は添加界磁方式だが、力行については抵抗制御であり、取り扱い面では在来車と変わらない。

　新しいシステムはブレーキであった。最大の相違点は、ブレーキ指令が205系から始まった電気指令のデジタル方式であることだった。115系など在来形式は電気回路を使用していても、ブレーキ指令は空気圧によるアナログ方式で、これは連続変化が可能であるから、自由に細かい加減ができた。

　ところがデジタル方式では、ブレーキ指令は1ノッチから7ノッチまでの段階指令であって、ノッチの中間位置をとることができない。ふだんの運転では不便さは感じないが、運転士のカンによる微調整という腕の見せどころがなくなってしまう。

　ブレーキの応答の速さは素晴らしかった。運転士がブレーキハンドルを扱ってから、実際にブレーキが作用するまでの空走時間は避けられないが、デジタルでは応答が非常に速く、空走時間は1秒未満となって、在来の運転士の感覚ではゼロといってよい。運転士のブレーキ技量は、作用遅れのマスターにあったのだが、その苦労が吹き飛んでしまった。

　応答の速さは困ることもあった。在来の基本扱いは、停止直前にブレーキハンドルをゆるめとし、動作の遅れによってゆるみ切らないうちに、フンワリと停車するのが理想とされていた。デジタルでこれをねらっても、応答が速いために正確に決まることは少なく、コクンと停まるか、停まりきらずに転動する。したがって、衝動発生を承知で1ノッチを

瀬戸内ののどかな田園風景の中を9連の213系が宇野へと快走する。宇野線の南半分は瀬戸大橋の開通によって四国連絡メインルートの使命を終えた。1987-4、迫川〜常山（写真・堀切秀規）

残して停車することになった。この衝動緩和のため、通勤形の205系には1ノッチの下の最弱段があったのに、その後の形式ではいずれも省かれている。

ブレーキノッチは、対応する空気圧が等間隔となる刻みなので、使いやすいとはいえない。等間隔では、低ノッチでの刻みが粗すぎるし、高ノッチでは1ノッチ分の効果が物足りない。ノッチ間隔は等比級数的

213系は快速のみでなく、ラッシュの通勤列車にも運用されて乗客を喜ばせた。1987-3、宇野（写真・三宅　博）

に、高くなるほどピッチを広げるのが望ましい。いつか修正しておかないと悔いを残すことになろう。

ブレーキの電空切換については、201系と同じく電空併用を常時行なうので、切換えではなく負担率の調整といえる。空気の給排が追随できるよう、半導体制御で電流変化をセーブする方式も同様である。これで衝動の発生する要素が無くなったが、ブレーキ衝動のとき言い逃れの理由も無くなって、運転士の技量がそのまま現われることになった。

201系以降の新形式に採用されていた自動折返し機構（154頁参照）は装備していない。この機構は運転士の作業軽減が目的であったが、自動式でトラブルがあれば点検の手間と時間が大変で、列車の遅れが大きくなる。そのような場合を想定して手動式に戻ったものである。自動化は平常時の効率向上のためか、異常時の混乱拡大防止のためか、という興味深い問題提起である。

ブレーキでは制輪子が復活した。旧来の鋳鉄制輪子は速度による摩擦力変動が大きい欠点があって、ディスクブレーキが広く採用されていた。鋳鉄の後継である合成制輪子は、摩擦力変動が少なくなったことと、重いブレーキディスク省略による軽量化のために、ディスク2組のうち1組を制輪子に置き換えたものである。このため、滑走防止の目的で最近の形式に装備されている、タイヤ踏面清掃装置は不要となった。

新系列電車の共通事項として、故障発生や乗務員の誤扱いのとき、ブレーキ不緩解として現われる項目が多くなった。ブレーキ不緩解になると発車できないから、処置をゴマかしてとりあえず発車しようという操作は不可能となる。これは当然の安全機構であるが、単純なミスでも列車遅延につながることになった。このために、営業開始後も早々に苦い経験をすることになる。

便所はカセット方式となった。近郊形では処理する対象が長距離優等列車とは異なるので、汚水がスポンジ状のカセットを通過する構造である。汚物を吸ったカセットは基地で交換して焼却する。通過した水分は浄化消毒して排出するが、排出は飛散をさけるため使用後の次駅停車中に行なう。停止位置には排水受けが設置されたが、使用開始しても懸念された問題は起きず、後に撤去された。

この方式は、経費節減の目的で開発された。特急形式に採用しているタンク式では、基

地に下水処理設備が必要となって経費がかさむのはやむを得ない。隣接する大阪・広島・米子・高松の各地区は、特急形式が配置されて下水処理設備があり、同居する近郊形もタンク装備となっている。その間に位置する岡山は、特急形式の配置がないためカセット式になったものである。この相違のため問題点が出てきた。

山陰からの381系"やくも"のタンク抜取りが岡山でできない。瀬戸大橋が開通すると、四国から乗り入れて来る特急も同じで、そのまま折り返して所属基地で抜き取る運用が組まれた。しかし、特急の終着始発駅である岡山には、タンク抜取り設備を設けるべきで、現状ではダイヤが混乱したときに対応不能となる。災害のためタンク形式が岡山地区へ閉じ込められたとき、毎夜バキュームカーが出動した例がある。

213系の営業開始は1987年3月28日であった。四国への連絡船に接続する快速列車として、この日から9両編成が岡山〜宇野を往復した。新形式の新製車とあって良いことずくめで、乗客からも運転士からも好評を得た。車両の置換えは順次行なうのが普通だが、宇野線のみの運用なので213系化は当日一斉に行なわれている。

■213系の営業開始

初日に快速列車として213系の初運用となった3121Mは、岡山を定発した。発車のノッチ投入でフワッという感じで起動する。制御器のソフトスタートは改良が進んで、衝動なしが普通になった。ユニット動作表示が1、2、3と点灯して3つのユニットの正常動作を示している。発車後の加速は115系に比較するとややもの足りないが、3M6T編成の出力と速度特性からやむを得ないだろう。横軸マスコンは手の重みで投入状態が保てるので、左手の負担は軽くなった。ばねがきつい形式では、力行時間が長いと左手首の疲労が大きい。

大元のポイント制限でブレーキを使用する。ブレーキハンドルのノッチ音とともに、計器盤右端のブレーキ表示器が1から5まで積み上げ方式で点灯し、ブレーキシリンダー圧力計が上昇する。続いて、左端にある総括表示器のユニット動作表示が力行と同じく1、2、3と点灯して、電気ブレーキの正常動作を示す。ブレーキ開始と電気ブレーキ立ち上がりの衝動は少ないが、ブレーキの効きは十分なので、立っていれば身構えが必要だ。それとは感じないのに減速度は十分確保している。この現象は新系列電車の特徴で、80系から153系に変わったときに続く、制御器の第二革命といえる。

ブレーキゆるめの衝動も、絞りオフのおかげで衝動はまったく感じない。半導体制御のありがたみが実感された。最初に停車する妹尾に到着のときも、ブレーキは難なく決まった。電空切換などでブレーキの効きが途中で変わるのが、在来形式の欠点だったが、213系ではこの欠点は感じられなくなった。

3121Mは宇野へ定時に着いて、213系快速列車の初営業は無事に終わった。車止めの先は瀬戸内海で、ホームの頭端はホーバークラフトの乗り場になっている。折返しの3124Mは、高松からのホーバークラフトの接続を受けるダイヤだ。宇野〜高松を23分で結ぶホーバー

は、空気でふくらんだダイヤフラムで浮上し、空中プロペラで推進するため、出航のときはプロペラにあおられた飛沫が離れたホームまで飛んでくる。利用者が伸びず間もなく廃止となり、四国局の意気込みが実を結ばなかったのは惜しまれる。

宇高航路には、国鉄末期からJR初期にかけて、航路時間短縮のため民間のホーバークラフトをチャーターした。所要時間は、連絡船の1時間に対し、23分と大幅なスピードアップが実現した。1987-10、宇野（写真・大賀宗一郎）

213系が最初の冬を迎えたとき、始発列車が霜のために加速できない事象が発生した。3両編成でM車が先頭になると霜を踏んで空転し、空転検知の作動で自動的にノッチオフ、再力行、また空転、を繰り返すので速度は上がらない。これらはノッチ投入のままでも自動的に動作するから、運転士は止める方法がない。複数ユニットなら後部のM車が加速してくれるが、1ユニットの3両編成ではそれも望めない。

空転多発の原因は、M車を減らすための動力集約により、1軸の回転力が増加したことにある。対策としてはモーターの回転力をセーブするしかなく、手動ノッチ進めによって電流値を抑える研究を進めることになった。宇田流ノッチ保ちによる運転が、初めて日の目を見たことになる。

懸念されていたブレーキ不緩解は、2日目に発生して列車運休となった。運転士のささいなスイッチ誤扱いが原因であり、故障とはいえない内容だけに、報告を受けて運休判断をした指令に非難が集中した。JR移行の混乱時期で素人集団が国鉄を動かしていたという批評が的はずれでない面もあったのだ。

営業開始後の運転士の評判は"素直な電車だ"の一言であった。力行は高速性能が勝るだけ115系より扱いやすく、ブレーキは電空切換の衝動も高速絞りもなく、くせのない優れた形式といえる。以後に登場する新系列形式のトップバッターとして、良い刺激を運転士に与えた。事実、このおかげで221系を受け入れるときの苦労が半減している。

5-2. JRへの移行

■JRへの移行あれこれ

JR西日本として発足するために、あらゆる社内規程を整備しなければならない。後から聞いた話では金沢局との調整がいちばん時間がかかったそうだ。金沢を管轄するのが名古屋から大阪に変わったために何かと勝手が違うという。

法令に基づくものは本社準備室が行なうが、内規的なものについては、各管理局が下作業を分担することになった。

国鉄からJRへの大転換の日、JR西日本ではC571を活用して「こんにちはJR号」を走らせた。1987-4、小郡（写真・石井宏幸）

　岡山局は動力車乗務員作業標準を担当した。運転士の具体的な作業法を決めるもので、信号機の確認は指差しをして喚呼を行なうといった例の集大成である。管理部門のメンバーでは手が足りず、現場にも応援が求められた。

　1987年3月1日に、岡山運転区は岡山運転所に改称された。総合基地であることと、人員・設備のスケールから昇格したものだと伝えられた。所は区よりもランクが1段上に位置するので管理者のポストなどが変わってくる。

　JRに移行すると線路は旅客会社の所有となる。あわてたのは線路保守にともなう工事列車などの担当である。それまで担当していた岡山機関区がJR貨物所属となるので、工事列車一式は岡山運転所に回ってきた。8か月前までは電車専門の職場であったのに、ブルートレインを担当して目を回しているのが現状である。その上に、貨車を牽引して特殊作業を行なう工事列車が上乗せされることになった。

　工事列車は、レールやバラストの取卸しに始まって、高度の技量を要するロングレールの取卸しまで、経験がものをいう仕事である。付け焼刃で務まるものではない。それでもJR発足という大義名分のために、すべての常識が否定されていたから、ともかく当たって砕けるしかない。

　寄せ集め集団が役に立って、機関区時代に工事列車を経験した者が2人いた。以降は工事列車があると2人を先生として見習をさせ、やっと最低限の人数を確保することができた。それでもバラスト散布に初体験の新人が行くと、作業中は保線担当から無線でしかられっぱなしでしたと帰ってくる。バラストを卸しながらの走行は、速度が変わると散布量が狂ってしまうので、保線担当の気持ちも理解できないわけではない。

　しかし、10‰下り勾配を3km/hで定速運転といわれても、バラストを満載した旧形貨車の、空気ブレーキのK制御弁を相手にどうしろというのだ。ホッパ車（ホキ800）はバラストを満載すると1両が50トンになり、機関車のブレーキでは速度を抑えきれないし、旧式のK制御弁では低速微調整は不可能だ。ベテランはそれらを使い分けて、巧みに要求に応じ

るから見事である。
　JR西日本の所属となった機関車は、基地の岡山運転所に機関車設備がないため、運用基地としてJR貨物の岡山機関区に預けられた。機関区の同期は、預かるごとにJR貨物へ手数料が入るので大歓迎だとひやかす。最盛期には1000名を超えた岡山機関区は200名ほどに縮小されたそうだ。
　岡山地区で、JR西日本の所属となった機関車は、EF65：1両、EF64：1両、DE10：1両、休車のDE50：1両。いずれも定期運用はなく、臨時列車・工事列車に使用される。

■蒸機免許証を逃す

　JR発足にともない運転士は免許証が必要になった。国鉄時代は運輸省から委託された形で、免許証を持たずに乗務していたが、株式会社になると、すべて法令の適用を受けることになる。移行時の特例として、3年以内に3日以上の乗務経験があれば免許証が付与された。車種や職名の事情で3年以上の空白がある者は、大急ぎで乗務予定が繰り入れられた。実質は見習と同じなので一人では乗せられず、指導陣はそのための添乗で目を回すことになった。
　問題は蒸気機関車である。乗務実績をつくるためには小郡運転区で山口線に乗務するしかない。将来のイベント要員として必要なので、全国各局から対象者が小郡へ集められた。岡山局からは5名であったが、私は選に漏れた。所長に強訴したところ、会社発足の直前に指導主任が現場を離れては困るという説明であった。
　蒸気機関車の免許証を手にできなかったので、私の"動力車操縦者運転免許証"の運転免許の種類欄は"甲種電気車"のみである。小郡へ実習に行った同僚の免許は、"甲種電気車・甲種内燃車・蒸気機関車"と揃っている。JRで必要となる免許証は、もう一つ"新幹線電車"が加わって4種類である。

■JR発足

　1987年4月1日にJRグループが発足した。職場名は西日本旅客鉄道岡山支社岡山運転所となった。英訳した各社の社名を並べて見ると、東海がCentral Japanというのは一本取られた感じがする。
　思えば、私たちの仕事場である山陽本線は、100年ほど前に発足した山陽鉄道という私鉄であった。サービス競争では他の追随を許さず、食堂車、寝台車から列車ボーイ乗務に至るまで、先鞭をつけてきた歴史を持っている。その後に鉄道国有化を経て、国鉄の中で大役を果たしてきたものである。
　JRとしての再出発に際しては、山陽鉄道の時代に立ち返って、サービスと競争の初心を忘れずに、お客様第一の新しい時代に適応した鉄道をつくってゆこう、というのが私たちのスローガンであった。
　今まで一つの組織だったものが分割されたので、岡山地区は他会社と隣接しなかったが、

会社の境界ではいろいろ面食らったそうだ。新幹線で新大阪に降り立つと、JR西日本の本社所在地なのに、ホームはJR東海のシンボル一色で何とも奇妙な気持ちである。

職場は、新会社として発足した高揚感でピリピリしていた。ブレーキ誤りで停止位置を行き過ぎるなどは言語道断の話になった。私たちは、僅少の行き過ぎはブレーキ扱いの勲章だと考えていたのに、運転士もお客さま相手の仕事だとあらゆる場面で強調されることになった。

■指導主任に

私の仕事も大きな変化があった。指導主任の担当である。指導員9名を束ねる主任は先輩の仕事だと思っていたら、JR移行にともなう退職促進で先輩が去り、47歳の私が最年長になっていた。主任職は管理職試験に合格した者の仕事であり、資格者が2名もいるので、私の出る幕ではありませんと辞退した。

新会社として発足する今は、経験豊かで仕事のわかっている者が必要なのだという上司の説得に根負けして、新会社の業務が軌道に乗るまでの暫定期間として、6か月後には管理職試験合格者と交代するという条件で承知した。しかし期限が来ると、世間の常識どおりに空手形であった。

主任は指導助役の補佐役として、管理要素を含めた業務をこなすことになり、助役は対外業務に忙しいから、内部のことは相当な範囲まで任される。

最大の仕事は運転士の乗組である。誰をどの組に乗務させるか200名の運用を考えねばならない。それぞれが乗務可能な線区、可能な車種、経験年数と、条件別に揃えてリストを作ることから始まった。前任者は頭の中のコンピュータでやっていたらしい。

岡山運転所では、新米運転士は近回りの電車組に乗務させる。車種は115系の他に213系が加わる。213系は本数が多く、ダイヤ混乱時に振替乗務が想定されるためである。近回りといっても、担当線区は岡山を起点に、姫路・三原・播州赤穂・宇野・児島・新見、と多線区を抱えて356.0kmに達する。新人の守備範囲としては広すぎるが、線路をマスターさせることを優先し、基礎が身についてから担当車種を増やすというのが岡山運転所の方針であった。

2年目に入ると、本人の技能と知識を見ながら、担当範囲を順次拡大して行く。広島へのロングラン、381系の講習を済ませて米子への乗務となる。とくに、米子への行路は、積雪の季節を避けて線路見習を行ない、本務になった後は一冬を経験させる必要がある。広島と米子へ乗務可能になると、岡山運転所では一人前として扱われる。さらに、電機への転換養成を受けると、広島へ行くブルートレイン組に入る。電機に習熟したと認められると、最後の仕上げとして、大阪までの電機乗務が待っている。ブルートレインを牽いて大阪まで複々線を突っ走るのは、一定のレベルに達していないと任せられない仕事である。ここまでマスターしたメンバーは全員の20％足らずで、運転士のやりくりの頭痛の種であった。

マンネリ化は事故につながるとの考えから、同じ組に長期間乗せない方針があり、乗組

の定期異動も考えねばならない。乗務内容の厳しい組のメンバーは、いつまで乗せるのかと苦情をいってくる。電機の資格者を、電機に長期間乗せないで空白を作るのは好ましくない。切迫している大阪ブルートレイン要員も、順次養成しなければならない。各形式の回送要員は、いつでも充当できる態勢に置く必要がある。工事列車要員も同じで、ロングレール取卸し作業のできる者は、希少メンバーとしてとくに配慮がいる。

　乗組の中の予備組は、機動要員として臨時列車や組メンバーが抜けた穴に充当される。勤務担当からは予備員は万能選手をとの要望が強いが、ベテランばかり充てると不満が渦巻くので、全線区・全車種に乗務できない者も混じる。不満とは組乗務より勤務が不規則になって勤務時間が短くなるので、給与の手当類が減少するためである。国鉄時代の労働組合による相互補償は、職場秩序の面から禁止された。

　勤務時間が短いのなら仕事も楽だろうというのは、部外者の見方である。組乗務メンバーよりも、不規則で偏った乗務を担当するために、自宅で夜を過ごす回数は組より少ないのが普通である。仕事の労苦に応じた報酬をという基本的なことに、給与制度が追随できない典型といえる。

　新米は予備に充てられないので、中堅以上を回して担当させることになる。新米とは運転士経歴ではなく、車種・線区の経験であり、大阪ブルートレインに数か月乗務したからといって、予備担当として乗務させるのは無理がある。

　秘マークのある運転適性検査・医学適性検査の記録や、個々の引継ぎ資料に目を通すと、乗務内容を制限せざるを得ない者も出てきて、これらの要素を総合判断しながら乗組を決めて行く。結果として、乗組の決定は指導主任の権限と見られ、指導主任は人事課長だとささやかれていた。個人的な事情や要望をいろいろ言ってくるのは驚かないが、上司を通じて有形無形の圧力がかかるのには閉口した。

完成した瀬戸大橋の荷重試験のため、電気機関車を連ねた重量列車が100km/hで走った。1988-1、児島〜宇多津　（写真・大賀宗一郎）

毎日がデスクワークで、添乗に出ることもままならない。管理部門や隣接区との折衝や、運転士からのよろず苦情処理担当という仕事は、窮屈で性に合わなかった。それでも、指導員9名の業務分担を決められる立場なので、EF81の指導者講習では、敦賀まで出張することができた。

5-3. 瀬戸大橋の開通

■電車で四国へ

1988年は本州と四国を結ぶ瀬戸大橋の開通が地元のトップニュースとなった。鉄道の正式な線名は"本四備讃線"で、区間は茶屋町～宇多津となる。これでは不便が予想されたので、営業面では、岡山から四国までの総称を"瀬戸大橋線"と呼ぶことに統一された。

1988年1月30日に大橋の走行試験が実施された。児島まで私が乗務した213系6両編成が、高松運転所の乗務員に乗り継いで、そのまま走行試験列車となる。帰ってくる列車を児島で待つのも退屈なので、同行の岡山運転所長の許可を得て坂出まで添乗見学した。客室最前部という垂涎の場所である。

瀬戸大橋は5橋と呼ばれていたが、着工後に羽作高架橋が与島橋と改称されて、6橋となった。構造や外観から見ると、橋梁と呼ぶか高架橋と名付けるか紛らわしいものが多い。四国側の取付け部は誰が見ても堂々たるトラス橋だが、名称は番の洲高架橋という。保安設備の条件が異なるのだろうか。

橋の鉄道部分は、在来線と新幹線の4線分が確保され、現在は暫定的に内側2線を使用している。進行左側の窓をのぞけば、1線分の空白スペースから、眼下に海面を眺めることができる。その代わり頭上は道路部分なので、屋根があるのと同様にうっとうしい。各橋の概況を説明しよう。

第1橋は下津井瀬戸大橋(吊橋、1436m)。本州側は鷲羽山トンネルを出るといきなり空中

試運転で本四備讃線に入線した213系3連。ヘッドマークは"試運転"のもの。1988-2、木見(写真・大賀宗一郎)

第5章　JR発足の前後

イベント用としてグリーン車3両編成の「スーパーサルーンゆめじ」が登場した。1988-3、上の町〜児島（写真・大賀宗一郎）

に飛び出して、下津井瀬戸大橋に差しかかる。縦断面は曲線を描いており、勾配は橋の中央部で延長900mにわたって＋10‰から－4‰へ連続変化している。中央部は海面上31mの高さになり、ここが岡山県と香川県の県境で、渡り終えると櫃石島である。

櫃石島の陸上部には消火設備が設けられて、列車火災のときの停止位置の表示があり、300mにわたって線路両側に消火ノズルが並び、いつでも放水可能となっている。また、地上への連絡通路があって、緊急時には乗客を避難させることができる。途中の閉そく信号機の位置は、6橋を通じていずれも橋の手前の陸上部にあり、信号待ちの停止が橋梁上とならないよう配慮されている。これは吊橋の荷重制限とも関連して、無閉そく運転を禁止して続行列車の進入を抑制している。吊橋の重量制限は1列車1400トンまで、1橋には同時に2列車までとなっている。

第2橋は櫃石島橋（斜張橋、792m）、第3橋は岩黒島橋（斜張橋、792m）。同じスタイルの橋で、橋台を共用して続いている。橋台のある岩黒島には上記の連絡通路があり、地上へ通じている。線路はこの2橋の手前から上り勾配となって、10‰が4kmほど連続する。海の上の平坦なルートと思うのは大間違いで、重量貨物列車にとって大変な難所だという。大橋区間は砂撒き禁止なので、空転したら手に負えないそうだ。

第4橋は与島橋（トラス橋、876m）。延長の半分が陸上部に位置し、全長が曲線を描いているので、前後を眺めると6橋全部を視野に収めることができる。与島の陸上部に入ると、櫃石島と同じように消火設備と、地上への連絡通路がある。地上への通路は6橋を通じて以上の3か所であるが、その他に緊急時に頭上の道路階へ避難できるよう、階段が7か所に設けられている。

第5橋は北備讃瀬戸大橋（吊橋、1610m）。第6橋は南備讃瀬戸大橋（吊橋、1723m）。この2橋は橋台を共用して続いている。瀬戸内海中央航路をまたぐために、最大満潮、最大荷重のとき桁下高さ65mを確保しており、最高地点は2橋の境界部となる。線路勾配は2橋にわたる延長1400mの間に、＋10‰から－10‰に変化し、ここで前方を見ていると、道路橋のように中央がふくらんだ太鼓橋なのがよくわかる。計画最大重量を載せたとき、橋のたわみによって中央部は2m沈下する由だった。

試験列車の車内では、つり橋でのフワフワとした規則的な上下振動が気になった。みん

瀬戸大橋へ向かうEF65・EF66を連ねた荷重試験列車。1988-1、児島〜宇多津（写真・大賀宗一郎）

なで頭をひねったがわからない。橋の振動周期とは思えないし、単なる列車の振動だろうとこじつけて納得した。空気ばねだから正解かも知れない。

北備讃瀬戸大橋の主塔が立つ三ッ子島は、地元のラジオから流れる巨大船通行予報でおなじみの名である。「2万トンの貨物船、ノルウェー船籍のサブリナは……三ッ子島を12時35分頃に通過し……」と聞いて列車と同じ時刻だと楽しみにしていても、船舶の航行は列車の正確さと異なるから、眼下にまみえることは難しい。しかし、巨大船でなくとも多様な船が眺められるのは楽しい。とくに夏の季節はそうである。瀬戸内海の銀座通りともなれば船影が途切れることはない。

南備讃瀬戸大橋に続く番の洲高架橋はまだ海上にあり、曲線を描くトラス橋という条件は与島橋と同じである。こちらも名称を橋梁にした方が実情に合うように思える。四国側は平地なので橋の高さで飛びつく山が無く、地上に降りるまでコンクリート柱のそびえる高架橋が延々と続いている。勾配は下り15‰。大橋線でいちばんの難所となりそうだ。

大橋線のルートはまっすぐに宇多津を目指しているが、試験列車は分岐した三角の短絡線を経由し、東に向きを変えて予讃本線に合流する。広大な埋立地にゆったりと立体交差を配線したので、スケールが大きく全容を目に入れるのは難しい。この三角線部分は宇多津構内になり、列車には宇多津の通過時刻が設定されているが、ホームから見えない場所を通過する。

予讃本線と合流する個所から単線になる。予讃本線も短絡線も複線なので、複々線から一気に単線に移行することになり、ダイヤ混乱時の指令の苦労がしのばれる。坂出に定刻に到着して試験列車の添乗は終わった。帰途は試験メンバーを邪魔しないように最後部運転室に陣取ったので、展望をほしいままにする豪華な添乗となった。

■児島まで先行開業

瀬戸大橋線のうち、茶屋町〜児島が大橋開通に先立って開業することになり、岡山運転所は営業開始にともなう各種の試験列車を担当した。

岡山〜茶屋町の単線区間はポイント改良が行なわれ、両開き16番ポイントが設置されて制限速度は80km/hに向上した。しかし、四国のように1線スルーに改良すれば100km/h通過が可能になる。そこまで踏み切れなかったのは、乗車ホームが一定しないための、乗客案内のトラブルを懸念したのだろうか。

第5章　JR発足の前後

　1988年3月10日、開業監査列車に乗務した。点呼のとき、運輸省の監査官に粗相のないよう重ねての注意があった。JRは株式会社なのだと実感する。営業列車ではないので、規程のとおり運転士氏名札を省略したところ、同乗の岡山支社輸送課長から、監査官は乗客以上の存在と考えなさいとの注意を受けて、あわてて掲出した。やはり頭の中は株式会社に切り替わっていない。

　監査は無事に終わったが思わぬ問題が残った。トンネル内の土ほこりである。建設工事でほこりが残るのは当たり前のことらしいが、列車速度が高いため走行風で舞い上がり、視界を遮るほどの障害が発生した。運転士にとっては濃霧と同じである。信号確認に支障があるので、直ちにトンネル内の清掃が行なわれた。練習運転の間合いを縫って大変な作業だったそうで、新線監査のチェックマニュアルがまた増えましたと、担当が苦笑していた。

　1988年3月20日、茶屋町～児島が開業した。各駅停車が毎時1往復であり、ダイヤ面での面倒な作業は無かった。この区間は、新幹線のように地形に関係なく直線ルートを引いた印象で、蟻峰山(2151m)、福南山(3658m)、児島(1605m)と長大トンネルが連続する。曲線もゆるいので速度制限はない。トンネルを出てすぐに駅があるところは、運転士用のブレーキ目標をトンネル内に設置することになった。

　高規格の新設線であることから、曲線制限速度は別途に上乗せが行なわれた。もともと線形は良く、制限に抵触する箇所は少なかったが、その後の曲線制限向上のさきがけとなっている。

　新線区間で違和感があったのは、閉そく信号機の設置位置である。信号機の位置は、概要が決まった後に見通しを現地検証して、最終決定されるのが普通である。ところが瀬戸大橋線では、想定ダイヤと列車速度から信号機数を定め、決められた間隔にしたがって無造作に信号機が置かれたという感がある。トンネル内の左曲線で信号機を左側に置けば、見通し距離が僅少になるのはわかりきったことで、中継信号機の大盤振る舞いと

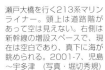
瀬戸大橋を行く213系マリンライナー。頭上は道路階があって空は見えない。右側は新幹線の増設スペースで、現在は空白であり、真下に海が眺められる。2001-7、児島～宇多津　（写真・堀切秀規）

連絡船への貨車の積み降ろしは重い機関車が桟橋や船内に入れないため、貨車との間に控車を連ねていた。貨車航送惜別のマークを付けた控車と入換機。1988-4(左)1988-3(右)、宇野 (写真・大賀宗一郎)

なった。信号確認に神経をすり減らしている、運転士の立場が考慮されていないのが残念であった。

■瀬戸大橋開通

1988年4月10日に瀬戸大橋が開通した。岡山支社のトラの子である213系は、舞台を岡山～宇野から大橋に変えて、岡山～高松を直通する快速"マリンライナー"として、瀬戸大橋線の主役となった。同時にグリーン車が連結され、新形式クロ212がパノラマ展望車として登場している。

運転士と車掌は、会社の境界である児島でJR四国と交代するが、児島まで先行開業していたので、岡山運転所の業務に大きな変わりはなかった。

列車体系から見れば、高松をターミナルとしていた四国の気動車特急が大挙して岡山駅へ乗り入れてきた。乗務を受け持った岡山気動車区の指導は大変な仕事だったと思う。キハ181系とキハ185系が、宇和島行・中村行・徳島行のサボをきらめかせての本州進出である。

瀬戸大橋線の祝賀ヘッドマークを付けた115系8連。本州の児島から四国の宇多津までわずか14分で結ぶ。1988-4、上の町～児島 (写真・堀切秀規)

大橋を通過する車両は、乗客の手や顔が窓から出ないよう規制されて、JR西日本の大橋運用115系は下段の窓を固定する改造が進められた。ところがJR四国の車両は、未改造のまま乗り入れたものがあり、不統一の状態が続いている。監督官庁の行政指導の受取方の相違なのだろうか。また、大橋区間では便所の排出が厳禁されるのは当然で、タンクやカセットへの未改造車は、大橋区間で使用停止手配が行なわれている。非常脱

第5章 JR発足の前後

大橋博覧会の輸送で四国・本州の車両はフル稼働。JR四国の111系とJR西日本の新快速色117系が顔合わせ。1988-8（写真・堀切秀規）

岡山へ乗り入れたキハ185系特急「南風」。祝賀マークと旗をつけている。1988-4　（写真・堀切秀規）

出用としてハシゴが搭載されたが、折りたたみ式なので使用訓練では皆がまごついていた。本番で問題ないようにするためには、ふだんの訓練が重要になる。置き場所に困って客室の網棚へ載せたので、乗客から苦情が出たこともある。消火器は各車に1本であったが、大橋運用には2本ずつ搭載された。

　宇野～高松の連絡船は、海上に濃霧が発生すると運休することが多かった。大橋開通によって、濃霧による障害はなくなると期待された。海上が見通しゼロになっても、海面から高い位置にある大橋が霧に包まれることはない。

　しかし、強風による障害が取って代わった。海面ではそよ風でも60m上空では強い風になる。鉄道は風速25m/sで運休するので、地上では気にとめない風でも不通となり、質問と抗議の波に襲われた。ひたすらおわびする以外にない。

　きびしいマスコミは、強風による列車の運休と霧による連絡船の運休の比較データまで載せて、大橋の効用を論じている。風が濃霧と異なる点は、吹き方が時々刻々と変化することで、運転休止と運転再開を繰り返し、待っている乗客の神経を逆なですることがある。しかし、2年前に山陰本線の余部橋梁で強風による列車転落事故が発生しており、この運休は厳格に施行された。

　四国の電車の向きは、本州と反対であるが、大橋から短絡線で坂出へ回るルートによれば向きが揃うから、その準備であろうと考えていた。事実、快速"マリンライナー"の213系はこのルートに乗るので、高松に着いたときは所定向きになっている。しかし、111系と115系のローカル相互乗入れは多度津方面からそのまま大橋に向かうので、相手側へ入れれば向きが反対となる。運転士は編成転向による機器配置を頭に入れていないと、戸惑って誤扱いになりかね

祝マークを掲げたEF65PFトップナンバー機がコンテナ列車を牽引して通過。1988-4、児島（写真・堀切秀規）

193

瀬戸大橋開通の日、初めて四国へ渡るブルートレイン瀬戸。大橋はEF66が入線できないため、EF65が牽引する。1988-4、児島〜宇多津
（写真・大賀宗一郎）

ない。定期の連結運用はないものの、緊急時に救援連結を計画すれば支障が出る。運転士への教育もまだ白紙のままである。

"マリンライナー"の213系は上り先頭がM車のため、坂出から大橋へ登る15‰勾配で、空転に悩まされることになった。天候の悪条件に出会えば、児島以北でも同様である。対策に無い知恵を絞ったが、マスコンの操作によって、ノッチ保ちで電流値を低下させ、カム軸を1段ずつ手動で進段させる方法が具体案として残った。効果の確認をまとめればおもしろいのだが、空転しないのは対策の効果かどうかの判断ができず、そのままとなった。ただし、岡山支社の業務研究発表会では優秀賞に入ったから、それなりの評価を受けたことになる。

5-4. ロイヤルエンジニア

■衝動ゼロ・20cm・8秒

　ブレーキハンドルをカチカチと1ノッチまでゆるめ、マスコン主ハンドルを軽く1ノッチへ引く。完全に起動する時間を置いてから、ブレーキハンドルをゆるめ位置に移す。ゆるみきると同時にスッと流れるように動き始めた。先輩から伝承されて来た無衝動起動である。

　1988年4月11日16時00分50秒、8748Mは児島駅4番線を静かにスタートした。編成は211・213系の6両、2両目のモロ210-1にご乗車のお客様は、明仁、美智子、ご夫妻である。

　ホームの送迎に応えるために、1ノッチで20mほど走行して2ノッチへ投入、スルスルと加速するのを抑えるように25km/hでオフする。衝動緩和のノッチ保ちは万全を期するために本日は使用禁止であり、加速中にノッチオフすると衝動が発生するがやむを得ない。いちばん大きな遮断音を発するL1スイッチが、お二人の席の真下に位置するのも皮肉である。

　ポイントを外れて5ノッチに投入。予定では3ノッチなのだが、児島の遅れ1分50秒を回

復するため、70km/hで児島トンネルに突入した。各駅や沿線の送迎者のために速度はほぼ60km/hが予定されているが、このときは遅れ回復が優先となる。茶屋町〜岡山はポイントの制限が多く、いずれも制限より10km/h低い速度で通るよう指定されているので、回復運転するためには加速とブレーキの連続になる。したがって、回復は速度制限の少ない、茶屋町までの複線区間で行なわなければならない。

　トンネルの闇を見つめていると、2か月前から始まったご乗用列車の運転についてのあれこれが浮かんでくる。

　瀬戸大橋の開通式典に出席される、皇太子ご夫妻のご乗用列車の計画が、現場に降りてきたのは2月であった。当事者はJR西日本であるが、関係自治体と警察関係を含めた打合せは、頻繁に行なわれていた。使用車両の211・213系の整備は、もっと早くから実施されていたという。

　ある日、岡山運転所長に呼ばれ、ご乗用列車の正運転士に指名するとの通知を受けた。副運転士も同じ指導担当から選ばれている。指導には管理職試験の合格者もいることだし、私では順序が違いませんかと返事をした。所長は、これは業務指示だと一言で片づけて、このことはずっと上の段階で決定したことだと匂わせた。

　ある日の打合せ会で、岡山支社長から、次のような指示があった。

　「ご乗用列車の運転について、君が持っている先入観を全部捨てなさい。次のことだけを考えればよい。

　第一に、衝動防止に最大細心の注意を払うこと。お二人は出発と到着のとき、通路に横向きに立たれる。もちろん、つかまるところはなく手放しである。特に妃殿下は、細い靴で不安定な姿勢であることを忘れないように。列車の衝動のために、お二人の姿勢が崩れることがあってはならない。

　第二に、停止位置は恥ずかしくない程度に合致させればよい。先輩たちのように、cm単位で合わせようと考える必要はなく、出迎えの列が崩れない程度でよい。

大橋の開業日にクモロ211系2連を増結して祝賀マークを付けたマリンライナー。この編成が翌日のご乗用列車となった。1988-4、宇多津〜児島（写真・大賀宗一郎）

第三に、時刻は気にしなくてよい。多少の遅れが出てもかまわない。1秒たがわず定時運転するというのは、関係者の自己満足にすぎない。
　以上のことを配慮して、落ちついて運転するように」
　この注意はショックであったし、目からウロコが落ちる思いでもあった。私が最初に考えたのは、1秒の早遅もなく運転し、1cmと違えずに停止してみせるというわれわれの常識であった。その意識の底を流れていたのは、赤穂線でC11の牽くお召列車が運転されたとき、岡山機関区の二人の先輩が乗務して、伊部駅に停車と同時に秒針がゼロを指したという伝説である。ふだんは定時運転をやかましく指導している立場なのに、まるきりフリーになるとかえって落ち着かなかった。
　衝動なし、停止位置合致、定時運転の一つだけを行なうのは難しいことではない。二つを同時に行なうとなると大変な努力が要る。それが三つになると神技が要求される。運転士の仕事は、この3条件にチャレンジする毎日であるが、支社長からこう明確に条件を示されると、気楽にもなったが、別のプレッシャーが掛かったのも事実である。婦人靴の不安定さも、経験のない身には想像のしようがない。
　電車の運転そのものは恐れることはない。瀬戸大橋線の線路は我が家の庭である。211・213系電車については、岡山運転所がJR西日本の先達だとの意識と自信を持っている。ただひとつ、運転操作で気に掛かったのはブレーキであった。
　厳格に3条件を満たそうとすると、微妙なブレーキ扱いが必要となる。ところが211系のデジタルブレーキは7ノッチしかなく、刻みが粗すぎるし、1ノッチ未満の調整ができない。列車の状況から大きいブレーキは遠慮するため、現実に使用できる

モロ210-1の車内。1988-3、高槻電車区(写真・鉄道ファン)

「スーパーサルーンゆめじ」の中間車モロ210-1。"ゆめじ"は地元出身の画家、竹久夢二の意も含んでいる。1988-3、高槻電車区(写真・鉄道ファン)

ブレーキノッチは1・2ノッチの2段階しかない。しかも応答が速いから、動作遅れを利用して中間位置を利用するファジーな操作も不可能で、完全に運転士の予測と計算に任されることになる。いくら考えても名案はなく、練習運転で目標を正確につかんで、当日は度胸を決めていく以外にない。

練習運転は5回行なわれた。同じ編成を用いて、運転時分の条件を満たすために深夜の運転となった。指揮者は岡山支社輸送課指導主席である。運転方については、支社の速度屋が作成した資料を見せられたが、煩雑なノッチ扱いを指定して、ほぼ60km/hの定速運転を予定している。一目見ただけでウンザリした。恥はかかせないから任せてくれと申し出たら、沿線の送迎者のために速度をあまり上下しないこと、速度制限箇所は制限より10km/h低く通過することとの注意があった。これで了解をもらったと解釈して、私の独断でノッチ扱いを練り直すことにした。

車両の点検については、岡山運転所の総力を挙げたことはもちろんで、担当技術主任が張りついていた。やっかいなブレーキ不緩解が発生したらどうするかとたずねたら、編成全長を引き回すだけのケーブルを用意しているとのことだった。

山陽本線と異なって、深夜は他の列車の邪魔がないので、のびのびと練習できる。衝動防止のため、ノッチの入切とブレーキの回数を最小に持ってゆく必要があり、勾配と制限を考えながら取り扱いを固めていった。

練習運転の記憶を振り切るように、列車は児島トンネルの闇を抜け出した。遅れを回復するため予定速度60km/hの上の町を85km/hで通過する。送迎のためにホームで待っていた人には申し訳ないがやむを得ない。続いて福南山トンネル・蟻峰山トンネルと抜けると、やっと茶屋町で定時になる見込みがつき、予定速度の60km/hまでブレーキ1ノッチで減速する。

運転室への添乗者は、助士席に岡山支社運輸部長、私の背後に立つのは、責任者である輸送課指導主席、その右に岡山県警察担当官、岡山運転区指導助役の4名である。副運転士の乗務位置は、計画段階で中間の4号車運転室に変更された。それでは万一のとき役に立たないと抗議したが、すべて決定済みとして却下された。管理部門の石頭には困ったものだ。最前部のクモロ211は報道関係者専用で、総ガラス仕切の客室からは遠慮のない視線が運転室に注がれている。

茶屋町を出ると地上に降りて単線となる。ポイント制限を10km/h低く通過してノッチ投入、最高60km/hに抑えて次駅で制限速度より10km/h低くなるようにオフ、という繰り返しになる。ノッチ入切回数を最小にするよう組み立てた、私流のランカーブ(運転走行曲線表)が頭の中で回転している。ノッチ投入の回数を減らすのは衝動防止が目的であるが、オフのとき動作音の一番大きいL1スイッチが、お二人の席6Aと6Bの真下にあることも考慮している。この席をわざわざ指定しなくてもと思うが、経緯はわれわれにはわからない。

妹尾を定時に通過して走行中、前方の線路際に幼児の姿が見えた。列車には気付いていない。客室に緊迫感を与えないようにゆっくりと汽笛を鳴らし、ブレーキ1ノッチを使用

クモロ211-1。ご乗用列車の先頭に立った。1989-3、早島〜備中箕島(写真・大賀宗一郎)

した。平常のブレーキを装って2・3・4と追加する。後で聞くと、このとき県警担当官の顔色が変わったそうだ。幼児がこちらを向いたので、まずは一安心。ブレーキを衝動のないよう1ノッチずつゆるめ、いつでも停止できるように最徐行で接近する。前頭が無事に通過して皆のため息がもれた。

　50〜60km/hの運転が順調に続いて、岡山の進入に余裕を持たすため、大元を計画どおり30秒早通した。"30秒早"と喚呼したら、指導主席がムスッとした表情になった。展望車なので運転室の言葉は客室へ筒抜けであり、余計なことを報道関係者に聞かせたくないのは当然で、気の利かないことだった。

　岡山への進入は時間の余裕があり、早めにブレーキ1ノッチを使用して23km/hに落とす。停車駅ホームへの進入は25km/h以下と指示されたので、ブレーキ開始速度を20km/hにするための逆算である。8748Mは静々と9番線に進入していった。

　西陸橋の次の柱でブレーキ1ノッチ、速度は20km/h、2秒待って2ノッチへ投入すると、軽い衝動が伝わってきた。停止位置に白旗を掲げた係員が立っているのが見える。5号車の停止位置には、出迎えの県知事以下の顔が揃っているはずだが、目に入らない。30m手前でブレーキを1ノッチに戻す。練習運転より少し早いが、練習よりも表現できないほど僅かに効きが良いという直感にしたがった。もう修正はできず、このカンが正しいかどうか、あと20秒で結果が出る。微調整という奥の手を禁じられたデジタルブレーキの宿命である。

　白旗が近寄ってくる。1ノッチへの戻しは、早すぎず遅からずベストタイミングだった。もう少しためらっていたら、速度が停止寸前まで落ちて、目も当てられないさまになっていただろう。最後に、停止間際の直前ゆるめの勝負が待っている。1ノッチからゆるむまでの時間は0.5秒、ブレーキが少しでも残ったまま停まると、コクンと衝動が発生する。ゆるんでしまうと停まらずに流れて、再ブレーキが必要となる。

　白旗が運転室の隅柱に隠れた。停止位置は狂わずにいけそうだ。ホームの流れを目で追いながら、停止の直前にブレーキハンドルをゆるめ位置へ移す。静まり返った運転室にカチッというノッチ音が響きわたる。衝動はない。ホームの柱が動かないので流れずに止まっている。直ちに転動防止のブレーキを当てる。コップ一杯の水があふれない理想の停車が

実現した。

　時計を見る。16時31分52秒、8秒の早着。10秒刻みで読むので8秒は切り捨てる端数だ。"定時"。うれしさを押し殺して低く喚呼する。背後の客室から「さすがJRさん、定着だ」の声が聞こえた。時計を見ていた記者がいたらしい。

　運転室の一同は、直ちに起立してお二人を見送る。駅長の先導で階段に向かわれる、美智子さまの顔色が優れないように見えたのは気のせいだろうか。続いて報道陣が降車したので、静寂だったホームはふだんの活気を取り戻した。ホームに降りて見ると、列車の前頭は白旗掲出位置の20cm手前であった。

　"衝動ゼロ・20cm・8秒"は、このときの晴れがましい心境の表現である。数字だけ見るとふだんの営業列車なみで、先輩たちの実績と比較すると恥ずかしいが、微調整ができないデジタルブレーキでは自分のベストを出せたと自負している。

　動力車乗務員にとって最高の栄誉とされる、ロイヤルエンジニアとしての乗務はこうして無事に完了した。

5-5. 大橋を渡って多度津へ

■吹田のC59166

　1988年5月23日から5日間、技能担当教師研修のために吹田の社員研修センターに入学した。センターは元の大阪鉄道教習所→関西鉄道学園である。技能担当教師とは、運輸省の認定を受けて運転士の養成を行なう資格である。研修センターにくると研修内容よりも、各地から集まるメンバーとの交流が楽しみだ。

　研修で、運転士業務の基本について討論すると、自分が井の中の蛙で視野の狭いことを自覚させられる。名案が出たと思うと、金沢・福知山・米子から、雪が積もると不可能ですの一言が出てひっくり返る。複々線区間では、車両点検のため線路に降りるのは自殺行為ということになる。

吹田のJR西日本研修センターに保存されているC59166。手入れが行き届いているのは嬉しい。
2002-11（写真・野口昭雄）

教室から見える前庭に、糸崎機関区で馴染んだC59166が保存されていた。区名札は〔糸〕のままで、手入れの行き届いた姿態があった。スピーチ訓練の授業で、このC59166を指さして、カマ焚きの苦労と加減弁を握った愛着について語ったところ、蒸気機関士の経験者は他におらず年寄り扱いされてしまった。煙は遠くなりにけりである。

■117系の講習

　宮原電車区の117系が臨時列車として岡山まで運用されることになって、1988年6月7日に大阪電車区と宮原電車区に出向いて講習を受けた。117系は岡山から目の先の上郡まで運用されていたのに、今まで縁が無かったのが不思議である。

　大阪電車区は、梅田機関区と宮原電車区・宮原機関区の乗務員部門が合併して、全車種を受け持つ総合乗務員基地となったもので、近畿地区ナンバーワンであることに変わりはない。これにともなって、宮原電車区と宮原機関区は車両基地となったが、将来は宮原客車区と統合して、総合車両基地が発足する予定だという。乗務員・車両とも基地を総合化するのは、JR西日本の基本方針だとされている。

　117系は、新製された1980年当時の大阪局の意気込みが感じられるが、国鉄仕様に合わせて構想が後退していた。新しく採用された諸々の新機軸は201系との共通点が多い。実用面でも問題は無さそうなのに、後継車が続かなかったのは、国鉄の標準化方針が堅持されたのだろう。足回りについては空気ばねを除いて115系と同一だが、走りっぷりは新快速と並走してよくわかっている。

大橋博覧会の臨時列車として、大阪の117系が新快速カラーのまま四国へ乗り入れた。(上)1988-7(下)1988-8、ともに国分〜讃岐府中　(写真・堀切秀規)

臨時列車として岡山へきたのは2回ほどで、指導添乗に行く機会もなかった。運転士からもとくに苦情はなく忘れられた存在だった。岡山へ配属されて本格的に乗務するのは、5年後のことになる。

■EF81が岡山へ

スキー列車"シュプール"が、山陽本線から大糸線へ直通運転することになった。EF81が岡山〜糸魚川をロングランするため指導者講習が行なわれ、1988年10月26日に敦賀運転所のお世話になった。講習を受ける乗務員基地は元の敦賀第一機関区で、31年前までは、集煙装置で重武装したD51のねぐらだった。

講習の合間に、交流機は良かったという談話がしばしば出た。すでに北陸本線の機関車は、交直流のEF81に置換えられていたが、交流機と交直流機(制御方式は直流機と同じ)の粘着性能の差からいえば当然のことであろう。交流線区の運転士が、抵抗制御のEF81で空転に悩まされるのは理不尽な話だ、というのが当事者の感想であった。

パンタの主副指定は初めて経験した。直流機のパンタ2基は個別の上下が可能であり、操作弁には、下げ・1上・2上・12上の位置がある。EF81はパンタ上昇のとき、運転台で両パンまたは片パンの切換えを行なうが、その前に機械室でパンタ2基の主と副を指定しておく方式である。片パンのときは、主パンが上昇のままで、副パンは降下する。このシステムは興味深いが、目的は何なのか聞き漏らした。

折返しのときは、運転台が一時的に無人となることから、ABBが切となってパンタ電源を断つことになる。この無駄な動作を防ぐために、回路を活かしたまま運転台交換をする機器も設けられている。直流区間しか知らない私たちには目新しいことばかりであった。

現車は元の敦賀第二機関区の車両基地で見学した。これだけの車体に、よくまあ機器を詰め込んだものだというのが第一印象である。主回路機器はEF65と同じであり、交直機器は485系・583系で鍛えているので、とくに難しい点はなかった。トラブル発生のとき、狭

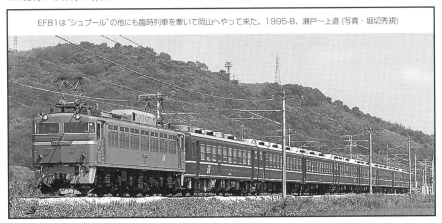
EF81は"シュプール"の他にも臨時列車を牽いて岡山へやって来た。1995-8、瀬戸〜上道 (写真・堀切秀規)

い機器室で安全迅速な処置をするのが最大の課題である。

　運転室で変わったのは正面の計器盤である。115系1000番台のように計器6基が一列に並び、中央の速度計が少し高くなっている。速度計は見る頻度が格段に高いので、目立つ配置は大歓迎である。直径をやや大きくすれば完全といえるが、サイズ統一へのこだわりが優先している。

　ここは金沢局最大の基地として、70両のED70・ED74・EF70が活躍していましたと、ガランとした検修庫で、担当が懐かしそうに思い出話をされた。その前庭には1957年生まれのED701が静態保存してあった。山陽本線が交流電化されれば、自分も乗るだろうとあこがれた機関車である。

　帰途の敦賀〜新大阪は、特急"雷鳥"の運転室に添乗することができた。17年前の夢の実現である。形式も同じ485系1000番台。敦賀を出て深坂トンネルに至るループの線形は知っていても、前面展望すると改めてそのルート選定の苦労がしのばれる。新疋田では、単線時代に前頭補機ED70の解放作業を見た記憶がよみがえる。5km先の出口が見える深坂トンネル、北陸本線と湖西線が分岐する元の沓掛信号場の制限90km/hのポイントと、初体験の光景が続く。

　湖西線に入ると、高架線を連続120km/h走行で気分は新幹線であった。速度が高いと天候不良時の信号確認が運転士の大きな負担になるので、快適の一言では済まされない。湖西線の信号機構は複線ではなく、単線の並列なので自在なダイヤに対応できる特徴がある。山陽本線の下関〜門司に次いで、2番目に設置されたシステムだという。フランスの複線のように2列車の並走が可能であり、イベントにも利用できそうだ。

　山科から京都までの東海道本線も私にとっては初乗務で、山科から東山トンネルへかけての撮影名所を、運転室から初めて展望した。京都までの乗務は線路見習のみだったので、向日町運転所の広い構内が見えてくると、やっと自分のシマに帰った実感が湧いてきた。

　EF81に乗る機会はさっそくやってきた。週末に大糸線へのスキー客のために、夜行の"シュプール"が運転され、客車とEF81は大阪へ回送されるので、毎週2往復の乗務となって指導添乗も忙しい。岡山では機関区から出区して、客車基地から客車を引き出し、岡山駅に据え付けるまでの作業に頭を痛めた。パンタの主副指定やABB入のままでの運転室交換など北陸本線では常識であろうが、初めて扱う者にはおっかなびっくりの操作であった。

　運転してみると、EF65と変わらず苦にならないが、性能曲線を読むと、交流区間で交流→直流の変換にともなうロスによって、高速性能が低下することが読み取れる。EF81はロングランによる運用効率が重視されて、万能機関車と称されているが、速度特性などの数字を見ると適切な呼び方とはいい難い。

■JR西日本初の新形式221系

　JR西日本として初の新形式、221系の指導者講習が1989年1月28日に神戸の川崎重工兵庫工場で行なわれた。他社に負けまいと意気込んで製作しただけあって、同時期の他社より

第5章 JR発足の前後

221系はJR西日本独自の近郊形電車。斜面カットした大形前面窓を配し塗色は明快、運転台・車内とも新機軸を打ち出した。1989-2, 森ノ宮電車区（写真・鉄道ファン。3枚とも）

右側のブレーキハンドルも横軸となった運転台。

転換クロス席を配した明るい室内。

もグレードに差を付けていたと思う。国鉄意識を払拭してJR西日本の理念を明確にした、というキャッチフレーズで登場しただけに、説明を受けると思わぬ部分で、自分にも国鉄の残滓が濃く残っていることを痛感する。

　客室に運転機器を置かないという原則によって、配電盤を初めとする機器が室内から一掃された。「今までお客さまにこのような見苦しい設備を見せていたのが間違いです。自分が身近な店に入ったときを想像しなさい」と説明されると反論に窮する。当然のように露出していた消火器も座席下へ収納された。

　客室を追放された機器の行先は床下で、配電盤などは故障点検時にも手が届かないことになった。基本の考え方は運転室からモニターで故障を検知して、リモコンで処置するということである。自分の目で故障を確認して手で処置するという、我々の考え方が時代遅れなのだろう。

　運転室では、まずブレーキハンドルが横軸式になって、マスコンに揃えて前後に動かすスタイルになったのが目立つ。しかし、横軸ブレーキハンドルは人間工学として優れている点は認めても、在来の各形式と混乗務する運転士には不安があった。原因はハンドル操作方向が逆向きになったことにある。これは長所を否定するのではなく、全車種を統合した基本方針がないことへの不満である。

　岡山運転所では、電車・気動車・電機・ディーゼル機のうち、1車種に乗務する者はご

221系は多客時に大阪から直通の快速「サンライナー」として乗り入れてきた。大阪〜岡山以西の直通列車は久しぶりのこと。1991-8、西阿知〜新倉敷（写真・堀切秀規）

く一部で、複数車種に乗務するのが常態である。運転取扱いが車種ごとに異なって誤扱い防止に神経を尖らしているのに、さらにハンドル操作の相違ができて、運転士の負担がまた増えたことになる。

　登場した221系は新快速として運用されたので、岡山運転所は乗務の機会がなく、増備が進んで快速運用に入ると、やっと出番が回ってきた。姫路〜大阪の乗務であるが、213系で添加界磁制御と電気指令ブレーキに慣れていたのが幸いして、乗務についての問題は起きなかった。もっとも、指導陣が総出で岡山運転所担当の221系列車に張りついたから、ずいぶんくたびれたが、また自信もついてきた。

　ブレーキハンドルの逆向きは心配したほどではなく、数回経験すると運転士は慣れて、笑顔で扱えるようになった。しかし、とっさの場合はつい115系のくせが出ますという裏話は、当分の間絶えなかった。笑い話ですむ範囲だったのは幸いである。

　ブレーキの効きについては雨の日が要注意であった。雨にぬれたレールでは、見事にブレーキ距離が延びる。制輪子が復活したので、タイヤとの間に水を挟んだとき、ディスクブレーキよりも摩擦係数が低下するのだろう。これも経験すると別に恐れるほどではない。

　増備が続いて、そのうち過半数が221系になると、もう特別な形式ではなく、運転士にも余裕が出てきた。運転室の大きな窓は落ち着かないという感想が多く出たが、慣れるにしたがって、停止位置合致のための速度感を得るのには、この方が良いという声が多数になっている。

　運転士席の高さは115系よりも20cmほど低くなった。客室からの展望サービスを確保するためという理由だが、乗務員の作業環境を考えるとマイナス面もある。運転士は走行中は座ったままでも、折返しや入換で立っての作業が結構多いし、車掌は立ちっぱなしである。したがって、機器に対する上半身の位置は、着座しても立った姿勢でも高さが変わらないのが望ましい。

　在来形式は113・115系から211・213系までこの条件を満たしていたが、定着していたこ

の原則を、221系に始まったJR西日本スタイルは崩したことになる。乗客と乗務員の要望のバランスは難しい問題だと思う。

■指差喚呼と作業標準

　JR西日本として発足した当初は、すべてが大変な意気込みであった。人員の移動が大きく、どの業務も初心者が多かったために、厳しい指導が必要であったのもうなずける。

　その一つに、運転士が信号確認などで行なう指差しと喚呼があった。誤認防止の有効な手段であることに異論はないが、程度というものがある。あれもこれもとエスカレートして増える一方であった。しわ寄せをうけるのは現場である。

　端的な例として、岡山～児島を快速"マリンライナー"に乗務すると、運転時間24分の間に82回の指差しと喚呼を行なうことになった。平均でも17秒に1回であるから、駅通過のときなどは手と口が休むときがなくなる。こうなると、惰性で反射的に行なうことになって、確認の意識付けの面では逆効果となる場合も発生した。事故やトラブルが起きるたびに指示が増加するのだからたまらない。

　会社発足から1年が過ぎると、さすがに冷静に反省するゆとりができたようだ。しかし、運転士の作業を見直して、喚呼と指差しを本当に有効なものに絞るため、整理にとりかかるのは、もう少し後のことになる。

　JR西日本の動力車乗務員作業標準の作成について、素案段階でタッチしたことは前に述べた。客室から見える運転士の動作はこの作業標準によっていて、信号機や時刻表の指差しや喚呼について、場所・時期・用語に至るまで定めてある。マスコンやブレーキの取扱いも同様である。

■ウサギとゾウの運動会

　列車密度と速度が高くなると、ダイヤ面で旅客列車と貨物列車の競合も発生する。とくに電車の運転間隔の短い区間について、JR貨物の同期から苦情を聞いた。各駅にピョンピョンと停まって行く電車に、前後を挟まれた貨物列車はたまったものではない。重量の大きい貨物列車を速度調整するのは大変なことで、ウサギの運動会へ招かれたゾウの気分だ。また各駅停車の電車に抑えられて、1分を惜しむ速達列車を足踏みさせるのも残念でならない。一方、京都～姫路は120km/hの新快速が15分ヘッドで運転しているので、この間に挟まれた貨物列車は必死で走らねばならない。

　JR貨物は線路については借家人だが、家主であるJR旅客各社の横暴が過ぎるのではないか。貨物列車を入れるときは電車を1本削るべきで、広島と静岡で始まった10分ヘッドの最大の被害者はJR貨物だ、という論であった。

■岡山運転区は乗務員区に

　1989年3月11日に組織改正があって、乗務員と車両の基地再編成が行なわれ、職場の名

高知から本州へ乗り入れたキハ181系特急「南風」。この列車に乗って多度津までの乗務が始まった。1988-7、宇多津〜児島（写真・大賀宗一郎）

称が三たび岡山運転区となった。岡山地区の運転基地を全部まとめて、乗務員基地を岡山運転区に、車両基地を岡山電車区に分割したものである。したがって、新しい岡山運転区は、気動車区の運転士を加えて、全車種を担当する乗務員区となった。一方の岡山電車区は、全車種を受け持つ総合車両基地になった。これは乗務員基地と車両基地は組織上から別のものという、JR西日本の方針に沿っている。

乗務員数は260名となり、総合区の指導主任として気動車のことを知りませんでは通らなくなった。外部から電話を受けるとパニックに陥ることになる。とくに四国勢が問題で、岡山の運転士が乗継を行なう相手の、松山運転所・高知運転区とのお付き合いも始まった。車両面で素人が知ったかぶりをする弊害は見てきたから、最初から手を上げて気動車出身の指導に任せることになる。

乗務員運用をスムーズにするために、電車→気動車、気動車→電車の転換養成は続いて進められた。私も気動車を知らずに指導主任の仕事ができません、と気動車への転換の要望を出したが、この願いは叶えられなかった。

気動車メンバーと一緒になると、お互いに啓発されることも多い。現車の実習で一緒になったとき、気動車担当が電車の床下を見て、もったいないとため息をついていた。気動車の床下スペースは貴重であって、わずかな隙間まで有効利用に知恵を絞るのに、電車のサハ・クハの床下はたいへんな無駄だという。

指導添乗のため気動車に乗ることがあった。キハ40・47の運転士席は115系より20cm高く、うらやましい思いでながめていたが、距離感・速度感のバランスからやや高すぎる。運転士の環境改善という親心はわかるものの、現行速度では電車なみの方が実務面では有利である。立った場合の視界も問題で、床に立つとキハ47では窓が高すぎて周囲を見るのに不便である。この場合は運転室床も高くする必要がある。

■大橋を渡って多度津へ

瀬戸大橋を走る列車の騒音が問題となったのは開通直後からで、調査や試験がいろいろと行なわれてきた。データによると気動車特急が最も騒音が大きく、エンジンを停めての惰行までテストしたが低下せず、音源は走行音であることが明白になった。最後の手段と

して速度低下することになり、最も厳しい気動車特急には65km/h制限が課せられた。その時間を捻出するために、気動車特急は児島駅を通過することになった。

JR西日本とJR四国の境界駅である児島を通過すると、乗務員が交代できないので、相互に乗り入

下津井瀬戸大橋を行く213系マリンライナー。先頭車のクロ212は1両ごとにベルトのカラーが異なる。児島～宇多津(写真・大賀宗一郎)

れて、岡山運転区の運転士は多度津まで乗務することになった。両社とも乗務員の運用効率向上のため、ロングランを行ないたいのが本音で、こうした理由は後から付けられたというのが現場での受け取り方である。

瀬戸大橋は眺める橋から、受持ち線区としてクローズアップされてきた。前年の開通のときは乗務担当線区でないという気安さがあったが、諸々の特別装備や運転扱いが自分たちに回ってきて、本気で取り組まねばならない。開通時の資料にあった特殊運転扱いもマスターする必要がある。

大橋を渡ると、線路は高松方面への短絡線を分岐したあと、直進して予讃本線と合流、方向別複々線となって宇多津へ進入する。宇多津は広い塩田跡にポツンとそびえる高架の駅で、防風壁を持つ様子は新幹線のイメージだった。宇多津から次の丸亀までは単線が残っていて、混乱時の指令の苦労がしのばれる。

多度津は広々とした構内で、ホームの両側にヤード設備を配置した、ゆったりとした配線であった。予讃本線を延長するために現在の多度津工場の位置から移転したとき、理想の配線を描いたものであろう。このままスケールを拡大すれば、アメリカの大平原に位置する、大陸横断鉄道のジャンクションとして通用しそうだ。ホームの南側には、れんが積みの給水塔が残っていた。

1989年7月22日から多度津乗務が始まった。他会社の路線に乗り入れるので、法令に従って指定した運転士の名簿を提出することになる。岡山運転区では、JR四国の規程と設備の講習を済ませた30名が対象となった。指導の立場からは、大橋開通と多度津ロングランが1年ずれて助かった。同時に来たら大変な作業になっていたところだ。

このロングランは2年後に廃止されて、全列車が児島に停車して乗務員が交代するという、以前の様式に戻った。監督官庁である運輸省の指導方針が、設備や取扱いの異なる他社へ乗り入れるのは、各種のトラブル防止のために好ましくないとのことであった。また事故などが発生したとき、他社の乗務員の場合は責任分担が困難になることも原因であろう。

5-6. B交番担当へ

■運転士の勤務操配

1990年9月下旬、区長に呼ばれて、指導担当からB交番担当への変更を告げられた。B交番とは乗務員勤務担当のことで、運転計画を担当するA交番に対する用語である。

指導担当としての心残りは、資料類の整理を半ばで後任に引き継ぐことと、運転士の基本動作の統一が完成していないことであった。多分に指導主任の方向付けによって重点項目が決まるので、213系を初めとする新系列形式の取扱い指導が、今後も順調に発展することを願うばかりであった。

B交番の仕事は、区の顔である当直助役のスタッフであり、運転士230名の毎日の勤務操配である。運転士の大部分は、勤務指定表により循環する勤務(組乗務という)で手間はかからないが、予備組40名のやりくりは毎日が新しい体験であった。

予備組メンバーの乗務可能線区は、大阪・米子・広島・多度津・近回り(岡山近郊のみ)に大別する。個々が乗務できる車種は、電車・気動車・電機・ディーゼル機・蒸機のうち1車種のみから4車種までさまざまである。同車種でも形式別に乗務の可・不可がある。瀬戸大橋を渡って多度津への乗務は、西日本・四国の会社間で相互に登録したメンバーに限られる。

寂しいのは仕事が後に残らないことである。当日の勤務が無事に回転すれば、万事めでたしで終わってしまう。指導担当のように、教えたことが日常業務に活かされ、後々まで関連の質問を受けて気が抜けないという雰囲気とは、異なる世界であった。人のやりくりだから、ある程度の狡猾さとハッタリが必要なのに、私にはどちらも欠けている。

■EF200は戦車だ

1991年3月、JR貨物が新製した大出力の機関車、EF200が講習のため岡山機関区へ回送されてきた。JR西日本は直接関係ない立場だが、岡山運転区へ見にいらっしゃいと声がかかった。自慢の機関車をお披露目したい気持ちはよくわかる。指導メンバーが多忙だと逃げ回っ

出力6000kWのEF200。変電所容量のため出力をセーブして運用されている。発車時のインバーターのうなりは鮮烈だった。1993-6、瀬戸~上道(写真・堀切秀規)

第5章 JR発足の前後

長大なコンテナ列車を牽引し、山間の大カーブを行くEF200。1993-9、三石～吉永(写真・大賀宗一郎)

たので、私にお鉢が回ってきた。担当が違うのにと渋い顔を装いながら、喜々として出かけた。

　もとより講習ではないので表面的な見学に終わったが、電車関係者からお化けマスコンと冷やかされていた、大型のマスコン(主幹制御器)が前面テーブルに収納されるなど、斬新なデザインが目を惹いた。機械室の騒音も低くて運転室の居住性も抜群といえる。もっとも運転室環境は、走行してみないと本当のところはわからない。正面計器盤は位置を高くして、下方視界はカットされている。高速長距離乗務のとき、直前のレールが見えるのは目が疲れるので、考慮されたものであろう。緊急のときは腰を浮かせれば視界が拡がるので、安全面での支障はない。

　前面の面構えも悪くないが、前面窓にひさしが無いのはなぜだろうか。パンタから後方に飛び散る金属性の汚れは、落ちにくくて清掃に手を焼いており、後位となった窓が汚れないようにするのは必須条件なのに意外であった。また、運転室屋根は後位となったとき最も汚れが激しい部分であるが、平屋根デザインにして、周囲から見えないよう無難に処理している。

　制御方式のVVVF制御は、在来の、抵抗制御、チョッパ制御に次ぐ新しい方式だが、動力源が誘導モーターとなったことで、力行の走行感はどのように変わるだろうか。VVVFの説明を読むと、在来の直巻モーターでグーッと感じる力強さが失われるのではないかと気にかかる。

　印象深かったのは車体強度である。重量の余裕分については、死重を積まずにすべて車体強化に振り向けたという。このボディは戦車と同じで、どんな事故があっても絶対につぶれることはないという説明だった。踏切事故で運転士の死傷が絶えないことを思うと、JR貨物の英断といえるだろう。

209

国鉄時代にも踏切事故に対する運転室防護の対策が検討されて、次世代の電気機関車はEF57のような前デッキ付きの構造になるという噂が流れたことがある。それが形を変えて実現したといえる。

EF200は変電所容量の不足から出力制限を受けて、実力発揮の機会に恵まれていない。1600トン列車を牽く機会が早く得られるよう願っている。

■"夜の区長"を務める

B交番の仕事はもうひとつある。当務区長として勤務する当直助役が休憩する深夜帯に、代務を担当することであり、冷やかして"夜の区長"とも呼ばれる。大きい区では複数の管理者が交代勤務するし、夜間列車のない線区では当直が閉店するが、ほとんどの区がこの代務態勢をとっている。

22:00から02:00までの4時間がその担当であった。この間は区の責任者として目を光らすことになる。運転士の出勤と到着の点呼がメインで、何もなければ点呼だけで終了するが、なかなかそんな日には当たらない。

ローカル列車の点呼は1時過ぎの終着から4時前の始発まで途切れるが、ブルートレインや臨時列車がその間にはさまる。トラブルの処理方は翌日の区長点呼で報告されて、不十分なことは注意を受けることになる。

電話が鳴るたびに緊張する。相談相手はいないし、岡山運転区長として、すべてに対処するのは気をつかう仕事だった。

その電話が鳴った。「指令から……」聴きながらメモをとって直ちに復唱する。「復唱。工事開始伝達。福山駅構内の饋電停止工事は予定時刻に開始した。施行1時20分。伝達1時22分。指令・佐藤。当直・宇田。復唱おわり」。聞いた指令が「復唱よし」と確認して終わる。饋電停止とは架線を停電させることで、この日のような予定工事のときは、留置車両のパンタは指示があるまで上昇禁止と、関係する運転士に指示済みである。

このあと工事終了伝達が定刻に来ないと、出区担当運転士にパンタ上昇OKの指示を出せないので、列車遅延につながる。反対に指示のミスでパンタを上げたために、工事終了の絶縁試験が不可能となり、送電ができなかった実例がある。

朝霧を衝いて高梁川橋梁を渡る迂回「出雲1号」。1995-7、木野山〜備中川面（写真・大賀宗一郎）

第5章 JR発足の前後

迂回「出雲1号」に連結されたDD51重連の発機。ヘッドマークも準備済みだ。1993-11、岡山（写真・大賀宗一郎）

　また、冬の強風にも頭を痛めた。「迂回列車運転。1001列車を手続のとおり運転する」。山陰本線の余部橋梁で強風による運転停止が発生して、ブルートレイン下り"出雲"を山陽・伯備に迂回させるという。冗談じゃない、あと7時間後の話だ。
　手続とは業務指示の形式を示すもので、この場合は余部橋梁に限らず、瀬戸大橋やはるか遠く根府川〜真鶴の白糸川橋梁に至るまで、強風による運転停止時の対策が細かく設定してある。迂回列車についてもすべての分担があらかじめ定めてあり、「1001列車迂回運転」の指示一つで、整然と準備が進められる。
　"出雲"迂回運転の場合、運転士の手配は京都〜岡山が京都電車区、岡山〜米子が米子運転所、機関車は、田端運転所のEF65を岡山まで延長、岡山からのカマは米子からDD51重連を岡山へ回送する。間に合わないときは岡山のEF64を新見まで送り込む。駅関係の作業も進んでいるはずだ。
　岡山運転区の担当は、到着したEF65を受け取って機関区への入区である。京都電車区の運転士は、岡山での入出区作業を担当していないので、こういう分担になる。その運転士は深夜に遠くから呼び出すわけにはいかない。休憩中のAを起こして出雲の入区担当に充て、その穴にはBを、Bの後にはCの出勤繰り上げを、と眠気の覚めた脳がフル回転する。出勤の繰り上げを電話するにも、朝の時刻は各家庭の事情をのみ込んでいなくてはならない。受験生と赤ん坊を持つ家庭が最も要注意である。
　計画担当は、運転士が携帯する時刻表の準備を進めている。迂回運転用のものは作成してあるが、当日変更のチェックを漏らしたら大変なことになる。チェック事項は時刻・番線・信号・徐行など多岐にわたり、失念して事故として処理されたものは多くある。
　何もないときでも、出勤時刻の20分前に運転士の顔が見えないと、気をもまねばならない。深夜に自宅から出勤してくる者も多く、車のライトが窓を照らすとホッとする。10分前に見えないと代替準備の手配に取りかかり、出勤時刻になると深夜でも遠慮なく自宅に電話する。これで家庭騒動が持ち上がった例があるが、むろんこちらに責任はない。
　このB交番の仕事は1年続いた。ダイヤ改正を経験すると、ほとんどの仕事は呑み込める。夜の区長席に座る前に、本来のB交番の仕事を済ませるようになると一人前である。

211

■運転士の募集

　JR西日本の組織では、運転士は営業職の流れに組み入れられて、駅勤務→車掌→運転士→駅勤務の順となった。それまで運転士の供給源であった車両検修職とは、別の世界に移ったことになる。したがって、運転士の募集は車掌に対して行なわれ、最初は埋まったものの、希望者が底をついてくると人材難に陥った。人事の流れから見れば、現在の車掌メンバーに運転士希望者が少ないのが当然であろう。

　応急策として、運転士科応募の条件がフリーとなった。だれでも運転士になれますというキャッチフレーズだ。それでも、希望者が必要数を満たすには足りなかった。国鉄末期から社員の新規採用が途絶えているので、もっとも若い年齢も20代後半で今の職場に落ち着いていることが多く、無理のない話であった。各職場の長に受験者提出ノルマが課せられたという噂もある。

　結果として受験メンバーは希望者のみとは限らず、年齢も40歳代にまで及んでいる。各職種からの応募なので、運転業務の予備知識ゼロの者もいて、本人の苦労もさることながら、教える側も大変なことだった。養成中に挫折したり、運転士として独り立ち直後にリタイアする例がいくつもあったから、制度の移行に無理があったのは否定できない。

　動力車乗務員は、運転職場において選抜された専門職であるという、私たちの常識は昔話になりつつある。新規採用の18歳の若者が車掌に登用され、運転士科の応募対象になるまでやむを得ないことだろう。

第6章　再び第一線での乗務

6-1. 福塩線

■府中鉄道部へ

　1991年10月16日に府中鉄道部へ転勤の通知を受けた。私の職名は運転士であり、指導担当などは岡山運転区内の職務担当である。したがって、転勤することはこの担当指定がなくなって、スタッフからラインへ戻ることを意味する。こうして16年ぶりに第一線の乗務へ返り咲くことになった。

　鉄道部とは、JR西日本が線区単位で設置した組織で、府中鉄道部は福塩線の福山～塩町78kmの全業務を担当する、いわば独立国である。運転を担当する南分室は元の府中電車区で、電車22両、運転士30名、車掌17名を抱える小世帯である。私は気動車の資格がないので、乗務区間は福山～府中23.6kmのみ。105系2両、4両編成を相手に、短区間を往復する乗務が始まることになった。

　初日に、転入者全員がこれから乗務する105系電車の講習を受けた。テキストは11年前に105系が登場したとき、私が指導者講習を受けて作成したものであり、同席のメンバーが冷やかすので講師が困惑していた。自分の作ったテキストで受講するのは、何ともこそばゆい思いである。

　福山～府中は国鉄に買収されて改軌するまで、ゲージ762mmの両備鉄道であった。線形もそのままで、広い田んぼの中でもR200の急曲線が点在し、最短駅間距離は湯田村～道上の0.9kmである。駅設備も旧来のままが多く、幅3mの島ホームにラッシュの乗客があふれると、列車に接触する危険さえ感じる。

府中駅は、塩町方面へ延長のとき現在地に移設されて、市街の大通り正面にあった旧駅の部分は貨物ホームになっている。貨物扱いが廃止された現在、電車ホームだけでも旧位置に戻して、近郊電車のモダンな頭端駅に復元できないか、というのが私の夢である。

■ローカル線でいきいき105系

　支線区の短編成用として1981年に登場した105系は、モーターとギア比が103系と共通なので速度特性も同一である。機器も共通化と簡素化が徹底しているが、自動折返し回路や直通予備ブレーキなど、新しい機能も採用されている。運転室は人間工学を採り入れて、115系1000番台よりさらに使いやすくなっていた。これは便利さが半分で、残る半分は機器誤扱いの心配がないことである。

　105系は足が遅いと心配していたが、福塩線ではまことに使いやすい電車であった。駅間距離は例外的な1区間を除くと平均1.5kmで山手線にほぼ等しい。運転士にとって駅間距離が短いと、ノッチオフから停車ブレーキまでの空白時間がなく、息抜きタイムがない感じであった。東京圏・近畿圏の通勤線区は常時こんな状態なのだろう。

　最高速度は70km/h、平均して約60km/hでノッチオフ、駅進入速度が50km/hというのは、加速状態とブレーキ扱いにピリピリする必要がない。途中13駅のうち交換設備は4駅にあるのみ、残りはホームだけで信号機やポイントがないのも、負担を軽く感じさせていた。

　制御器のCS51は簡素を旨として製作され、抵抗制御段数は力行・ブレーキとも13段で、103系の25段に比較すると刻みが粗く、電動車1両の編成では、加速・ブレーキとも制御器のカム軸が進段するのがよくわかる。乗客にはゴツゴツとした衝動として伝わるが、乗り心地の点で問題にするほどではない。

　ブレーキの効きは115系よりも甘かった。速度が低いのでビックリすることはないが、うっかり115系のつもりでダイビングして、肝を冷やしたことがあった。空走時間が意外に大きいのも扱いにくくしていた。本来なら調査して原因を追求するところだが、上記のようにゆったりとした使用条件では苦にならず、ブレーキの難点についても不満を訴える

キハ120と105系が並ぶ。キハ120は三次鉄道部の所属。2003-1、府中鉄道部南分室（写真・大賀宗一郎）

第6章 再び第一線での乗務

クモハ105-6ほかの105系。もともとMcTMTcの4連だったが、増発のため中間車に運転台を取り付け、全編成がMcTc2連に変更された。2003-1、府中（写真・大賀宗一郎）

ほどではなかった。

　機構的には201系と同じく自動折返し回路がある。長編成の短時間折返し作業を軽減するための装置が、その必要に迫られないローカル線で使用されているのは皮肉である。直通予備ブレーキも新設されていて、運転室をちょっと離れるときに重宝していた。これも本来の使用目的ではない。

　直通予備ブレーキは、踏切事故で空気系を破損して空気源が無くなり、ブレーキ不能となって暴走した事故の対策として設けられた。常用するブレーキ機器とは別に、独立した空気だめと制御弁が、外部からの衝撃に対して最も安全な床下中央部に設置されている。

　雨による走行抵抗の減少について、福塩線で明確なデータを得ることができた。曲線制限が50〜60km/hのときは、手前のノッチオフ速度を文字どおり1km/h刻みで設定して制限ピッタリで通過するのが技量なのだが、雨天のときは制限速度を2〜3km/h超えることが多かった。これはレールが濡れていること以外に考えられなかった。

　どの列車も、無人駅で車掌がこまめに改札口に立つと、相当の売り上げになった。車掌が集札しなければ全部未収になる運賃である。車掌は売り上げが成績になるから熱心であり、福山からの新幹線特急券でも売れるとホクホク顔になる。私がこういう営業の空気にふれたのは初めてであった。

　短区間を繰り返し往復するので沿線風景にも詳しくなる。早い家は暗いうちに台所に灯が点き始めるが、いつものように灯が点かないと、何か変わったことか、それともお母さんが寝過ごしたのかと気がもめる。同様に、発車間際に駆け込んでくる、常連の女学生が見えないと心配になってくる。

　こういう乗務の日が続いたあと、1992年3月4日付で糸崎運転区への転勤通知を受け取って、府中鉄道部での福塩線乗務はわずか5か月で終わることになった。

215

6-2. 糸崎運転区

■故郷の糸崎へ

1992年3月4日、糸崎運転区へ帰ってきた。1969年に岡山へ飛び出してから22年ぶりの里帰りで、自分を育ててくれた職場はやはり懐かしい。庁舎からながめる瀬戸内海の風景も変わらないが、海を見はるかす転車台は痕跡も見当たらない。

勝手を知り尽くした岡山～広島の区間を、電車と電機の乗務で過ごす日は楽しいものだった。若いメンバーと同じ仕事をするのはいいもので、心身ともに確実に若返る。仕事がきついと感じたら別だが、私に限ればそんな心配は無用だった。

乗務形式は、電車は115系と105系。電機はブルートレイン牽引のEF66。岡山～広島の18本のブルートレインのうち、糸崎運転区は次の8本を担当していた。

2	さくら	長崎1701佐世保1729→東京1126	14両	EF66
4	はやぶさ	西鹿児島1310→東京1013	15両	EF66
5	みずほ	東京1800→熊本1109長崎1202	14両	EF66
8	富士	南宮崎1315→東京0958	15両	EF66
11	あさかぜ3号	東京1920→下関0955	13両	EF66
31	なは	新大阪2026→西鹿児島1031	14両	EF65
34	彗星	都城1644→新大阪0726	9両	EF65
36	あかつき	長崎1947佐世保2009→京都0802	14両	EF65

東西に岡山・広島という大基地を控えながら、糸崎が特急乗務を多く受け持つのは機関区時代からの伝統でもある。"岡山に負けるな"は昔から糸崎の合言葉でもあった。

■運転士として見た115系

運転士として115系に乗務するのは初めてである。岡山運転区でハンドルを持つことはあったが、立場が違っていた。線路も車両も慣れたものばかりだが、運転時間が短縮されているのには驚いた。わずかな短縮でも列車速度は格段に向上するので、大阪流に制限いっぱいに走らなくては遅れるダイヤが多くなっていた。

糸崎～尾道の実況を紹介すると次のようになる。

糸崎発車は5ノッチ投入、出発信号機を過ぎて、糸崎東踏切を76km/hで通るようにノッチオフする。加速がよいと手前のオフになり、反対のときは踏切を過ぎてオフとなる。目的は、次に控える糸碕神社のR300の70km/h制限を無駄なく通ることで、加速と惰行を先読みして手筈を決めねばならない。

第9閉そく信号機を72km/hで通過、4‰を上ってサミットを68km/hで過ぎ、10‰下り勾配のR300を終わるときに70km/hまで上がっている。直ちに5ノッチ投入、90km/h制限を過ぎると次の95km/hを超えないように、3ノッチまでの戻しを併用する。右手は瀬戸内海で、愛媛県の大三島を遠景に島々が霞み、満潮のときに海が荒れると波しぶきがレールまで飛

115系混成4連。中間2両は117系から改造の3500番台。1994-2、新倉敷〜西阿知(写真・堀切秀規)

んでくる。
　赤石踏切を93km/hで通るようにオフする。ここで、尾道までの残り時間が4分30秒あれば惰行して定時に到着できるが、そんなのんびりした列車は少ない。90km/h制限を過ぎてまた5ノッチ投入し木原踏切でオフ。ここで95km/h・3分15秒あれば尾道まで転がして行ける。残り時間が足りないときは、5ノッチで最高速度の100km/hまで上げる。なお足りないときは100km/hを保つために3ノッチ投入するが、平坦線ではバランス速度が100km/hを超えるので、オン・オフを2回ほど繰り返す。
　農協病院で100km/hオフして惰行すると、次の95km/h制限へぴったりと収まる。ここで95km/h・1分30秒ならば尾道への到着は10秒と違わない。15秒停車のときは、停車時間不足で遅れることを懸念して計画的に早着する。あとはブレーキのみ。
　瀬戸内海の入江を渡る厳通橋は、時刻が大潮の満潮とあって橋げたが潮に浸からんばかりで、水面からの反響音がくぐもっている。陰暦の日付と時刻から潮の満干を予想して、海岸の変化を楽しめるのも海沿いルートに乗務する者の特権であろう。
　場内信号機への上り勾配で、速度は91km/hまで落ちて尾道へ進入する。祇園三踏切で衝動防止のため1.0kg/cm^{2}ブレーキ、一息遅れて2.0kg/cm^{2}まで上げる。最近は最初から3.0kg/cm^{2}を使用する大阪流の指導が主流になりつつあるが、全員がマスターするには時間がかかりそうだ。自分のスタイルを確立しているベテランの方が、基本を変更することに抵抗が大きい。
　祇園二踏切で83km/h、ホーム始端で70km/h、ホームの流れを見ながら3.0kg/cm^{2}まで追加する。ブレーキのコツは後半をパターン化することで、最後の100mをダイナミックに減速すれば、見た目も運転時分も効率が良い。ブレーキ前半の操作は、中間目標地点を指定速度で通るための準備段階となるため、きれいなパターンにならず、中間目標へ向かってギクシャクするのを許容することになる。私のこの方法に対しては賛否両論が半ばしている。
　50km/hまで落ちると、速度計よりもホームを見ながらのカンに戻って、ゆるめを数回行ない、停止の瞬間にはゆるめ位置とする。この操作は衝動防止と停止位置合致を兼ねている。毎日同じ線区を同じ形式に乗務していれば、いくらでも上手になるはずだが、一時のような研究心が薄れたのは事実である。毎日少しずつデータを変えて挑戦するのは、若い

青田の拡がる路線を行く混成１１５系。先頭は1000番台、中間は2扉の3500番台、後尾は未冷房の0番台。1993-6、鴨方～金光(写真・堀切秀規)

うちの特権かも知れない。自分のブレーキスタイルが、華麗なダイビングよりも安全確実の積み上げに移りつつあるのがわかる。

　115系も旧形はほとんど姿を消した。残ったものも冷房化や新機能付加の改造が進んで、性能上では新形と同じになっている。主力は1000番台で、広島の2000番台と3000番台が加わる。ほかに過渡期形といえる300番台、117系から改造の3500番台と、115系と一言でまとめるには複雑すぎる分類となった。各バージョンとも、転入から改造講習まで手掛けた形式だけに、どれを取ってもそれぞれに思い出と愛着がある。

■105系と前頭負圧

　福塩線で馴染んだ105系で山陽本線を走ることになった。府中鉄道部の運用であるが、前に述べたように、朝のラッシュが終わると山陽本線へ駆り出されていた。

　平均駅間距離1.5kmの福塩線では、線区に適応した電車として105系に不満はなかったが、最高速度100km/hではすべての評価が変わってくる。脚が遅いのは承知だが、ブレーキの空走時間が大きいのと電気ブレーキの高速絞り(228頁参照)には閉口した。運転士の生命であるブレーキの効きに関することだから、安全問題でもあった。

　福塩線でのワンマン運転を控えて改造が進んでいた。運転室と客室の仕切が開放されて一体となった感があり、今まで経験しなかった空気の流れがおもしろかった。私は運転室の側窓はいつも開けている。発車で前進を始めると客室空気が慣性で取り残されるので、室内前寄りが負圧となって、側窓から運転室に風が吹き込んでくる。少し速度が上がると、前頭負圧(121頁参照)のために運転室側面が室内圧よりも低くなって、側窓は内から外への風の通路となる。この吸い出し通風は速度とともに強くなり、客室から化粧やアルコールの香りも運んでくる。

　前頭負圧は高速度のとき思わぬ効果がある。80km/h以上で103系や105系の運転室側窓からのぞくと、気流の空白になるため走行風圧をまったく受けない無風地点となる。雨や雪

も風圧で流れに乗るから顔には当たらない。土砂降りのときでも、ここから顔を出せば障害を受けず前方注視が可能で、ワイパーを透かして見るよりもはるかに効率的だ。もっとも無理な姿勢なので常用はできない。新幹線乗務員から聞いた話では、0系の前面窓に続く小窓が同じように雨が当たらないそうである。

この前頭負圧は蒸気機関車にもあった。振り分け気流に

神谷川橋梁を渡る105系2連。1991-9、新市～上戸手 (写真・坂本裕人)

よって発生するボイラー前頭部周囲の負圧部分に、煙突からの煙を誘引するため、乗務員の視界を妨げて大きな問題となっていた。この対策として、ボイラー前頭両側にデフレクターを装備し、前頭気流を整流して負圧発生の原因を除いている。

府中時代に心配した105系の冷房化は、1年後に全編成の改造が終わった。屋根の補強工事を避けるためセパレート方式として、客室天井には室内機のみがある。本体は床下に置いてあり、M車は床下スペースがないので客室をつぶしている。動力源は架線からの1500Vそのままなので、動力部分は大形となるが、電源のためのMGは不要となる。考えれば当たり前のことで、冷房のために三相440V電源が不可欠という、私たちの常識がおかしかったのだ。

■EF66のブルートレイン

岡山運転区でEF66に添乗した経験はあるが、本務として乗るのは初めてのことになる。電機の運転は昔とった杵柄で驚くことはないが、停車駅の多い列車はやはり緊張する。11列車(寝台特急"あさかぜ3号"東京1920→下関0955)はその代表で、広島・山口県では、こまめに停車して地元サービスを行なっていた。そのうち、高速で進入停車する駅として西条がある。

西高屋を通過して西条盆地に入り、曲線の連続から解放されたEF66は、客車13両を牽いて110km/hまで速度を上げる。本領発揮の図だが、最高速度で走る区間は全体から見るとあまりにも短かすぎる。その最高速度区間に停車駅があるのは皮肉だ。場内信号機からのブレーキ使用開始では間に合わない。

県道跨線橋から106km/hで$1.0kg/cm^2$減圧を行なった。速度計指針の動きより先にググッとくる衝動にまず一安心する。ブレーキ開始地点が少し早すぎるが、万一行き過ぎたら後退が困難な客車列車は、用心にこしたことはない。それと100km/h以上では、ブレーキの

東京〜熊本・長崎間を結んだブルートレイン「みずほ」。後期はマンモス電機EF66が牽引した。1992-6、厚狭〜小野田　(写真・大賀宗一郎)

効きが想像以上に低下するので注意が必要だ。あとは速度計の降下を見ながら、追加ブレーキが必要かどうか判断することになる。漠然としたカンではなく目標が決まっていて、予定速度に合わせるように追加またはゆるめを行なう。

場内信号機で100まで落ちた。効きはよし。ポイントで87よし。上り出発信号機で73よし。酒造会社の酒蔵で62よし、と速度は順調に落ちて行く。速度が落ちるほどによく効くのは摩擦ブレーキの特性である。ホーム始端で50を割る見込みが立つと階段ゆるめを1回、様子を見てもう1回と少しずつゆるめを開始し、ホーム中ほどに差しかかると、側窓から顔を出して、計器から目測に切り替える。電車とは反対に客車は前半ダイナミックに、後半慎重にのスタイルとなる。陸橋で40になるとホーム端の停止位置に視線を移す。停止位置から出発信号機まで15mしかないので行き過ぎ厳禁、ソロソロと接近するしかない。寝台列車なので停止の瞬間は衝動のないように停めたい。

停止直前に機関車をゆるめて編成を引っ張り状態にする。ゆるみすぎて行き過ぎれば信号機を越えるので、この基本操作を信号機の直前で行なうのは勇気がいる。行き過ぎを最大の恥と教えられて育った、私たちの本能ともいえる感覚である。直前ゆるめが有効に決

西条に到着したEF66牽引の「あさかぜ」。左は解放された補機EF67100番台と115系。2003-3 (写真・大賀宗一郎)

まって、衝動なく"あさかぜ"は歩みを停めた。
　寒気の残る早朝のホームには通勤通学客がちらほらで、寝台車に見える浴衣姿の乗客は場違いな思いだろう。10分先行したゴールドあさかぜ(9列車、"あさかぜ1号"。東京1903→博多1057)はその目前を90km/hで通過したはずだ。ゴールドとは25系客車のうち、特別仕様にグレードアップされた客車に付された、金色ベルトの呼び名である。
　西条を発車すれば次は八本松、そこからは連続下り勾配で、広島近くまで惰行運転が続くことになる。

■糸崎あれこれ

　糸崎へ帰っての第一印象は、各職場が一か所に集まっていることだった。運転区を筆頭に、保線関係・電気関係も構内に隣接していて、これは鉄道のよき時代のスタイルであろう。岡山では、所帯が大きいことと隣接していないことから、他系統との接触が薄くなってしまう。ここでは教育や訓練で電車が必要なときも、留置線まで100m歩けばよい。
　糸崎駅が水害に悩まされることは、地形を知っている人には意外だろう。すぐ後ろは瀬戸内海で線路は海面より高い。それでも浸水するのは、線路を横断する排水路の容量不足である。糸崎の地形は神戸のミニチュア版であって、山から流れ下った水がせき止められ、海に逃げられず広い構内に流れ込んでくる。駅前の国道2号線があふれると水は駅前広場から駅舎に入り、改札口を経て線路に至る。まるでお客さまだ。
　線路が冠水すると、電動ポイントや信号機器の復旧に手間取るが、浸水個所にあるポイントマシンや信号機器は、台に乗せて高くしてあるので水没することはない。苦い経験によって蓄積されたノウハウである。
　かつて留置電車が床下浸水して、多数が使用不能になった前例から、緊急時には水の来ない線路に電車を移動させることになり、そのための入換ダイヤも組まれている。降雨量の予報を聞いて入換を決断するのも担当の仕事だ。

暮色迫る鉄道の町糸崎を眺める。黒煙漂う蒸機天国であった構内も電車に占拠され、コンテナを連ねた貨物列車もほとんど通過する。2003-4
　　(写真・大賀宗一郎)

糸崎はJR貨物の営業駅なので、運転区に隣接した貨物ホームでは、コンテナの積み卸しが行なわれていた。全国から集まるほかに、糸崎港の岸壁から揚がったのを見ると、バルパライソなどと地球の裏側から来たものもある。搭載したコンテナの緊締確認などはJR貨物からJR西日本に委託されて、運転区の車両技術係の担当となっていた。

　貨物列車は岡山から1往復が設定され、EF65やDE10が姿を見せていた。貨車が少ないときは糸崎での入換を入換動車(車両移動機)が行なうので、EF65の牽引となる。多いときは入換動車では無理なので入換機が必要となり、DE10が牽いてきて糸崎の入換も担当する由であった。入換動車は超小形ディーゼル機関車だが、車両ではなく機械として扱われるのはご承知のとおりである。

　JR西日本とJR貨物が同居する構内は、国鉄時代の使用方によって境界が定められた。ホームに続く仕訳線は貨物、元の客貨車区の客車留置線は西日本、貨車検修庫は貨物、その向こうの電車留置線は西日本、隣のコンテナホームは貨物、南端の機関車留置線は西日本、と用地境界標が入り乱れて並んでいる。機械設備が撤去されてガランとした貨車の検修庫には、入換動車がポツンと雨宿りするのみとなった。

■快速に117系が転入

　1992年3月14日ダイヤ改正で、山陽本線の岡山～福山を結んでいる快速"サンライナー"用として、117系が岡山電車区に配置された。大阪地区で221系に押し出されたトコロテン配転である。性能面では、大阪地区で221系と混用するために高速化改造を受けて、最高速度は115km/hに向上していた。後期に製作された下降窓の100番台がくるかと期待していたが、虫が良すぎたようだ。

117系「サンライナー」のデザイン標記。(写真・大賀宗一郎)

　車体カラーは社外デザイナーに依頼したという、赤と白の華やかなもので、車腹には快速"サンライナー"のCMが入っている。各車の側面のほか、ヘッドマーク代用として前頭にも描かれている。

　糸崎の運転士にとっては初乗務の形式なので、運転士全員が講習を受けた。115系との相違点を説明するのが主で、運転取扱いは変わりませんと簡素な講習だった。岡山～倉敷は381系"やくも"と同等規格となるため、駅通過のときのポイント制限がなくなり115km/hで通過できることになった。

　制御器のCS43は381系で経験していたが、糸崎のメンバーには初体験となった。特急と異なって停車回数の多い列車では、制御器の変更は直接影響を受ける。

　制御器の相違点を説明すると、国鉄の標準として101系から583系まで、ほとんどの形式に装備されたCS12・CS15制御器では、次のような動作になる。

①ノッチオフ後はカム軸がブレーキ段で待機する：オフの後は停車ブレーキを使用するの

で、ブレーキ段で待機していれば、電気ブレーキの空走時間が最小となる。
②ブレーキ使用後はカム軸が力行段で待機する：ブレーキを使用して停車した後は発車なので、力行段で待機していれば、ノッチ投入から起動までの時間が最小となる。

　この動作内容を見ると、駅間距離の短い各駅停車を前提にしていることが、おわかりいただけよう。発車→ノッチオフ→ブレーキ→停車のパターンを繰り返すときは、無駄のない合理的な構造といえる。しかし、反対のときはそのまま欠点となる。
①ノッチオフで惰行した後に再び力行するとき：カム軸は待機しているブレーキ段から力行段まで移動して、力行を開始するので、空走時間が大きくなる。
②ブレーキ使用後に惰行して再びブレーキを使用するとき：カム軸は待機中の力行段からブレーキ段へ移動して、ブレーキ作用に移るので、電気ブレーキの空走時間が大きくなる。

　CS43ではこの欠点を解消するため、力行後もブレーキ後も、カム軸は常にブレーキ段で待機するシステムとなった。その代わりノッチ投入のときは、いつもカム軸が力行位置へ移動するロスタイムが加わる。この時間は1.4秒ほどで慣れれば苦にならないが、ノッチ投入すると即時に起動するCS12・CS15になじんでいると違和感がある。

　いっぽう、ブレーキではロスタイムが無くなり、予備励磁の装備によって、電気ブレーキが直ちに立ち上がる。運転士にとって、ブレーキの俊敏さは、力行のロスタイムを差し引いても大歓迎である。予備励磁とは、モーターを発電機として使用する際の電流の立ち上がりを、力行の残留磁気によらず専用の励磁回路によって行なう機構であり、ブレーキ電流が即時に立ち上がる。ゆるい傾斜面でボールを転がすとき、自然転動に任せるか、手で弾くかの差と考えればよい。

　また、ノッチ投入時の速度を検出して、高速のときはP段から力行するので、ノッチ投入から加速を感じるまでの空走時間が、在来制御器より5秒以上も短くなった。制限個所通過後の急加速のとき無駄のない運転ができる。

　117系の走行性能は115系よりも劣る。モーターとギア比が同一で編成も同じ2M2Tなのに、走り方に違いがあるのは意外だった。重量が大きいわけでもなく、いまだにこの謎は解けていない。加速中は制御器の影響があるにしても、フリーランに移っても明らかな差があった。

　ブレーキの効きは高速では115系よりやや劣り、50km/h以下では勝っている。

117系快速「サンライナー」。岡山～福山間を46分で結ぶ。1992-5、鴨方～金光（写真・大賀宗一郎）

したがって、使用前半では115系より大きめに使用する必要がある。不安を感じるほどではなく、制御器の差による幅であろうと納得できる範囲だ。

運転室は仕切がなく機器配置の工夫とデザインで広々と感じるが、実測すると車体前面から運転士席までの寸法は115系より短い。前窓は必要条件を満たして引き締まった印象だが、上下サイズが115系より大きいのは意外だった。助士席背後には、運転室搭載機器の収納スペースが設けられて、室内がスッキリした。

連結器に電気連結器を併設しているので、異形式の救援連結のときは、異なる電気回路が強制的に接続されることになる。この対策として、密着連結器用の中間連結器が追加搭載され、下り方クハは、機関車用と合わせて2組の中間連結器が搭載された。

客室の強制換気は117系でやっと実現した。ラッシュの混雑を考えると、在来の走行風による換気方法は十分とはいえず、今後の必須条件であろう。電源があるのだから装備に問題はないはずだ。

■サンライナーの走行ぶり

"サンライナー"の走行ぶりを追ってみよう。岡山駅では下りホーム西端に続く、頭端ホームの西1番線が"サンライナー"専用となって、改札口からの便利さを強調している。

岡山駅の西1番線を定刻に発車、3ノッチで30km/hまで加速して1ノッチに戻す。これはカム軸を途中段に停める宇田流のノッチ保ちだ。ポイント制限の45km/hを抜け、次の60km/h制限を1km/hの無駄もなく通過する。制限通過後に5ノッチへ進めると、117系4両は生き返ったように加速を再開する。ノッチオフと再ノッチによる衝動を防止するために、ノッチ保ちを利用するこの方式は当時から賛否両論がある。

10‰を上って岡山機関区を見下ろすときが92km/h。ギア比4.82がうらめしく、153系と同じ4.21なら軽く100km/hを超えているはずだ。ここから下り本線はR800の曲線が続いて105km/hの制限を受けるので、超過しないようノッチオフする。

最後の105km/h制限で5ノッチに投入し、速度向上に備えておく。速度計が上昇を始めるころには制限を抜けていて、次の110km/h制限の手前で3ノッチに戻す。制限が終わると5ノッチに投入して115km/hまでの加速だ。117系の定格速度74km/hでは容易ではなく、直線の続く水田の中をマスコンを握る左手に力が入る。県庁所在地駅を出て、次駅までの間に田園風景が広がる

モハ117改造のモハ115形3500番台。外観は117系と変わらない。1998-4、岡山電車区 (写真・鉄道ファン)

のは地方中核都市の特権であろう。

　直線の向こうに庭瀬の場内信号機が遠望できるころ、115km/hでオフする。場内信号機で110km/h、出発信号機で105km/hと予定の速度で庭瀬を通過する。新幹線以前の特急花形時代でもポイント制限は100km/hだったから、この速度でホームをかすめるのは少々緊張する。

　次の95km/h制限をかわすと5ノッチへ投入、あとは倉敷手前の105km/hまで制限なしである。115km/hに達するとノッチ戻しを併用しながら115km/hを保っていき、中庄をそのまま通過する。ホームで待つ乗客には秒速32mの一陣の風だろう。

　運転室も客室も動揺や振動はまったくない。ただポイントを渡る衝撃音は、待避線よりも側線分岐の方が確実に大きい。番数の大きい(ゆるい)ポイントはクロッシングの隙間が大きく、高速運転には不利であると聞いていたのに意外だった。小さいポイントの方が車両への影響が大きいのかも知れない。

　制限105km/hに合うようにオフ、制限個所で残り時間を計算しながら、このまま惰行するか判断する。蒸気時代に倉敷まで直線で3kmが見通せた区間は、伯備線の立体交差のため、山陽本線は蛇行する線形になってしまった。倉敷は最初の停車駅、ハンドル操作に応じて直ちに感じる電気ブレーキの衝動が心強い。駅ビルの太い柱が林立するホームに定時に到着した。

　中間駅を115km/hで通過する快速列車が身近な存在になって、岡山の山陽本線もやっと大阪に追い付いた感がある。

■115系3500番台

　1992年春に115系3500番台が岡山電車区に配属になった。大阪地区の新快速用であった117系は、他線区へ転用するときに4両化され、そのとき余剰となった電動車MM'の転用先として、岡山と広島の115系の旧いMM'の置換えが選ばれた。広島も岡山も猛反対であった。現在でも2扉の3000番台を運用して、ラッシュ時に困っているので、2扉車の増備に反対したのは当然である。

　広島支社では、2扉の3000番台Tcと混結していた旧形MM'を置き換えたので、4両編成が2扉に統一された感じとなった。岡山支社では、3扉統一だった編成の中央2両を置き換えたので、2扉と3扉の混合編成となってしまった。ラッシュの停車時間の増加原因になっている。

　117系から115系3500番台に改造といっても、115系と連結するための最低限の変更で、内容は117系のままであった。したがって、運転性能も115系と微妙な相違を生じている。さらに在来車と3500番台を併結したときは、衝動の原因にもなった。制御器が異なるので起動時期が微妙にずれる。117系で述べたように、3500番台のCS43は起動まで1.4秒かかり、在来のCS15は即時に起動する。在来形が起動して最大牽引力となり、編成を引張または圧縮したときに、3500番台が起動して新しい牽引力を加える。立っている乗客にはっきりと

わかる衝動である。
　職場のQC活動のテーマに取り上げて、研究した成果を発表したが、業務として採り上げる気配はなかった。同一形式では問題は発生しないと決めつけているようだ。また、3500番台の初圧ゼロの連結器緩衝ばねも、こういう衝動ではマイナス要因だった。編成のばねは全体が揃っていないと、かえって逆効果になるのは興味深いことである。
　客室は、改造のときドアから中央寄りの転換シート3列ずつが撤去されて、ロングシートになった。転換席は車端と中央に3＋4＋3と残るのみで、117系が持っていた豪華なイメージはぶち壊しである。この改造の目的は、115系として運用するための定員確保とラッシュ対策である。ロングシートにすると収容人員は増えるが、乗客は奥までまんべんに詰めてくれない。最も混むターミナル手前で、乗車状況を観察すればわかるように、究極の詰め込み対策は、ドア付近の広場面積を確保することにある。

■103系と速度特性

　1994年3月に岡山電車区へ103系が配属されて、山陽本線で115系に伍しての運用が始まった。
　大阪地区では東西線（京橋～北新地～尼崎）の開通を控えて、関係線区の車両を地下線運用可能な形式に置き換えるため、207系1000番台の増備が進んでいた。そうして捻出された103系の転属先に困った本社が岡山と広島に押しつけたのだ、というのが現場の受け取り方であった。そうであれば、国鉄時代に東京地区の使い古しを各地に転用した悪夢の再来である。
　山陽本線では各駅停車も最高速度100km/hで走行する。高速性能の劣る103系は、次の駅に接近するころやっと100km/hになる始末で、運転士からは酷評を受けることになった。名付けてマスカットライナー。マスカットとは、岡山の銘果で淡緑色の車体カラーからの連想であり、ライナーは必死の形相を思わせる走りっぷりに対する印象である。
　定格速度を電車の形式別に比較してみよう。機関車の項（91頁参照）で説明したように、定格速度とは電気車が全出力を発揮できる速度である。ギア比の選定で自由に設定できるが、出力＝速度×牽引力なので、定格速度を高くとれば最大牽引力は低下する。図の太線

115系に混じって100km/hで力走する103系。この編成は115-1000に相当する新装備の後期車。
1994-9、瀬戸～上道
（写真・堀切秀規）

の左端が全界磁定格速度、右端が最弱界磁定格速度を示し、この間が全出力領域となる。

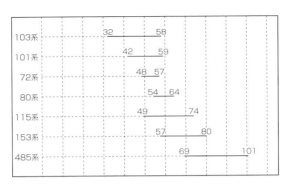

電車の定格速度

厳密にいうと、左端の全界磁定格速度が最大出力であり、右端に近づくにつれて弱界磁による効率低下のため出力は減少する。

　定格速度を超えると牽引力は急激に減少して、持てる力をフルに発揮できないので、最も多用する加速域に定格速度が合致するのが理想である。運転する立場からいえば、停車駅の多い電車の定格速度(最弱界磁のとき、図の太線右端)は、常用最高速度の90％が最適であり、ほとんど通過の場合は100％が望ましい。常用最高速度は線区によって異なるが、特急形式は120km/hが多く、駅間距離の短い通勤線区では70km/h程度が平均であろう。

　図で見ると485系などの特急形式は、常用最高速度120km/hに対応して、もう20km/hほど高くしたいが、そうすると中速域での加速力が低下して運転時間が延びる。最適な数字は使用線区の走行条件によって変動するから、現状が最大公約数であろう。

　近郊形は常用最高速度100km/hを想定して、発車時の加速を含めて考えると115系あたりが妥当な速度となる。運転する身にとっては、90km/h以上での加速がもうひとつ歯がゆいが、定格速度を上げると発車時の加速力が落ちて、運転時間が延びることになる。

　近郊形の定格速度は、1963年に111系が登場したとき、駅間距離を4kmと想定して、運転時間が最小となるよう選定された経緯がある。その後に登場した113系・115系は、出力増強されたので変更すべきであったが、共通運用のため111系に揃えた。その点は理解できるものの、5km以上の無停車になると高速性能がほしい。

　通勤形の場合は、0km/hからの加速が常用速度だから、定格速度を低くして発車後の加速力を向上させることが、運転時間を短縮する最良の手段となる。図のとおり、103系の全界磁定格速度32km/hは、115系の49km/hと比較しても非常に低い。山手線や大阪環状線では103系が最適という結論になる。

　103系は、このように適用条件がきわめて狭い形式である。設計前提となった、駅間距離1.4kmの線区で優れているにしても、それ以外の線区に適合できないのは明白であった。その103系を標準形として、あらゆる線区に投入したのは無理があった。

　速度特性は勾配登坂にも影響して、103系は急勾配のある瀬野～八本松への運用はできない。登坂は33‰でも平気なのに、定格速度が低いために22‰での速度は約65km/hとなり、

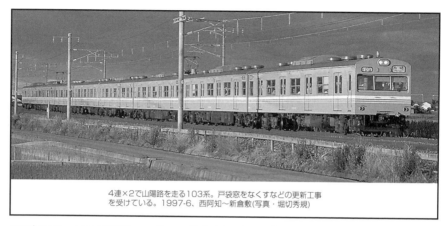

4連×2で山陽路を走る103系。戸袋窓をなくすなどの更新工事を受けている。1997-6、西阿知〜新倉敷(写真・堀切秀規)

115系の80km/hには及ばない。強いて投入すれば、スピードダウンによる運転時間の増加を覚悟しなければならない。

最初の運用区間は姫路〜三原であったが、神戸支社から乗入れお断りがあったとの由で、岡山支社管内に縮小された。神戸支社としては、120km/h運転の221系のダイヤへ、103系が割り込んできてはたまらないというのが実感であろう。

■103系・105系のブレーキ性能

ブレーキ性能も力行と同じく、運転士から不評であった。105系も同様である。通勤形だから加速減速が優れているとはかぎらず、速度特性がここでも大きな影響を持つ。モーターを発電機として使用する電気ブレーキは、摩擦ブレーキのように高速でブレーキ力が低下する心配がなく、電車にとっては不可欠の存在となっている。ところが、その電気ブレーキが頼りにならないのだ。

定格速度の低い形式はギア比が大きいため、高速運転するとモーターの回転数は格段に高くなる。機械的強度は問題ないにしても、ブレーキ時には発生電圧が限度を超えるために出力を絞ることになった。これはブレーキ力が減少することを意味する。電気ブレーキ力が不足した場合、所定のブレーキ力を確保するために空気ブレーキを補足すべきであるが、何の対策も考慮されていない。この電気ブレーキの高速絞りは60km/h以上で作用し、ブレーキ力の減少は105系が一段と激しい。定格速度の高い115系では、90km/h以上で発生するので実際面の支障は少ない。

この欠陥システムのため、100〜60km/hにおいて103系・105系のブレーキ力は半減する。半減というのは感覚ではなく、私が実測したデータに基づいた数字である。しかも、ブレーキ力が弱いと個々のバラツキの影響が大きいから、肝を冷やす機会も多くなってくる。60km/hを割るとやっと本来の電気ブレーキ力が復活するものの、運転士にとってブレーキは前半の速度低下が生命である。60km/hまで落ちればブレーキ操作は80％済んだも同然であり、

肝心なときに力を発揮できない。103系・105系で停車駅に100km/hで進入してブレーキを使用するとき、運転士の心境はまさに真剣勝負といってよい。

ただし、60km/h以下での電気ブレーキの効きはダイナミックで、停止位置を行き過ぎると思っても間に合うことが多かった。電気ブレーキ性能そのものが優秀なことは、運転士全員が認めるところである。

岡山へ転属して伯備線を走る105系。
2002-3、庭瀬～中庄(写真・堀切秀規)

ブレーキ指令の伝送速度も大きな不満であった。運転士のハンドル扱いから、実際にブレーキが作用するまでの空走時間である。その中でも、使用途中の小刻みな調整に対する応答が重要になる。この性能が良かったのは101系・153系・181系など初期の形式であり、103系・105系は475系とともに国鉄タイプ新形電車の最下位に位置している。

空走時間は大きいものの、圧力計の指針上下は俊敏である。したがって、各車の機器の動作速度が原因ではなく、運転室から編成全車への伝送回路の問題に絞られる。運転士が扱うブレーキ弁から運転室にある電磁直通制御器まで、圧力伝達に要する時間が問題であって、103系で初めて使用されたME40ブレーキ弁の空気給排容量の不足が原因であろうと思われた。優れた伝送と動作のシステムを持ちながら、発信元の運転室でその性能を殺していることになる。

これは1963年に登場したとき問題になって当然のはずだが、当時は旧形の72系などの置換えに投入されたため、旧形電車に比較すればブレーキは格段の進歩であり、苦情が発生する余地がなかったようだ。

■115系の高速化改造

近畿圏では、最高速度120km/hの221系が増備されるにつれて、最高100km/hの113系がダイヤ構成の障害となってきた。その解決策として、113系の最高速度を110km/hに向上する改造が施行された。法令に定められた停止距離600mを確保するためにブレーキ力を増加し、高速走行に備えてタイヤ管理精度を高くしたもので、力行関係についての改造はない。阪神淡路大震災の復興のため網干電車区へ応援に行っていた、岡山電車区の115系も改造を受けて帰ってきた。

乗務してみると、改造はマイナスだと感じた。単純にブレーキ力を増加しただけなので効きすぎて困る。この編成のみブレーキ操作を変えるのは事実上できない相談で、単純にブレーキ力の増加という、力でねじ伏せる方式には疑問が多い。

デリケートな操作ができなくなった。同じハンドル角度でブレーキ力が大きくなったこ

とは、操作精度が大ざっぱになることを意味する。また、運転士が慣れれば対応できるとはいえ、ブレーキ電空切換における衝動が一段と激しくなった。

　221系と併走するためにやむを得ないとしても、他に方法がなかったのだろうか。法令のブレーキ距離をクリアするのが目的なら、特急形式の増圧回路のように最大ブレーキの場合のみブレーキ力増加とする機構を採用すればよい。平常に使用しているブレーキ範囲では問題は起こらないはずだ。新系列の221系を活かすために在来形式が軽視されたようで、後味のよくない改造であった。

　そういいながら110km/h運転を楽しんだ。山陽本線では、速度向上しても乗り心地は変わらず快適であった。ブレーキだけの理由で、今まで最高速度を100km/hに抑えていたのなら、持つ性能を殺していたことになる。

■30年ぶりに呉線へ

　糸崎へ復帰して3年目の1995年1月15日から、呉線を受け持つ組への乗務が始まった。かつての最後の乗務は1965年5月13日のC6217であったから、30年ぶりの復活乗務となる。

　呉線の使用形式は、103系と115系を主に105系が補足している。沿線の乗客にとっては、電化初期には72系旧形ゲタ電が配属され、やっと115系への統一が成ったと思えば、都落ちの103系を回されて不本意なことであった。

　いざ運転台に座ると、電車のマスコンを握っても、C59やC62の記憶をたどりながらの運転となる。勾配と曲線で苦労した呉線だが、103系にとって16‰などまったく苦にならず、曲線制限を超えないようにセーブする運転であった。

　高架となった起点の三原を発車すると、曲線制限75km/hを超えないよう、ノッチの操作の繰り返しになる。わずらわしいと言っては、30年前の加減弁とリーバーの操作を忘れたかと責められそうだ。沼田川を渡った後の上り10‰にも曲線制限75km/hが連続し、103系は3ノッチでは超えるが2ノッチでは落ちすぎる。こういう場合は、戻し2ノッチの登場である。

　3ノッチで加速し、主制御器がP段に入った後に2ノッチへ戻す。P段へ入るのは17km/hだが、念を入れて20km/hを目安にする。この操作で主制御器のカム軸は、2・3ノッチの中間であるP11段に停止するので、10‰を75km/hで駆け登ることが可能となった。16‰上り勾

巨大な貨物船や造船所のクレーンを横目に呉線を行く103系3連。2003-6、須波〜安芸幸崎(写真・大賀宗一郎)

配では65km/hでバランスするので、安芸川尻〜安登でも応用できる。

10‰を登り詰めて、切取りを回ると眼下は瀬戸内海、呉線の魅力の見本のような島影の連なる風景が開けている。

瀬戸内海を見下ろしながら転がすことしばし、惰行の効かない103系はポイント制限ちょうどの60km/hに落ちて、須波へ滑り込む。この速度ならブレーキ操作も心配することはなく、余裕を保った基本パターンで行

おだやかな瀬戸内海を走る115系リニューアル編成。車体カラーは大阪地区と異なり、アイボリーホワイトにダークブラウン。2003-6、忠海〜安芸幸崎（写真・大賀宗一郎）

ける。須波の長いホームの中央に停まった103系は何とも可愛らしく、呉線での走行は古巣の大阪の通勤線区に比較すれば天地の差があろう。

須波から安芸幸崎・忠海に至る区間は海岸から離れず、忠海の手前では波のしぶきを浴びながら走って行く。点在するR300、400の制限をかわしながら、余裕を保って運転できるのは蒸機時代と変わらない。沖に目を転ずれば、生口島と大三島を結ぶ工事中の多々羅大橋が遠く霞んでおり、西瀬戸9橋が全通すれば広島県と愛媛県が陸続きとなる。

安芸津〜風早を行くと、夜間は正面の山に"万"の灯文字が明るい。蒸機時代には無かったもので、万葉集に登場する風早の浦を京の大文字風に記念したものだという。呉線一番の難所であった安浦〜安登の16‰も、平坦線と変わらぬ走りぶりで103系は峠を越える。向田トンネルを抜けて海を見下ろす場所は、蒸機時代には撮影の名所であった。

仁方を過ぎて呉までの区間は直線が続くものの、速度計はやっと90km/hを示すのみ、やはり115系がほしいという気分になってくる。呉トンネルも直線なので、103系の加速不良をかこつ箇所の一つであり、延長2581mが糸崎運転区の受持区間で最長のトンネルである。

呉トンネルは5‰と3‰の拝み勾配（両端から中央へ登る）だが、トンネル中央から出口が見えるのも新鮮だった。蒸機時代には、籠もった煙のために惰行運転でも見通しが効かず、出口がいつくるかは時計が頼りである。前方が突然明るくなって馬蹄形のシルエットが浮かぶと、外界に躍り出るというのが実感であった。電車の運転室からはるか遠くの出口を見つめていると、緊張の度合いがまったく異なる。

呉から西に散在する10本のトンネル区間は、複線化用に建設されていた新線に移設されて、蒸機時代と雰囲気が変わってしまった。吉浦〜天応では短いトンネル2本が統合されて、トンネル本数が1本少なくなっている。蒸機のときは煙にむせながら、断面の大きいトンネルをうらやんでいたが、今度は古い石積みのトンネルを懐かしい思いで見下ろす毎日となった。

この区間は単線ながらデータイムは20分ヘッドの運転で、各駅での列車交換が目まぐる

瀬戸内カラーに姿を変えた103系3連が、潮風を受けて沼田川橋梁を行く。戸袋窓をなくし、分散形冷房を装備した。2003-6、須波〜三原（写真・大賀宗一郎）

しい。ダイヤを見ると複線化されるべきであり、路盤がほとんど完成しているのだから工事は容易と思えるのに、計画は遅々として進んでいない。

　海岸に沿う呉線の泣きどころは雨である。豪雨に見舞われると、運転規制や運転休止がひなびたローカル線よりも早く施行されることが多く、85kmに37本というトンネルの数が地形を物語っている。いつか災害状況の連絡のため指令へ無線を飛ばしたとき、「チクテイって何ですか？」という指令員の若い声が返ってきたのには絶句した。"築堤"の意味が届かないのは、世代の空白では済まされない大きな断絶だと思う。

　山陽本線乗務の合間に呉線に入ると、何とも表現できないやすらぎを覚える。線区の背景のみでなく、蒸機で走った記憶が刷り込まれているからであろう。かつてのC59から現在の103系に至るまで、呉線は私の心のいやし場所になっている。

■月から還った

　1995年10月1日に、糸崎運転区は糸崎乗務員センターと改称した。組織改正によって、山陽本線の新倉敷〜糸崎をせとうち地域鉄道部として独立させたためである。乗務員センターは運転士と車掌に検修員を加えた、総合乗務員基地として発足したもので、順次進められている運転士・車掌の統合方針に沿ったものである。点呼では車掌の売上金授受や営業関係の注意や勉強が加わって、新しい雰囲気の職場となってきた。この道一筋の職人気質から、また遠ざかった感じがする。

　そのいっぽう、車掌と同じ職場になったことから、列車を預かるクルー意識が高まった。

同じ列車に乗務するため、ホームまで一緒に歩くことも多くなった。今まで運転士と車掌はまったく別の乗務ダイヤで、その専門家意識が幾度も指摘されていたが、隔てる壁がなくなったことが実感できる。

　乗務距離が月へ到達したのは1969年であったが、往復距離である768,835.2kmを乗務して地球へ帰ってきた。1996年2月5日、470M（103系4両、三原1817→三石2024）区間は福山〜東福山、万葉集に詠まれた深津の丘を越えるときであった。次は月への再訪問を目標に頑張ることにしよう。

6-3. 動力車運転あれこれ

■走行抵抗について

　鉄道車両は運転中の惰行率が非常に高い。同じ条件で惰行して見ると、走行抵抗の違いを歴然と感じることができる。

　線路の構造別に分類して見ると、走行抵抗が最も少ないのは在来のバラスト軌道である。逆に最大なのは鉄桁の上に枕木を置いた在来形橋梁となる。橋梁は動揺衝撃を吸収しないから、抵抗が大きいのは納得できるが、バラスト軌道が原始的に見えても、総合的に優れているのは意外である。

　高架橋に多い直結のスラブ軌道も速度低下が大きい。精密に施工されているはずなのに、

EF66牽引の「あさかぜ」が早暁の尾道の大カーブを回る。2003-6、東尾道〜尾道 (写真・大賀宗一郎)

究極は振動吸収が走行抵抗を決める第一条件なのだろうか。トンネルでの差異は感知できない。比較の方法もないから検証することが無理でもある。
　レールは太い方が良い。赤穂線で37kgレールが新幹線中古の50Tレールに交換されたとき確実に減少したし、太いレールは沿線騒音も低下することが報告されている。バラストとは異なって、レールはたわまないでガッチリした方が良い。
　雨の日は惰行が効くことと、蒸気機関車が抵抗減少のために、レール水撒きを行なうことは述べた。雨の降り始めが空転要注意なのは、レール上のホコリが濡れて潤滑剤になるためである。さらに進んで、レール上が洗われるとかえって落ち着く。
　風の抵抗は馬鹿にならない。向かい風ではなく横風の場合である。横風を受けると旅客車では相当の力になり、片側レールに押し付けられて曲線走行と同じことになる。直線でこの状況が発生すると走行抵抗が増加し、風通しのよいところでは軽い風でも感知できる。
　動力装置は走行抵抗の大きな要素であるから、電車は客車よりも惰行が効かないのは当然である。機関車の方が大きな動力装置を持っているのだが、走行抵抗は動力装置の大きさに関係なく数に比例するらしい。電車と比較するとブルートレインの惰行は格段に効く。
　モーターの走行抵抗はギア比の大きい通勤形が最も大きく、動力を持つ電動車が多いとやはり大きくなる。受持形式では103系がいちばん大きいことになり、ノッチオフの後に、速度と残時間で次駅までの惰行を計算するとき、115系とまったく異なるデータが必要になってくる。
　電車では空気ばね車両が、金属ばね車両よりも惰行の効きが良い。線路側と同じくクッションの柔らかいのが、走行抵抗の減少にプラスなのだろうか。

■信号機の見通し
　信号機は列車の安全保証であり、運転士にとって最も重要な設備である。しかし、信号機の見通しを阻害する要素が実に多い。
　最大の支障は、架線を支持するブラケットである。斜めの主材が視線をさえぎる実例が多々ある。大阪への乗務のとき、複々線区間に入ると旧来のビームつり下げ方式になるので、信号視界が格段に広がった感じがする。架線設備との関係になるが、架線の設計条件に信号確認スペースの確保を入れても、経費増はわずかなものであろう。運転士の要望を受けて、尾道の下り場内信号機がブラケットからビーム方式に改善されて、信号見通しが格段に良くなった例がある。
　次は電柱である。数が多いことから曲線区間では最大の支障となる。最も無神経なのは信号機の直前に電柱を建てることで、運転士はいらぬ負担を強いられる。この場合は相互に譲って、信号機を電柱の直前とするとか、電柱位置を少しずらせば、見通しが良くなる箇所もある。糸崎の上り場内信号機は曲線で電柱を透かして見ているが、電柱3本を最大3m移設すれば支障は解消する。備中川面の上り出発信号機の直前にあった電柱が、運転士

の指摘に応じて移設された例がある。

　複線区間では、対向列車が支障することが多くなった。曲線が続く区間では、見通し距離を確保するように信号機を設置すると、視線が対向線路に入る。列車回数が増加すると、この箇所で対向列車と出会う機会が増えて、信号機の見通しを遮ることになった。列車がいないと障害はないので、実地調査しても実感がわかず、一過性の原因と片づけられがちである。

　最後にホームの屋根がある。車両の肩にあたる部分は信号機の見通しスペースであるが、屋根を低くコンパクトに設置すると、この信号見通しスペースに侵入することになる。該当する実例として1989年に開業した中野東がある。新設されるホーム屋根はこのスタイルが増える一方で、各地で見られるようになった。ホーム屋根については、信号見通しのスペースに食い込まないように、規格決定の段階で本社部門が調整するのが望ましい。

■常用促進ブレーキ

　1996年から乗務開始した34列車(寝台特急"彗星"南宮崎1733→新大阪0723)のカマに、JR東日本のEF65が運用されていた。所属を示す区名札は〔田〕で、JR東日本の田端運転所からの遠距離運用である。田端といえば上野駅と対になる主幹基地である。番号は1100以降の最終タイプが多く、1978年に、115系1000番台の現車講習で川崎重工兵庫工場を訪れたとき、115系と並んで製造ラインにいた記憶がある。18年ぶりの再会である。

　このEF65には常用促進ブレーキが装備されていた。最初は長大貨物列車用として装備が始まったものである。自動ブレーキのブレーキ指令は、ブレーキ管の空気給排を運転台のブレーキ弁で行なうが、列車全体のブレーキ管容積が大きいために所要時間が大きく、ブレーキ作用までの空走時間が大きくなる。電磁回路を列車に引き通せば解決するが、設備が大がかりになる。代案として、機関車に給排容量の大きい常用促進弁を設けて、空走時間の短縮を図ることになった。

　ブレーキ操作の応答が素早くなるが、例によって微小調整の問題が出てきた。とくに、連続下り勾配でバランスしているとき、僅少の追加やゆるめを行なうと、常用促進弁が自

「彗星」は新大阪と日豊路を結ぶブルートレイン。はるか東方の田端から来たEF65の1000番台が牽引した。1998-8、岡山　(写真・大賀宗一郎)

115系3000番台。室内は転換クロス座席だが、ラッシュ対策と両立させるのは難しいことだった。2003-6、備後赤坂 (写真・大賀宗一郎)

分の出番とばかりダイナミックに動作してくれる。デリケートな操作を狙ったのがぶち壊しで、お前は引っ込んでいろといいたい気分である。設計者の親心はわかるものの、使わずに済む選択権を残して欲しかった。

1996年8月13日に乗務距離が800,000kmを突破した。松永～備後赤坂、列車は328M (115系4両。岩国0613→岡山0950)であった。

このころの目立つ工事としてホームのかさ上げがある。客車と電車共用の920mmを、電車専用の1100mmに改良するもので、停車するのは電車ばかりなのだから当然ともいえる。乗降の多い駅や、曲線で足元の危ない駅から順次進められているが、ブルートレインなどの客車は、ステップがホームより低くなるので、やや不便になったといえる。

ホームと電車の床面がほとんど同一になったので、乗客の乗降が容易になった。同時に、それにともなう乗降時間の短縮は意外なほど大きな効果であった。ラッシュ時の停車時間の短縮が目に見えてわかる。

■圧力計がSI単位に

以前から話題に上っていたSI単位が、1997年4月から圧力計に使用されることになった。従来のkg/cm^2に代わる新しい単位はkPa(キロパスカル)である。車両の圧力計は、1年以内に新目盛のものに取り換えられる。

圧力計の目盛は端数が入って面倒なことになった。ブレーキ管の圧力は$5.0kg/cm^2$が490kPaになる。5キロといっていたのが490キロと聞いてもピンとこない。元だめ圧力の使用ゾーンは$7.0～8.0kg/cm^2$が赤色表示であったが、690～780kPaとなる。目盛数字が1桁から3桁になったことにもまごつく。

いっそのこと、ブレーキ管圧力を490kPaから端数のない500kPaに変更すればと考えるが、従来の$5.0kg/cm^2$がUIC(国際鉄道連合)の規定なので、勝手に変更するのは無理だという。世界的にSI単位の採用が進んでいるのなら、どの国でも国際標準の変更が話題になっているかも知れない。

■携行品いろいろ

蒸機の機関助士から始まり、電車運転士に至るまでの携帯品のうち、とくに愛着のある物を紹介しよう。

①メダル：時計の鎖にメダルを付けるのは、国鉄およびJRを通じて運転士の伝統である。

ほとんどが機関士科・運転士科を修了するとき作成していた。デザインはそのときのメンバーが知恵を絞ったもので、私のものは蒸気機関車と電気機関車を配し、四とSEDの文字をあしらっている。文字の四は第4回機関士科を、SEDはSteam Electric Driverを意味する。裏面は所名と科名と修了日付の1965.2.6が刻んである。37年を経た現在では角が丸み文字がすり減って、私の歩んできた道筋の記録となっている。

携行品のいろいろ。
(左上)メダル、(右上)腕章・ゴーグル・ハンマー、(左下)蒸機のメーカープレートを模したタイピン、(右下)マスコンキーとキーホルダー

②点検ハンマー：機関士見習になると点検ハンマーが支給された。電気機関車では支給されないので、このハンマーは、蒸気機関士の名誉と誇りのシンボルでもあった。このハンマーでC59を、C62を、D51を、9600をたたいて無事故を支えてきた。蒸気機関車に乗った2年間に使用したのみで、年月が感じられないのが惜しいが私の宝物である。

③機関士腕章：機関区関係者は、同じ紺色の作業服を着て見分けがつきにくいが、その中で機関士の腕章はとくに目立っていた。この腕章はいくつも使いつぶしたが、最初のものだけは保存している。汗に染まって傷みがはげしいが、若き日の私が蒸機を駆った記念品である。

④ゴーグル：防塵用のゴーグルは、機関助士見習になったときに支給された。ブリキとガラスの簡素な造りであるが、側面の視界も考慮してあり実用性の面では十分であった。煙に含まれるシンダーを防ぐのが目的だが、風防としても欠かせなかった。

⑤キーとキーホルダー：電車になるとマスコンのキーが支給された。後期のものはシンプルなデザインとなったが、1967年当時は分厚い造りであった。メッキが少し欠けているのが長い間の使用を物語っている。80系に始まり221系に至るまでの私の電車乗務の歴史でもある。

キーホルダーは、1992年にスタッフから乗務に返り咲いたときに制作した。再び運転士としてハンドルを握る決意を込めて特注したもので、材質は金である。時価が数億円の電車を動かすのに惜しいとは思わない。小さくともズシリとする重量感と、窓から差し込む陽を反射するときは、魅入られるような輝きがある。

■C59164の主動輪軸

　C59164は18歳の整備掛からの付き合いである。動輪から安全弁まで私の手が磨き上げたし、機関助士見習として1960年7月8日の初めての乗務から、機関士見習として急行"安芸"

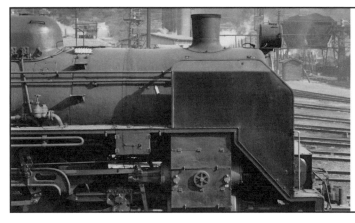

C59前頭の姿態。日本の蒸機では最も整ったスタイルであろう。1962-2、糸崎機関区。

を牽いた1965年4月19日の最後の乗務まで、私の青春とともに過ごした機関車となった。私が去った後も最後まで糸崎機関区で生き残り、僚機を代表して梅小路蒸気機関車館に雄姿をとどめることになったのは喜ばしい。

　もし、外国に日本の代表機を紹介するとなれば、ためらわずにC59を推したい。力強さとスマートさをバランス良く備えている点では、他形式の追随を許さない。また限界を超えた無理をしていないことも、落ち着いたイメージの原因であろう。

　京都に行けば彼女に会える。そう思いながら、梅小路に足を向ける機会がついつい先延ばしになっている。展示でなく保存であるから、活きた姿に接することが可能であろう。そのとき一番関心があるのは主動輪の車軸である。主動輪とは、シリンダーからの力を伝えるメインロッドが取り付けられた動輪のことで、C59では第2動輪が相当する。

　カマ磨きの整備掛のころ、機関車に名前を付けようという話が持ち上がった。火付け役には私も入っている。名前はそれぞれに知恵を絞ったが、そこは二十歳前の若者たちのこ

C59164の動輪。第2動輪のボスにC59164の刻印が見える。1962-10、糸崎機関区

と、実在の女性の名が多かったようで、運用日報を読むとき、トモコがヒトミがと華やかな言葉が詰所を飛び交ったことだった。

　私のカマはC59164で、命名の方法は皆の例に漏れなかった。ある日、白ペンキを持って台枠内にもぐり、主動輪軸にその名を書きつけておいた。機関車の奥ふかく、見えないところに名前があることは、誰も知らない私一人の秘密であった。ところが、間もなく検査掛に見つかり、油を絞られる結果となって、この話はおしまいとなった。

　しかしペンキは消えても、私が書き込んだ事実は消えない。そういう経緯のある機関車が、梅小路に保存されると決まったときの、私の喜びを想像していただきたい。いつか梅小路を訪れて再会するとき、私がC59164の主動輪軸にこだわる理由は、かくのとおりである。

■線路の上のお客さま

　線路上にお客さまがいるのは珍しいことではない。むろん人間ではない。夜間はとくに

夜明けの岡山駅。新幹線700系と上りブルートレイン「あかつき・彗星」。2003-6
（写真・大賀宗一郎）

大ジャンクションに変貌した岡山駅の夜景。0系こだま、213系マリンライナー、117系サンライナーが見える。2003-6
（写真・大賀宗一郎）

広島支社の103系は若番が多い。車体更新も進んでいる。2003-6、須波〜三原（写真・大賀宗一郎）

列車の直前を動物が横切ることが多い。緊急事態と判断したら、危険を冒して自分のテリトリーに駆け戻るそうだ。列車に接触するのもそういうときなのだろう。

犬や猫は一目散に駆けて横切る。イタチもしなやかな肢体を躍らせる。タヌキはヒョコヒョコと頼りない走り方なので、さっさと渡れと怒鳴りたくなる。ペアで出歩くのが習性なのか、向こう側でもう一匹が心配そうに待っているのも目撃した。

鹿と対面したことが二度ある。最初に見えるのはライトを反射する角で、次いで白い尻尾がわかり、近づくと全身が現われる。あわてず騒がずこちらを見据えているのは、じゃまをするなと叱られているような気分になる。

馬は真っ直ぐに逃げるそうだ。北海道の知人の話では、放牧の馬が線路に入って列車の前方をどこまでも走り、困り果てたという。夢中で逃げるのではなく、追走者との間隔を意識しながら悠々と走ったというから、野性時代にライオンに追われたときの護身術なのかも知れない。

ハトはよくぶつかる。群れて飛んでいる後部が災難に遭うのは、リーダーに付いて行くだけで精一杯なのだろうか。サギは優雅に舞っていても直前で巧みに身をかわすので、運転士をからかっている可能性がある。つがいのツバメが逃げ遅れたときは、巣で待つヒナのことをつい考えてしまった。

■山中の一軒家

山陽本線の沿線に、山と川に挟まれてひっそりと佇む一軒家がある。何の変哲もない農家風の造りであるが、永い間そばを通過していたので、いつか親戚ででもあるかのように、親しみを覚えている家である。

記憶は軒先に三輪車が転がっているところから始まる。それが子供用の自転車となり、大人用となり子供の成長がうかがわれた。そうしてアマチュア無線のアンテナが据えられて、理系の得意な子だろうかと勝手な想像もわいてくる。自転車はいつかバイクに変わっていた。

そのあと、まったく気配がなくなり、数年後には新しい自動車が見られた。離れの増築が始まったのは間もなくのことで、年寄りの隠居部屋かなと漠然と考えていた。

ある日、同僚がいった。「お嫁さんが来たぞ」「見たのか」「物干しを見ればわかる」。隠居部屋ではなく若夫婦の新居だったのだ。

翌年の暮には物干しがオシメの満艦飾となった。どんな赤ん坊だろうか。そうして早春のある日、庭先の高い竹竿に鯉のぼりがひるがえった。男の子だったのだ。庭先にまた三輪車が見えるようになって、私とのお付き合いは二世代になった。

不思議なことに、30年を超える間に、私はその家の人たちの姿を一度も見かけていない。列車から見えるのは10秒あまり、毎日のように通っていても、機会が無かったのは当然なのかも知れない。

日本を象徴するような朝もやの里山を縫って、「あさかぜ」が走る。田植え期を迎えた田圃には水が張られている。2002-5、入野〜白市　（写真・大賀宗一郎）

6-4. "はやぶさ"の2時間6分

■"はやぶさ"の2時間6分

「上り6列車運転士、どうぞ」

「こちら6列車運転士、どうぞ」

「上り6列車、発車」

　無線機による車掌の出発合図を受けて、まず出発信号機を見る。4番線から旅客線への第1出発信号機は進行現示。続いて時計の確認、発車時刻を5秒過ぎたところだ。これらは発車1分前から確認しており、ダメ押しの再確認なので、目が追って一瞬のうちに終わる。

　EF6654の運転台で、ブレーキ弁ハンドルを保ちから運転へ移す。機関車のみ残していたブレーキがゆるんで、EL独特の長い排気音が尾を引き、右手はマスコンの主ハンドルを引いて1ノッチに投入する。A計（主電動機電流計）と全計（全回路電流計）の指針がピクンと500Aへはね上がる。

富士山をバックにブルトレが映える有名ポジション。EF6654牽引の長距離ランナー「はやぶさ」がヘッドマークも誇らしげに走り抜ける。1985-5、三島～函南 (写真・諸河 久)

　時は1997年8月9日、広島駅4番線を6列車(寝台特急"はやぶさ"西鹿児島1313→東京1013)は静かに発車した。編成は15×55.0、基本は14両のところ、夏期の臨時増結のため15両となり、牽引定数55いっぱいの編成だ。EF66を含めると列車重量は650トンにおよび、在来線旅客列車では最大となる。

　起動後2m動いて2ノッチへ上げる。2mは客車15両の連結器緩衝ばねが伸び切る長さである。発車のとき、編成が圧縮されていると、機関車の牽引によって圧縮から引っ張りに変わり、衝動が発生する。停車のとき、引っ張り状態にして停まるのが基本だが、うまく行かないことはしばしばある。また、乗継した運転士はそのときの状態を確認する方法がない。そのためにソッと起動するのが原則で、1ノッチで2mはその手段である。

　あとは一息ずつ間を置いて3・4・Sとノッチアップする。650A、800Aと電流値を上げて、自動進段の930Aに衝動なく移行させるのが基本である。

　抵抗進段の表示灯が点灯すると、あとはマスコンから手を離してもよい。バーニア制御と抵抗制御のカム動作は、ブロワーの音に消されてわからないが、抵抗の切換を行なうVスイッチが、規則正しくパシャンパシャンと動作するのは聞こえる。このとき耳に届くただ一つの機関車の鼓動である。

　進出のポイント制限は35km/h、Sノッチでも超過するので4ノッチへ戻す。オフして惰行する方が簡単だが、連結器を引っ張り状態に保って衝動を防止する基本扱いである。ポイントを渡りながら、旅客線第2出発信号機の進行現示を指さして喚呼する。岡山まで途切れることなく続く信号確認の始まりだ。

　15両の最後部が制限を通過するとマスコンを一気にPノッチへ進める。電流計が750A以下ではバーニアが動作しないので、Vスイッチ音がパシャパシャパシャと踊るようにリズミカルだ。自動進段の限流値に移ると、モーターのうなりがひときわ高く鋭くなって、全計の指針は3000Aを上回る。EF66の1時間定格出力は3900kWだが、加速時はさらに大きい

電流値にセットされている。

　速度が50km/hを超えて"単機増圧"の表示が点灯した。機関車は鋳鉄制輪子のため高速域では摩擦係数の低下が大きく、客車の合成制輪子よりブレーキ力が減少する。これを客車に揃えるため、ブレーキシリンダー圧力を160％に増圧する機構である。合成制輪子は12系以降の新系列客車に採用されたもので、20系客車は鋳鉄制輪子のため、客車も増圧する"編成増圧"機構を装備していた。

　進行左側にJR貨物の広島車両所派出（もとの広島第二機関区）を、右手に広島貨物ターミナルをながめながらの広島出立である。上り着発線の後部の機待線で待機するモミジ色の補機EF67を横目に、EF66のMT56モーターのうなりが速度とともに高く変わって行く。

　JR貨物の広島機関区にたむろする機関車群の横で85km/hでオフして、向洋の前後にあるR400の制限75km/hに備える。向洋駅は複々線を挟む相対ホームで新幹線駅のイメージがあるが、高架化工事で遠からず姿を消す予定である。若いころ、C59で走った区間の面影が変わってゆくのは、時代の流れであろう。

　制限を通過すると、再び主ハンドルをPノッチ、界磁ハンドルを最終の8ノッチに投入する。海田市までの複々線は外側が旅客線で、3本の線路を右に見下ろしていると、兵庫～向日町の華舞台を疾走した記憶がよみがえってくる。外側線はロングレール、内側線は25m定尺レールというのも同じ情景である。

　海田市の第2場内信号機を見るころ100km/hでオフする。続いて制限65km/hに対するブレーキとして100kPa減圧を行なう。100km/hからでもググッと感じられる減速度は20系とは大違いだ。

　制限を過ぎるとまたフルノッチ、80km/hでP段に入ると全計が再び3000Aを示して高速でも加速が衰えない。これがEF66の持ち味で、出力増大をすべて速度向上へ回した結果である。定格速度の比較ではEF66は73～108km/h、EF65は45～72km/hとその差は歴然としている。したがって、牽引力はEF65をわずかに上回るのみとなった。

　安芸中野の入口に左側にふくらんだ用地が見える。戦時中の輸送強化で、重量貨物列車が瀬野までの10‰を難渋したため、補機2両のうち1両を回送して、安芸中野で連結した機待線の名残である。いま6列車はその補機も連結せずに関所に挑もうとしていることに、昔日の感を深くする。

　10‰に掛かってマスコンはSP段へ。R400が続くので制限75km/hの頭打ちは痛い。中野東を抜けるとR300に備えてS段へノッチ戻しを行なう。速度が落ちて60km/hになったところで再びSP段へ進める。ジワジワと速度が上がって、最後のカーブを制限いっぱいの65km/hで通過する作戦である。

　瀬野の入口の上下線に挟まれた機待線は、補機のEF59が重連で待機していた場所で、今は雑草に覆われて強者どもの夢の跡になっている。さらに上り線の左側に残る築堤は蒸気時代の機待線で、D52が薄い煙をくゆらして満を持していた、機関助士科の実習が思い出される。

瀬野構内のレベルで、WF3ノッチで75km/hまで加速、そのままキープして10‰へ差しかかって行く。22‰が始まる地点から、界磁ハンドルをWF8までゆっくり進めていく。列車全体が22‰に掛かったとき、ノッチ進めが完了しているのが理想のノッチ扱いである。速度は75km/hを保ったまま、EF6654は客車15両の重みに耐えている。

　瀬野変電所の真横で架線電圧は1570V、電流計は1050A、速度は惰力を失って70km/hに落ちた。このバランス速度はR300になったとき、制限の65km/hを超えないための計算である。本来は制限箇所の手前でノッチを戻して速度低下を図るのだが、ここでは敬遠する。この電流値でノッチを戻すと、次のノッチ進めが不可能となる危険が大きい。

　変電所から離れるにつれて電圧が少しずつ低下する。第10閉そく信号機で、1520V・1130A・68km/h。第9閉そく信号機で、1500V・1150A・66km/h。第8閉そく信号機からは、R300の曲線にかかって列車抵抗が増加するのが、電流計と速度計に如実に現われる。

　電流計が1150Aを超えて1200Aに近づく。こうなると怖いのは空転のみ、右足は砂ペダルをいつでも踏めるよう浮かし気味になり、右手は空転と同時にノッチ戻しを行なうよう界磁ハンドルをつかみ、左手は空転の兆候を感じたとき、機関車にブレーキをかけるため、単弁ハンドルを握りしめている。信号機は目で追うのみとなり、電流計と空転表示灯に注意を集中する。

　EF66の空転検知はモーターの電圧差検知なので感度は十分といえず、電流計の振れと空転音で、運転士が知ると同時に点灯することが多い。対象が重量列車発車時の空転であり、勾配での全出力運転までは考慮されていない。EF65は動軸の速度比較による検知だから感度が鋭く、EF64ではさらに再粘着装置が空転拡大を防止するのはうらやましい。

　撮影の名所であった瀬野西トンネル手前の第7閉そく信号機では、1470V・1220A・62km/hとなった。摩耗したレールの走行抵抗が大きいことは述べたが、今は逆に動輪の粘着力を増加させる要素となって、磨き上げたようなレールの輝きが心強い。

　列車全体がR300の曲線に載る第5閉そく信号機では、1470V・1250A・61km/hになり、ジリジリと速度が落ち電流が増加してゆく。機関車のブレーキ使用も考えるが、もう少し待って見よう。機関車にわずかのブレーキを当てるのは、制輪子によるタイヤの清掃と乾燥を図るためで、空転の防止と微小空転の拡散を抑える効果が大きい。走行抵抗が増えて電流

瀬野〜八本松の補機はD52からEF59に変わり、さらに新鋭EF67にバトンタッチした。EF67は唯一のチョッパ電機で、連続ノッチ制御が行なえる。1982-7、広島操車場　　　（写真・手塚一之）

値はさらに増加するが、総合すればプラス効果であり、とくに雨のとき有効である。
　八本松変電所に近づいたので、電圧が次第に上昇し電流がまた増加する。第3閉そく信号機を過ぎると1510V・1300A・61km/hになり、ついに電流計が1320Aまで上がった。こうなると非常事態である。弱界磁だから回転力を割り引きする必要があるが、いつ空転が発生しても不思議ではない状況となった。両手と右足は力が入ったまま、視線は空転表示灯と電流計から放せない。八本松にたどり着けばこの緊張から解放されるが、次々に迎える信号機の接近がもどかしい。乗客の手荷物の多い時期のブルートレインは重いという我々の警戒は正しく、電流計が正直に物語っている。
　空転頻発の状態になったら界磁ハンドルを戻して、全界磁ノッチで運転することになる。全界磁では軸重補償(78頁参照)が活きて、動輪各軸の重量に応じた回転力を設定するので、最も不利な条件にある先頭軸の空転防止に効果が大きい。
　こういう限度運転のとき、重い貨物列車は補機との協調方が重要になる。天候や地形の影響で電波がよく飛ぶときは、他の列車の無線連絡が聞こえることが多い。「補機は14ノッチで願います」「補機了解」「補機は14ノッチ投入しました」「本務機了解」と歯切れのよい通話が往復する。補機のEF67はチョッパ制御による無段階ノッチとなり、どのノッチでも連続運転が可能なため、本務機との協調運転はEF59よりも格段に有利になったことと思う。
　川上西トンネルにいつも漏水している箇所があって、空転予防のために散砂する。漏水する箇所はほぼ一定しているが、雨が続くと漏水する律儀なトンネルもある。砂の走行抵抗については何度も述べたが、空転が本当に怖い場合は、背に腹は代えられず遠慮なく予防散砂を実行する。
　川上西トンネルを抜けると川沿いが少し開けて、第2閉そく信号機の確認地点となり、緑色灯が格別に美しく感じられる。ここを過ぎると勾配が22.2‰から16.7‰に変わり、EF66の苦闘も事実上終了するからである。ここはトンネル上の国道から見下ろす撮影名所で、多くの写真で紹介されている。その22.2‰の終端に八本松変電所があり、1530V・1320Aとなった。速度もわずかだが上昇に転じて63km/h。
　番堂原踏切を過ぎると、上向き16.7‰の勾配標が夜目にも白く流れ去って、マスコンとブレーキを握る両手の力が緩む。何とか空転せずに登ってきた。1300Aを超える電流を飲み込んだ6基のMT56モーターは、650トンの列車を東京までの最高地点へ引っ張りあげた。あと少しで八本松のサミットだ。
　このままでは速度が曲線制限を超えるので、界磁ハンドルを1ノッチずつ戻す。電流計の指針が、重労働からの解放を喜ぶようにスッスッと1段ごとに下がって行く。WF4ノッチで電流計は850A、もう空転の心配はない。65km/hを保ったまま川上東トンネルに飛び込む。トンネル内に反響するMT56のうなりも心持ち軽くなった。
　トンネルを出ると勾配は20‰になるが、ノッチはそのままとする。八本松の第1場内信号機で界磁ハンドルをゼロに戻し、駅名標で主ハンドルをSノッチへ戻す。速度制限50km/hへの対応で、上り20‰では列車の速度はみるみる落ちてゆく。45km/hで再びSPノッチへ。

ジリジリと加速しながらホームに差しかかり、本屋前の下りホーム中央部に見える、Lの勾配標を気分も軽く通過する。ホームを外れると直ちに10‰の下り勾配標が待っている。標高257mまでやっと登り詰めた。鹿児島～東京のサミットをいま越えた。出発信号機の緑の輝きが、お疲れさまと迎えてくれる。
　サミットといっても八本松は峻険な峠ではない。近くには水田も見える高原風情で、東海道本線の柏原や、東北本線の白坂にたとえれば想像していただけようか。新幹線の東京～博多の最高地点(標高228m)も、この先の西高屋の南方4kmにある。
　八本松は1分の早通となった。制限いっぱいを保って速度を落とさなかったからで、ダイヤは余裕をもって少し低い速度で設定していることになる。蒸機育ちには、これで6列車の仕事は終わったという思いが湧いてくる。あとは岡山まで難所と呼ぶ区間はなく、下り勾配とたんたんとした平坦線が続くのみ。ここからは西条盆地が広がっており、曲線の連続からやっと解放されて、制限を超えないようにブレーキを使用しながらの惰行運転となる。
　先行の貨物1086列車(広島貨物ターミナル2226→安治川口0650)が、西条に到着して補機を解放している様子が、無線通話で手に取るように入ってくる。
「補機は解放完了しました、気をつけてどうぞ」
「補機の解放了解、お世話になりました……」
　じっと聞いていると、この時刻に孤独な仕事に耐えているのは、私だけではないと心が温まる。
　西条の手前の90km/h制限を抜けてPノッチ投入、最後のポイントで100km/hになるよう加減して、次はWF8ノッチへ。3番線には1086列車が停車中で、貨車から離れたモミジ色の補機EF67と、コンテナの列と、JR貨物色のグレーに塗られた本務機EF66が後ろへ飛んで行く。A計は1000A、全計は3000A、この速度でも電流値は最高を保ったままの加速は素晴らしい。EF66のMT56モーターは100km/h以上で力行すると、狼の遠吠えにたとえたような独特のうなりを発する。
　第3閉そく信号機を過ぎて速度計は110km/hを示した。主ハンドルをSPノッチに戻して110km/hを保つが、そう長い時間は許されない。白い電柱の列が秒速30mで流れ去る。
　第2閉そく信号機でノッチオフ。主ハンドルをS段へ戻して電流減少を待った後に、切位置とするのがノッチオフの基本操作である。Vスイッチがパシャパシャと踊って抵抗挿入を済ませたあと、Kスイッチ群がタタタンと回路切換を行なう。ひときわ高くターンと締めくくる音は、運転士席に最も近いL2スイッチの遮断音だ。
　続いて、主ハンドルを一気にオフ位置へ押し付ける。マスコンのカチカチという刻みに重なってスイッチ音が響く。電流計がいずれもゼロを示し、抵抗制御とバーニア制御を受け持つCS27制御器、界磁制御と前後進切換を司るCS28制御器、L、K、R、Vの各ユニットスイッチ群、6基のMT56モーターなどの主回路機器は、しばしの休憩時間に入る。
　これから機械室を支配するのは、ブロワーのザーッという途切れないざわめきと、運転

夜明けの「あさかぜ」。寝台車の乗客も目覚めるころだろうか。2003-3、白市〜西高屋（写真・大賀宗一郎）

士のすぐ背後でシーンと続くMGの回転音になる。思い出したように圧縮機がドドドドッと騒ぎ立てる。EF66は容量が毎分3000リッターの圧縮機を2基装備しているが、目的は高速貨物列車の始発駅で、編成全車の空気だめへの給気時間短縮にあった。しかし、運転中は使用分を補給する繰り返しなので、動作時間が平均10秒未満となり、ピストンの潤滑に支障が発生した。対策として、1基ずつ交互に運転するシステムになっている。

　ここからは緩い下り勾配なので、速度はそのまま110km/hで変わらない。次は曲線制限へのブレーキで、右手をブレーキハンドルにかけて目標がくるのを待ち構える。神保浜踏切で100kPaの減圧を行なうと、グッと衝動を感じるものの速度はなかなか低下しない。速度が100km/hを超えるとブレーキの効きが半減する感じである。

　制限箇所までの半分を過ぎたころ、速度計がやっと100km/hを割った。あとは滑らかに落ちて行く。こういう状況から判断すると、摩擦ブレーキに頼るのは100km/hが実用限度ではないかと思う。ヨーロッパの高速列車であるTGVやICEは相当の余裕を持たせているものと想像する。

　85km/hでゆるめを開始して、段階的にゆるめ操作を続け、制限入口で65km/hにするのが理想的な取扱いである。ゆるめのときは、衝動防止のため機関車のブレーキは残しておき、客車がゆるみ切ってから、機関車をゆるめるのが基本となっている。

　西高屋は駅の前後にR300、制限65km/hの曲線があって、どの列車もしずしずと通過する。このR300曲線の点在は山陽本線の弱点であって、複線化が早かったことも改良から取り残された原因となった。東北本線は複線化というタイミングを利用して勾配と曲線の改良が多く施行されたが、山陽本線はそういう機会に恵まれなかった。

　運転室から曲線のレールを観察していると、ギリギリまで交換を延ばしているのがわかる。車輪フランジの形がくっきりと残るほど摩耗しても、まだまだ限度以内なのだそうだ。また、副本線は中古レールという姿を当然と思っていたので、構内の待避線に新品レールが敷設されたのも驚きだった。保線担当に尋ねたら、レールは敷設した場所で使い切るのが今後の基本だということで、通過量の大きい幹線のレールを早めに引き揚げ、軽い場所に転用して使用期間の延長を図るという、私たち年代の常識はもう時代遅れなのだろう。

急曲線が続くこの区間はロングレールの敷設は無理で、レールの継目音が途切れることがない。6軸のEF66は先頭軸が運転台の真下にあるので、継目を踏むタタタタタタタンという響きは、後部ほど遠ざかって行く。軸間距離は等間隔ではなく、台車内の2軸より隣接台車との軸間が近いので、運転士は微妙なリズムを聞くことになる。

　高屋トンネルの手前に下り10‰勾配標が見える。ここから本郷まで19km連続する10‰の始まりだ。白市構内が3.5‰、河内構内が4.2‰に緩和されるのみで、下り列車にとっては八本松越えの東側の難所である。かつてC59のカマを焚いた"玄海"や"日向"での力闘の記憶が昨日のことのようによみがえる。本郷から八本松に至るまでの、機関助士にとって心臓破りの長い道をたとえて、ラベルのボレロだと表現した同僚がいた。クライマックスはまさしく八本松での歓喜を表現している。

　白市を過ぎると、入野、河内と軽いブレーキを当てたまま、入野川の流れに沿って下っていく。この作業は蒸機時代とまったく変わらないが、客車のブレーキ制御弁の感度が向上しただけ、細かい調整が難しくなった。こういう話は、昔は良かったとぼやいているように聞こえるので、自戒が必要だ。

　この区間のように、ブレーキを連続使用するとき、鋳鉄制輪子では温度上昇が気がかりであったが、合成制輪子に代わって心配は無用となった。その分だけタイヤ温度が上昇するが、熱の吸収容量が制輪子とはけた違いであり、一体車輪なのでタイヤが緩むこともない。客車は自動ブレーキのままで旧態依然といいながらも、30年前と比較すると進歩と改革は大きい。

　連続下り勾配では、機関車のブレーキを抜いて、客車のみのブレーキで調整する操作も変わっていない。本来は機関車の制輪子とタイヤの温度上昇の防止が目的であったが、その後も基本扱いとして実行されている。ブレーキ力の緊急追加が必要なとき直ちに間に合うことと、微小調整に対するブレーキ効果の感知が容易になるため、機関車のブレーキが作用していると、この感覚が鈍くなるのは否めない。

　この付近の連続勾配区間では、登る側の信号機間隔が降りる側の約半分になっている。つまり、信号機の本数が約2倍になる。蒸機時代の列車速度の差に合わせたものだが、現在のように、上り勾配でも制限いっぱいで走る場合は、不合理な配置になってしまった。瀬野〜八本松なども同じであるが、他への支障がないためそのまま放置されている。

　信号機には、電球に代わって発光ダイオードの使用が始まっている。阪神淡路大震災の復興時から採用されたが、広島支社の山陽本線にも早々に設置された。電球の暖かさから冷たい鮮明な色彩に変わったが、信号としての視認性は抜群であり、魅入られるような妖しい輝きがある。真夜中に人里離れた山中で迎えられると、魔女の瞳に吸い込まれるような感じがする。

　河内〜本郷は駅間が12.4kmあって、担当線区では最長駅間になる。沼田川の峡谷を下る景色のよい区間で、R400の制限75km/hが続き、暫しのリラックス区間でもある。両駅のほぼ中央には郷原信号場の跡が残り、山腹に残るスイッチバックの築堤が今も明瞭である。

複線化による廃止から70年を経ても、痕跡をたどれるのはうれしいことで、対向列車を待ちながら、川面を見下ろして汗をぬぐったであろう、先人たちの苦労がしのばれる。

　本郷の3km手前で、西高屋から19km続いた下り10‰がやっと終わり、水田が広がった盆地に出る。ここは山陽本線西部が交流電化され、地上接続方式となった場合に、東北本線の黒磯と同じように機関車交換を行なう、船木信号場の予定地とされていた。実現していれば、東京からロングランして来た直流機と、九州から上って来た交流機との折返し基地となって、EF58とED72が並んで休息する光景が見られたはずである。私の夢を記したノートには、黒磯の改良形と自称する、幻の船木信号場の配線がいろいろと描かれている。楽しい想像の産物であった。

　長い下り勾配の惰行運転が終わって、再びノッチ投入、6基のMT56が目を覚まして、EF6654は力行を再開した。岡山までの2時間6分はまだ半分が残っている。

■山越えから平坦線へ

　広島〜糸崎は典型的な山越えであったが、糸崎を過ぎると岡山まで平坦線が続く。ただし、糸崎から尾道にかけては、神戸の地形にたとえたように、海と山に挟まれた部分が交通路のすべてである。瀬戸内海・日本海の分水嶺はここからわずか30kmの位置にあって、広島県に降った雨の半分が日本海へ流れることは知られていない。また、県の東西を結ぶ山陽路には八本松越えの難所があり、鉄道も道路も避けて通れず、新幹線の最高地点もここにある。海岸を迂回すれば呉線のルートとなって、20kmの遠回りとなる。

歴史と文学の街、尾道を「あさかぜ」が走り抜ける。編成は9両、4両目はパンタ付の電源車スハ25。2003-6、東尾道〜尾道　（写真・大賀宗一郎）

尾道は駅前広場が海に面していて、ホームの列車から改札口を通して、桟橋に発着する船のマストや煙突が、手が届くように眺められる。かつて鉄道と船の連絡を行なっていた門司や下関もこんな雰囲気だったのだろうか。
　尾道市街を通り過ぎて、尾道港対岸の造船所を見下ろす付近で出会うのが、31列車（寝台特急"なは"新大阪2026→西鹿児島1030）。EF65＋25系客車13両の編成だ。西鹿児島発と西鹿児島行の出会いである。運転士は、数年前から勉強会をともにしている糸崎の中堅メンバーで、周囲に迷惑がかからないときは汽笛の挨拶を交わす。ピッと呼べばピピッと返ってきて、お互いの気持ちは通じる。「眠たいなあ」「気をつけて」。
　岡山県に入り、里庄を過ぎると吉備平野が開けて、曲線制限が少なくなる。定時であれば制限をかわしながら走ればよいが、遅れていれば110km/hまでの加速とブレーキを繰り返すことになる。金光を90km/hで通過、R500曲線を制限いっぱいの85km/hで過ぎると、久しぶりにフルノッチに投入する。ここから岡山まで100km/h以下の制限は2か所のみ、最後のスパートをかける区間となる。全計の指針は3400Aを示して、足元からは、狼の遠吠えにたとえたMT56モーターのうなりが途切れず続いている。直線が続く彼方の新倉敷駅は見えないが、第3・第2・第1・場内・出発と信号機が直列に連なって、わが6列車の接近を見守っているはずだ。
　110km/hでオフ、このまま惰行で転がせば、新倉敷へポイント制限いっぱいの100km/hで進入することになる。この区間は211系速度試験のテストパイロットとして、120km/h定速運転を行なった思い出の区間でもある。予測どおり100km/hで進入した新倉敷のホーム始端でSPノッチ投入、後部が制限を過ぎると、直ちに加速するよう最終ノッチへ進めて行く。そうして107km/hでオフ、高梁川橋梁の手前にあるR800の制限100km/hへぴったりと飛び込む段取りである。
　神戸起点157kmを示すキロポストが105km/hで流れ去った。区間は倉敷〜中庄、この地点が西鹿児島〜東京1493kmの真ん中であって、寝台特急"はやぶさ"は全旅程の半分を終えたことになる。全区間のうち10.7％は、私が全責を担って継走する距離である。

■衝動防止の努力

　少し脱線するが、ブルートレインの乗務についていくつか記してみよう。
　ノッチ扱いとブレーキ扱いについても、衝動防止に気を配ると際限がない。無神経な取扱いでも運転操作に支障はないが、寝台車の乗客を思うとやはりベストを尽くしたいと思う。
　惰行中の列車は、機関車の走行抵抗が客車より大きいため、連結器の緩衝ばねは圧縮状態となっている。また力行中は、機関車の牽引力のために引っ張り状態に変わることになる。したがって、ノッチ投入とノッチオフは、編成の圧縮・引っ張りの変化をともなって衝動の原因となる。
　理想のタイミングを考えると、編成が引っ張り状態のときに力行を開始し、惰行した後も引っ張り状態を保つ場合は、衝動が発生しないことになる。そのような条件が一つだけ

EF65 1000番台は長らく東海道・山陽線のブルートレインを牽引した。「なは」は沖縄との連絡の壮図を秘めた名だ。電源車カニ24ではディーゼルエンジンがうなっている。1998-7、岡山　　（写真・大賀宗一郎）

あり、勾配変化の凸地点である。ここでは、重力によって惰行でも引っ張り状態となる。この凸地点でノッチ投入・ノッチオフを行なえば衝動はほとんど発生しない。実際に経験してみると相違がよくわかる。後部客車の衝動は機関車の倍以上というのが常識だから、寝台車の乗り心地の良否に関わる問題である。

　以上から、力行→惰行、惰行→力行の操作は、凸地点が最適で、凹地点が最悪条件になる。運転の事情からやむを得ず凹地点でノッチオフを行なうと、ノッチオフと凹点の二つの理由で引っ張りから圧縮へ移行して、後部からの衝動が機関車を突き上げる。後部客車にとっては機関車が後ろへ突いてくることになる。最後部付近に乗車して、この衝動を経験された方も多いのではないだろうか。

　ブレーキでは反対となる。開始時は、ブレーキ管の圧力変化を早く検知する前寄りの車両が早く効いて、惰行中の弱圧縮からより強い圧縮へ移行する。ゆるめ操作のときは、客車が完全にゆるんだ後に機関車をゆるめるのが基本なので、ゆるめ終わりは、強圧縮から惰行の弱圧縮へ移行することになる。

　自然に圧縮となる線形は勾配変化の凹地点であり、ブレーキの開始とゆるめ終わりはここが理想地点となる。力行と同じく速度と時間に追われると、申し訳ないと思いながらも、凸地点で意に反した操作を行なう場面が発生する。

■睡魔との闘い

　深夜乗務の最大の誘惑は睡魔である。瀬野～八本松のように運転条件の厳しい区間や、速度制限のきつい箇所は目が冴えているが、速度変化もなく、たんたんと走るところが最も苦になる。ロングランでは乗務区間の2/3あたりがつらい。乗務終了が近づくと薄れるから現金なものだ。

　眠気防止にはいろいろ工夫している。タバコを吸う人は効果を喧伝するが、私には関係ない。コーヒーなどを持ち込むのは、到着後の睡眠を考えると好ましくない。ガムを噛ん

「なは」の編成は個性的。2階建て個室寝台車や低屋根のレガート車などが加わっている。1998-7、熊山〜和気(写真・大賀宗一郎)

だり上半身の体操などが一般的である。体操はラジオ体操から阿波踊りまで多彩であるが、どこから伝わったのか、旧海軍の艦上体操が出てきたのには驚いた。JR貨物は乗務中にできる事故防止体操を考案して、運転士に推奨しているという。

歌声は効用が大きく、人間工学レポートでも効果を認めている。私も眠くてたまらないときは、深夜のEF66機上で独演会を開く。伴奏は、パンタと架線のストリングス、圧縮機のパーカッション、排気音や汽笛のウインド、と不足はない。トンネル突入の反響は満場の聴衆の拍手だ。

睡魔について、もうひとつ明け乗務がある。深夜乗務のあと延々と乗務する勤務があって、運転士が目をこすりながら乗務していることである。明けの日の10時〜12時は要注時間帯というのは私たちの常識である。

糸崎にも、深夜のブルートレイン乗務のあと、16時を過ぎるまで乗務する実例が残っている。規定された休憩時間は確保されているものの、それだけで深夜の高速長距離乗務の疲れを解消するのは無理である。こういう精神レベルで乗務しているとき、判断力が想像以上に低下することは、私たちにも十分わかっている。

また、乗務員の勤務においては、夜を我が家で過ごすのは貴重な機会であり、自宅で夜明けに目覚めた解放感は何ものにも代えがたい。裏返せば、勤務合間の昼間に我が家で寝る回数が多いことを意味し、休養不足にならないよう家族の気配りが重要になる。小さい子供がいる年代はとくに負担が大きい。

■乗務員生活を振り返って

私の乗務員生活を振り返ると、健康に恵まれて乗務を続けられたことに感謝の他はない。同期生はほとんど姿を消した。早期退職の勧奨に応じて、心ならずも55歳以前に去った者が多いが、管理職コースを選んだ者はもっと早く肩をたたかれている。また、以前のスタッフ

仲間が一人も残っていないことを思うと、人間万事塞翁が馬であることを痛感する。

経歴をたどると、蒸気機関助士・電気機関助士・蒸気機関士・電気機関士・電車運転士・指導担当・学園講師と多彩な仕事に恵まれた。蒸機から電機・電車への動力近代化の波を、好奇心と向上心にあふれる20代で経験したことも幸運であった。もう少し高い年齢ならば、もっと受け身になっていたことだろう。

乗務した線区は岡山を起点として、東は京都、西は広島、北は米子、南は多度津と、十文字に足跡を記していて、その他の線区を含めると乗務線区延長は800kmを超える。大阪の複々線での並走、瀬野～八本松の力闘、吹雪を衝いての米子行、はるばると瀬戸大橋を渡って多度津まで、岡山という地の利に恵まれて、貴重な乗務経験を持つことができた。

乗務した形式も、山陽本線という幹線を受持つ職場にいたために、C59・C62から始まってEF66に至るまで、新鋭大形機関車が主となった。電車では、485系や583系などの花形を乗り回し、指導担当としては、回送要員の教育のため多くの形式を学ぶ機会を与えられた。仙台でまみえる417系、上野で出会う103系1000番台、山手線の主である205系など、いずれも自分が乗務できる形式だと自信がわいてくる。

特急乗務に憧れた少年の日の夢を実現して、今日までその夢を持ち続けることができたのは幸運であった。乗務距離は、月への往復を終えて再往路の半ば近くに達し、日々更新を続けている。これは太陽までの5.8％に相当する。

常磐線からやってきたC6247が、旧型客車オハ35系を牽く。穏やかな瀬戸内沿いを足取りも軽やかだ。背後の山腹はみかん畑。1968-3、安浦～風早（写真・宮澤孝一）

長い間の乗務で、各線区の情景を目に収めたことは、私にとって公私ともに大きなプラスとなっている。厳しい乗務の仕事とはいいながら、乗務員でなければ味わえない楽しみもあった。
　また、乗務員として最初の仕事が蒸気機関車だったことで、私は二つのことが身に付いたと思う。私個人のみでなく蒸気機関車族に共通の特徴らしい。
　第一は、蒸気を作らねば列車は定時に走らないこと。とにかく死に物狂いで蒸気圧を保たねばならない。弁解は許されず、理由を並べて不出来を正当化できる世界ではない。
　第二は、努力して上手になれば自分が楽になること。機関士になれば、自分の運転によって同乗する機関助士の汗の量が違ってくるし、その腕が直ちに評価となって返ってくる。
　ほかにも、あごひもを掛けないと帽子が飛ぶし、手袋をはめないと火傷する。また首にタオルを巻かないと、シンダーが入って下着が煤まみれになる。作業服の襟から真っ白いタオルをカラーのようにのぞかせるのが、せめてものお洒落でもあった。いまとなっては、あごひも・手袋の着用を強制しても納得させるのはむずかしい。
　最近の運転士養成は、左手のマスコンで電車を動かすことからスタートするので、蒸機の昔話をしても通用しない。しかし、蒸機で培われたスピリットを何とかして後輩に伝えたいと思う。
　1997年に、21歳の運転士が誕生した。3年前に再開した新卒採用の若者である。いちばん若い運転士が34歳だったので年齢空白は13年もあって、職場の雰囲気が一気に若返った。休憩時間のキャッチボールなど忘れていた光景だ。そのうち茶髪やピアスがでてきたが、予想以上に礼儀正しいメンバーであった。
　新規採用の若者たちは、駅の勤務1年を経て、19歳で車掌に登用が最も早いパターンで、車掌経験1年で運転士科に応募すれば、21歳で運転士に登用される。現実に運転士21歳・車掌19歳の電車が山陽本線を走っているが、管理者は不測の事態を想定すると、経験不足を心配して胸が痛むらしい。そんな心配をよそに、2人の年齢を合わせても、私よりはるかに若い彼らは元気そのものだ。時代は確実に移りつつある。

■深夜の乗継

　"はやぶさ"2時間6分の乗務も終わりが近づいた。上下線が左右に分かれて貨物設備が広がると西岡山（元の岡山操車場）で、私が9600で走り回った仕分線群の跡も、今は長大なコンテナホームが中心となっている。左側は岡山電車区で、115系を中心に213系、117系、103系が並び、クモロ211、クモハ123や教育用のEF64の姿も見える。
　第2場内信号機の注意信号で45km/hに減速して、6列車は乗務終了の岡山のホームに滑り込んだ。ここから最後の仕事である停止ブレーキになる。地下道階段から41km/hで60kPa減圧を行なって、ブレーキシリンダー圧力と身体に感じる衝動を確認する。あとは窓からのぞいて、バラストの流れと前方の停止位置を注視してゆく。感覚のみに頼ってわずかの

第6章 再び第一線での乗務

横浜を出発して東京へ向かうEF6654牽引の「はやぶさ」。長い旅路も終わりが近い。左は横浜線の103系。1987-5、横浜〜東神奈川　（写真・諸河　久）

追加やゆるめを行なうのは、文字で表現できない職人の世界だ。
　停止目標が100m、50mと近づいてくる。停止位置を合わすのに、機関車のみのブレーキを加減すれば操作は簡単だが、衝動防止上から拒否する。それ以前にプライドが許さない。停止位置から2m行き過ぎると、最前部客車のデッキがホームを外れるし、手前では後部客車が外れる。"はやぶさ"の15両編成では、最後部の電源車ははじめからホームを外れている。岡山は運転停車で客扱いは関係ないのだが、突発事情で客扱いをする例があり、プロの意地もある。停止位置の許容がせめて±5mあれば、無衝動停車が確実に実行できるのに、こういう無形のサービスを、投資効果として表現するのはむずかしい。
　微調整を3回ほど行なって停止位置に接近した。この調整のとき、機関車のゆるめを多めにして編成を引っ張り状態にする。さらに、停止する直前にブレーキハンドルを運転位置として、機関車をゆるめて完全な引っ張り状態とする。650トンの列車は衝動を起こさず静かに歩みを止めた。停止位置誤差は−1m、寝台の乗客は停車に気づかず眠っている自信がある。
　ブレーキ100kPa減圧、逆転ハンドル中立、ATS警報チャイム切、前灯減光、室内灯点灯、時計をポケットへ、時刻表を外して鞄に差し、運転士席を立つ。この間30秒。降車して広島発車後2時間6分ぶりに大地を踏みしめた。乗継の運転士は「6列車、15両、異常なし」の引継ぎもそこそこに、運転準備にあわただしい。
　レール面から見上げるとEF66はさすがに大きく、車腹にEF6654のナンバーと、川崎重工・富士電機・昭和50年と記したメーカープレートが水銀灯を浴びて輝いている。EF66の0番台の現存ラストナンバーも、東海道・山陽の幹線を走り続けて22年の年月を刻んだことになる。
　乗継作業の当事者にとって2分停車は本当に短い。無線機の通話は下まで聞こえないが、機関車の尾をひくブレーキ緩解音が聞こえると、出発合図を受けたのがわかる。これから大阪まで長駆176.3km、ノンストップで2時間8分の孤独な乗務の開始だ。声はブロワーの音に消されて届かず、手を挙げるのが挨拶になる。

255

まず、パンタグラフのシルエットが夜空に吸い込まれ、ブルーの車体が闇に溶け込み、白いベルトがにじんで、ヘッドライトの光芒のみが東京めざして遠ざかって行く。6列車"はやぶさ"は、大阪・米原・浜松・熱海と運転士が交代して、熱海を過ぎれば陽光きらめく相模湾を見下ろしていることだろう。
　こうして深夜の発車を見送るたびに、石田礼助さんのエピソードを思い出す。国鉄総裁に在任中、国府津の自宅で夜中に列車の音が聞こえると、石田さんはこう祈ったという。
　God, save them──神よ、彼らを守りたまえ──
いま私の胸に満ちて来る思いもまた同じである。

■その後のこと
　このあと2000年の退職までの2年あまりは、運転士としてほとんど変化のない期間となった。大阪地区には新しい電車が集中投入されているが、山陽本線中部は115系を中心に103系、105系、117系といった形式で手堅く固めて、当分はこのままの形が続きそうだ。

伝統ある「さくら」と「はやぶさ」が縮小され混成となってしまった。この下り初列車は奇しくも当時の最終号機EF6654が牽引した。1999-12、岡山(写真・大賀宗一郎)

　2000年1月13日に定年の60歳を迎えた。退職日は月末となるので、最後の2週間は60歳の運転士として乗務したことになる。気分としては、まだまだ負けないと思っていたが、後輩たちの目にはどう映っただろうか。
　乗務距離は、1,017,118kmに達した。列車の速度が向上したことと、運転士の実乗務率の増加によって、とくに最後のころの伸びが著しくなっている。在来のペースでは無理だと思っていた100万kmをも、軽々とクリアしたのは自分でも驚きだった。
　最終日の1月30日は、奇しくも4列車"はやぶさ・さくら"に乗務した。私のホームグランドであった広島から岡山まで「は

やぶさの2時間6分」そのままに乗務したあと、青い寝台車15両を牽いたEF6646が、東京めざして遠ざかる姿を見送ったのが、私の機関車とのお別れとなった。

　そのあと糸崎まで、最後の乗務列車となる115系には友人たちの同乗があり、いろいろな映像を残してくれた。途中ですれ違った同僚のお別れの汽笛も収録されていて、私の大事な記念品となっている。

　40年余を振り返ってみると、いちばん良い時代に動力車乗務員という仕事に専念することができたと思う。先に述べたように、列車の運転という仕事は、狭くとも深く極めることが評価される典型であり、その一心のみに徹して過ごすことができたのは、幸せなことだった。

　これからは社会全体が、自分の仕事だけを完璧にこなせば責任を果たせる、という時代ではなくなる。上司であろうと自分の仕事には口を挟ませないという、職人としてのプライドも形を変えて行くことだろう。

　JRも発足して10年を過ぎると、国鉄時代を知らない若い人の進出が目立っている。彼らと接していると、エンジニア意識がわれわれとまったく異なることに気付く。構造と作用を十分に理解して、トラブルがあったとき適切な判断と処置を行うことを叩き込まれた年代とは、別の世界に移りつつある。運転室からリモコンで点検と処置を行ない、各方面との密接な連絡を重視する方針は、システムエンジニアの教育と似ているように思える。

　今後の鉄道は、私たちの想像を超えた発展をしてゆくことだろう。私の40年の経験のいくばくかが何らかの形で伝承されて、若い人たちのこやしになり、将来の鉄道を支えて行くとすれば、これ以上の望みはない。

　彼ら彼女らの乗務する電車の客となるたびに、10年後、20年後の鉄道の姿をこころ楽しく思い浮かべている。

筆者の乗務した線区

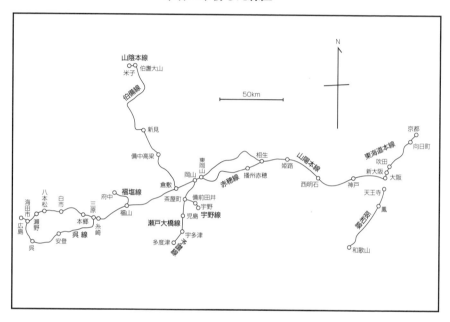

鉄道界の動き(本書に登場するもの)

西暦年	一　般	新　型　車　両	筆者勤務箇所
1958	山陽本線姫路まで電化	151系　153系	糸崎機関区
59			
60	山陽本線姫路〜岡山電化	EF60	
61	山陽本線岡山〜糸崎電化		
62	山陽本線糸崎〜広島電化	EF63　103系　111系　165系	
63	鶴見事故発生	EF59　471系　115系	
64	山陽本線全線電化	0系	
65		481系	岡山機関区
66	高速貨物運転開始	EF90　181系	
67	電車寝台特急登場	581系	糸崎機関区
68	貨車の速度75km/hに	EF66	
69	赤穂線全線電化		岡山運転区
70	呉線電化		
71			
72	山陽新幹線新大阪〜岡山開業	381系	
73			
74			
75	山陽新幹線岡山〜博多開業		
76			
77			
78		クモニ143	
79			
80		117系　クモヤ145	
81		EF67　105系	
82	伯備線電化		
83			
84	貨車ヤード全廃	205系	
85			
86		500系	
87	JRグループ発足		
88	瀬戸大橋開通		
89		221系	
90			
91			府中鉄道部
92			糸崎運転区
93		EF200	
94			
95	阪神淡路大震災		
96			
97	東西線開通		
98			
99			
2000			西日本旅客鉄道退職

筆者の乗務した車両

蒸気機関車

形式	軸配置	重量 (t)	全長 (m)	動輪径 (mm)	ボイラー圧力 (kg/cm^2)	シリンダー最大牽引力 (kgf)	動輪周最大出力 (PS)	最高速度 (km/h)	石炭-水積載量 (t-m^3)	新製初年
8620	1C	83.3	16.8	1600	13	9300	630	90	6-13	1914
9600	1D	94.9	16.6	1250	13	13930	870	65	6-13	1913
C50	1C	87.9	16.8	1600	14	10020	610	90	6-13	1929
C58	1C1	100.2	18.3	1520	16	12570	880	85	6-17	1938
C59	2C1	134.8	21.6	1750	16	13860	1290	100	10-25	1941
C62	2C2	145.1	21.5	1750	16	13870	1620	100	10-22	1948
D51	1D1	125.8	19.7	1400	15	16990	1280	85	8-20	1936
D52	1D1	136.9	21.1	1400	16	19400	1660	85	10-22	1943

同一形式で装備によって異なるものは代表的なものを示す。

電気機関車

形式	電気方式	軸配置	重量 (t)	全長 (m)	定格出力 (kW)	歯車比	定格速度 (km/h)	定格牽引力 (kgf)	最高速度 (km/h)	新製初年
EF15	直流	1C+C1	102.0	17.0	1900	4.15	43	14800	75	1947
EF58	〃	2C+C2	115.0	19.9	1900	2.68	68	10300	100	1947
EF60	〃	B-B-B	96.0	16.5	2550	4.44	39	23200	100	1960
EF61	〃	〃	96.0	17.6	2340	5.13	47	18000	95	1961
EF64	〃	〃	96.0	17.9	2550	3.83	45	20300	100	1964
EF65	〃	〃	96.0	16.5	2550	3.83	45	20300	110	1964
EF66	〃	〃	100.8	18.2	3900	3.55	73	20600	110	1968
EF81	交直流	〃	100.8	18.6	2550	3.83	45	18000	110	1968

同一形式で装備によって異なるものは代表的なものを示す。

電　車

形式系列	電気方式	用途	座席配置	編成	電動車方式	電動車定格出力 (kW)	駆動方式	歯車比	定格速度 (km/h)	最高速度 (km/h)	新製初年
51	直流	通勤	セミクロス	MT	1M	400	釣掛け	2.26	44	95	1936
80	〃	近郊	クロス	〃	〃	568	〃	2.56	54	100	1950
101	〃	通勤	ロング	〃	MM'	400	カルダン	5.6	42	〃	1957
103	〃	〃	〃	〃	〃	440	〃	6.07	32	〃	1962
105	〃	支線	〃	〃	1M	〃	〃	〃	〃	〃	1981
113	〃	近郊	セミクロス	〃	MM'	480	〃	4.82	53	〃	1963
115	〃	〃	〃	〃	〃	〃	〃	〃	49	〃	1963
117	〃	〃	転換クロス	〃	〃	〃	〃	〃	〃	110	1980
153	〃	急行	クロス	〃	〃	400	〃	4.21	57	〃	1958
165	〃	〃	〃	〃	〃	480	〃	〃	60	〃	1962
181	〃	特急	転換クロス	〃	〃	〃	〃	3.5	72	120	1966
201	〃	通勤	ロング	〃	〃	600	〃	5.6	52	100	1980
213	〃	近郊	転換クロス	〃	1M	480	〃	5.2	46	110	1987
205	〃	通勤	ロング	〃	MM'	〃	〃	6.07	39	100	1984
221	〃	近郊	転換クロス	〃	〃	〃	〃	5.2	46	120	1989
381	〃	特急	転換クロス	〃	〃	〃	〃	4.21	68	120	1973
475	交直流	急行	クロス	〃	〃	〃	〃	4.21	54	110	1965
485	〃	特急	転換クロス	〃	〃	〃	〃	3.5	69	120	1968
583	〃	特急寝台	クロス	〃	〃	〃	〃	〃	67	〃	1968
クモニ143	直流	荷物			1M	400	〃	4.8	53	100	1978
クモヤ145	〃	事業			〃	〃	〃	5.6	42	〃	1980

著者紹介
宇田賢吉（うだ・けんきち）
1940年広島県沼隈郡水呑村に生まれる。福山工業高校卒。1958年に日本国有鉄道に入社。糸崎機関区、岡山機関区、岡山運転区に勤務。蒸気機関車、電気機関車、電車に乗務。1987年にJRの発足にともない、日本国有鉄道を退職し西日本旅客鉄道に入社。岡山運転区、府中鉄道部、糸崎運転区に勤務。電車、電気機関車に乗務。2000年に西日本旅客鉄道を退職。
ホームページ：http://870000km.la.coocan.jp/

鉄路100万キロ走行記

著　者	宇田賢吉
発行者	山田国光
発行所	株式会社グランプリ出版 〒101-0051　東京都千代田区神田神保町1-32 電話 03-3295-0005(代)　FAX 03-3291-4418 振替 00160-2-14691
印刷・製本	モリモト印刷株式会社